普通高等教育一流本科专业建设成果教材

化学工业出版社"十四五"普通高等教育规划教材

计算机在金属材料
工程中的应用

U0270890

李辉平　主编

化学工业出版社

·北京·

内容简介

《计算机在金属材料工程中的应用》系统地介绍计算机在金属材料工程中应用的基本理论、基本方法和相关应用。本书主要内容包括金属材料工程中导热微分方程的建立、数值模型的建立、基于有限差分方法的导热方程求解、基于有限元方法的导热微分方程求解、组织转变的求解、晶粒长大模型及数值模拟、奥氏体化相变动力学及数值模拟、弹性力学原理及数值模拟等。本书结合理论知识，侧重于计算机应用的实际操作，基于 Excel 软件完成零件特定位置温度曲线的计算及组织转变的判定、渗碳工艺过程中零件相应位置的浓度场、弹性力学问题相应位置的应力、应变和变形等，训练学生利用计算机解决实际问题的能力，培养和引导学生的创新意识。工程数据的计算机处理方法可扫描本书附录中的二维码学习。

《计算机在金属材料工程中的应用》可作为金属材料工程、材料科学与工程等专业本科生及研究生的专业基础课程教材，也可供从事材料科学与工程研究的工程技术人员参考。

图书在版编目（CIP）数据

计算机在金属材料工程中的应用/李辉平主编. —北京：
化学工业出版社，2022.9
普通高等教育一流本科专业建设成果教材
ISBN 978-7-122-41521-9

Ⅰ.①计… Ⅱ.①李… Ⅲ.①计算机应用-金属材料-高等
学校-教材 Ⅳ.①TG14-39

中国版本图书馆 CIP 数据核字（2022）第 092080 号

责任编辑：李玉晖　　　　　　　　　文字编辑：杨子江　师明远
责任校对：刘曦阳　　　　　　　　　装帧设计：李子姮

出版发行：化学工业出版社（北京市东城区青年湖南街 13 号　邮政编码 100011）
印　　装：北京科印技术咨询服务有限公司数码印刷分部
787mm×1092mm　1/16　印张 13½　彩插 2　字数 324 千字　2022 年 9 月北京第 1 版第 1 次印刷

购书咨询：010-64518888　　　　　售后服务：010-64518899
网　　址：http://www.cip.com.cn
凡购买本书，如有缺损质量问题，本社销售中心负责调换。

定　　价：39.00 元　　　　　　　　　　　　　　　版权所有　违者必究

前言

金属材料工程技术的发展趋势之一是利用虚拟的设计-制造-验证一体化环境，将真实的设计、制造、材料、验证、应用乃至维修和全生命周期管理等诸多环节统一起来，从而最大限度地缩短新产品研发周期，降低研发成本，提高产品的市场竞争力。在这个过程中，计算机辅助工程（CAE）技术已成为创新设计、数字化设计和材料制造技术的核心之一。CAE已被广泛应用至锻造、挤压、热冲压、轧制、热处理等金属材料热加工工艺设计当中，并取得了较好的效果。美国在2010年发布的新版热处理技术路线图中将虚拟热处理作为重点发展方向。中国工程院在2013年底制订的中国热处理技术与表层改性路线图中，也将虚拟热处理作为我国热处理领域的十二个重点研究内容之一。目前，高等学校的师生和企业的技术人员对金属材料热加工过程的温度、组织、相变、应力等物理量的数值模拟越来越重视。

"计算机在金属材料工程中的应用"是金属材料工程专业的必修课。课程的任务是使学生在先修的相关基础课程的基础上，了解计算机在金属材料工程方面的应用及未来发展方向。通过学习，掌握有限差分方法及有限元方法的基本概念及理论、温度场的有限差分方法、温度场的有限元方法、弹性力学问题的有限元方法、金属相变过程的有限元模拟方法。提高学生运用专业基础知识分析金属材料工程的传热、力学、相变等相关问题并建立相应数学模型的能力，并能应用计算机对金属材料工程的传热、力学、相变等复杂工程问题进行预测与模拟。本书是为开展该课程教学而编写的教材。

本书是山东科技大学金属材料工程省级一流本科专业建设成果教材。本书基于Excel软件完成零件特定位置温度曲线的计算及组织转变的判定、渗碳工艺过程中零件相应位置的浓度场、弹性力学问题相应位置的应力、应变和变形等。在典型物理场量的计算过程中，不必安装有限元计算软件，也不必利用C语言或Fortran编程语言，大幅度节约课堂授课时间，并将学生从繁杂的程序调试过程中解放出来，使学生初步了解和掌握计算机知识在金属材料工程领域中的应用思路和方法，注重培养学生利用计算机解决实际问题的能力，培养和引导学生的创新意识。工程数据的计算机处理方法可扫描附录中的二维码学习。

编写本书过程中，笔者参阅了国内外的相关教材、科技著作及论文，在此特向所有参考文献的作者表示衷心感谢！在本书的编写过程中，山东大学赵国群教授和李木森教授、大连理工大学张立文教授给予了悉心指导和帮助，山东大学和山东科技大学的老师也提供了诸多帮助，在此向他们表示深深的感谢！

由于计算机在金属材料工程领域中的应用非常广泛，且计算机软硬技术、数值模拟技术的发展日新月异，与金属材料工程相关的数值模拟新技术和新方法不断出现，加之编者水平有限、时间紧迫，书中难免有疏漏之处，敬请广大读者批评指正。

编者
2022年5月

目录

第1章
概述

1.1 材料科学与工程的基本要素

　　材料学的基础是固体物理、物理化学和化学等学科。这些基础学科的发展，使人们对材料组织、结构的认识逐步深入，对材料的化学成分和加工过程与其组织结构和性能之间的关系逐步明确，从而可以开发新材料和改善材料使用性能的新技术。新材料和新技术的开发使相关的理论不断深化、知识日益丰富，最终形成了独立的材料科学与工程学科。概括地讲，材料科学与工程就是研究材料的组织结构/成分、合成和加工、材料性能与使用性能之间关系的科学，这四个方面构成了材料科学与工程的四个基本要素。

　　图1-1展示了材料科学与工程四个要素之间的关系，可用来帮助解释材料科学与工程的内涵。四个要素反映了材料科学与工程研究的共性问题，其中合成和加工、使用性能是两个关键要素。材料性能和组织结构/成分是材料特征所在，反映了某种材料与众不同的个性。抓住了这四个要素，就抓住了材料科学与工程研究的本质，可以依据这四个基本要素评估材料研究中的问题，以新的或更有效的方式研制和生产材料，而不必拘泥于材料类别、功用或从基础研究到工程应用过程中所处的地位。同时，也可使材料科技工作者可以识别和跟踪材料科学与工程研究的主要发展趋势。

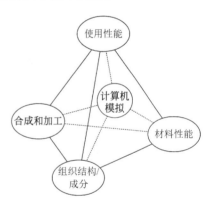

图1-1　材料科学的模型

　　材料性能是材料功能特性和效用（如电、磁、光、热、力学等性质）的定量描述。任何一种材料都有其独特的性能和应用。如：有的金属材料具有刚性和硬度，可以用于制造各种结构部件；有的金属材料具有延展性，可以加工成导线或线材。有些陶瓷具有很高的熔点、高的强度和化学惰性，可用于制造高温发动机和金属切削刀具；某些特种陶瓷具有压电、介电、半导体等特性，在电子、军工、生物医学、医疗卫生、通信等领域有广泛应用。利用金刚石的耀度和透明性，可将其制成光灿夺目的宝石和高性能光学涂层；利用其硬度和导热性，可将其用作切削工具和热传导材料。材料的性能表示其对外界刺激（如电场、磁场、温度场、力场等）的整体响应，材料性能是由材料的内部结构决定的，材料的内部结构反映了材料的组成基元及其排列和运动方式。材料的组成基元在结构中不是静止的，而是在不断的运动中，如电子运动、原子热运动等。在材料的原子结构中，电子围绕着原子核的运动情况对材料的物理性能有重要影响，尤其是电子结构会影响原子的键合，使材料表现出金属、无机非金属或高分子的固有属性。

使用性能是材料研究的出发点和目标，是材料性能在工作状态下（受力、气氛、温度）的表现。材料性能可以视为材料的固有性能，而使用性能则随工作环境不同而异，但使用性能与材料的固有性能密切相关。对使用性能的评价因其应用场合而异，制造构件的结构材料首先必须能够在给定的工作条件下稳定、可靠地长期服役，对其使用性能评价的主要指标是服役寿命；用于功能元件的功能材料首先要具备特定的功能，在光、电、磁、热、力的作用下，迅速、准确地发生应有的反应，其使用性能的评价指标主要是反应的灵敏程度和稳定性。使用性能不易在实验室直接测定，它主要决定于材料的力学、物理和化学性质，通过测定各种与使用性能相关的力学性能指标、物理学参量以及在各种介质中的化学行为可以间接衡量材料的使用性能。结构材料的使用性能主要由它们的强度、硬度、伸长率、弹性模量等力学性能指标衡量，功能材料的使用性能主要由相关的物理学参量衡量。正因为如此，在材料学领域中，力学性质、物理性质和化学性质已成为主要研究项目，这些性质与材料的使用性能合为一体。因此，建立使用性能与材料基本性能相关联的模型，开发合理的仿真试验程序，开展可靠性、耐用性、寿命周期预测等方面的研究，以最低代价延长材料使用寿命，对先进材料的研制、设计和应用是至关重要的。

材料的组织结构/成分是影响材料各种性质的直接因素。每种材料都含有从原子和电子尺度到宏观尺度的复杂结构体系。对于大多数材料，结构上的变化会引起一系列材料性质的改变。如：石墨和金刚石都是由碳原子组成，但二者原子排列方式不同，导致强度、硬度及其他物理性能差别明显；玻璃态的聚乙烯是透明的，而晶态的聚乙烯是半透明的；某些非晶态金属比晶态金属具有更高的强度、硬度和耐蚀性能。在研究晶体结构与性能的关系时，除了考虑其内部原子排列的规则性，还需要考虑其尺度效应，如具有高强度特征的有机纤维、光导纤维，作为二维材料的金刚石薄膜、超导薄膜等都具有特殊的物理性能。因此，在各种尺度上对结构与成分进行深入了解是材料科学与工程研究的一个主要方面。

在材料科学与工程中，合成和加工的区别近年来变得越来越模糊。人工合成材料在原子尺度上的合成，也常常归类于加工；陶瓷的制备通常是各种氧化物混合体的烧结，在某些情况下也包含着很多合成的化学过程。广义地说，在合成和加工过程中，原子、分子、分子聚合体的组合物将形成有用的产品。在某些情况下，合成与加工的研究已经发展到可以逐个地排列原子制造出新材料，从而得到理想的性质，或者发现新的甚至是出乎意料的现象，如材料的超导性、智能化等。但是，传统的加工方法仍然是材料制备的主要方法。如：为了材料提纯、合金化，可以采用熔炼的方法，把原材料加热到熔点以上，使之熔化为液态，再冷凝到固态；为了使材料成形，可以采用铸造、塑性成形、焊接、粉末烧结、挤出等加工工艺制成新产品或新构件；为了改善材料的性能，可以利用热处理技术，即通过加热、保温和冷却，改变材料的组织和结构，从而改善其性能。材料在加工过程中会发生组织结构的变化，对材料的性质和使用性能产生影响。如：铸造过程产生的疏松、孔洞、成分偏析等缺陷，将降低材料的力学性能；而塑性成形过程中由于位错密度的增加引起的加工硬化，将使材料的强度、硬度提高，而塑性、韧性降低等。选用材料时必须要注意其加工的难易程度以及加工过程中可能产生的组织缺陷及对性能的损伤，也就是说，必须考虑材料的可加工性。对企业来说，材料的合成和加工是获得高质量和低成本产品的关键。

材料科学与工程除了四个要素，还有两个关键手段：仪器设备和分析建模。其中，分析建模主要包括两个方面的内容：一方面是计算模拟，即从实验数据出发，通过建立数学模型及数值计算，模拟实际过程；另一方面是材料的计算机设计，即直接通过理论模型和计算，预测或设计材料结构与性能。前者使材料研究不仅仅停留在实验结果和定性的讨论上，而是使特定材料体系的实验结果上升为一般的、定量的理论，后者则可使材料的研究与开发更具方向性、前瞻性，有助于原始性创新，可以大大提高研究效率。因此，材料计算设计和数值模拟是连接材料学理论与实验的桥梁，它位于四要素组成的四面体中心，与材料科学与工程的四个要素均有紧密联系，表明了计算机模拟技术在材料科学中的特殊地位，如图 1-1 所示。

1.2　计算机的分类

计算机行业有一条法则恰如其分地表达了计算机功能和性能提高的发展趋势，这就是美国 Intel 公司的创始人戈登·摩尔（Gordon Moore）提出的"摩尔定律"。摩尔定律是指集成电路（IC）上可容纳的晶体管数目，约每隔 18 个月便会增加一倍，性能也将提升一倍，如图 1-2 所示。

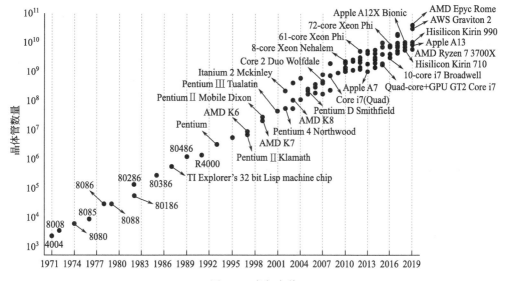

图 1-2　摩尔定律

1965 年，戈登·摩尔准备一个关于计算机存储器发展趋势的报告。在整理资料和绘制数据时，他发现了一个惊人的趋势：每个新芯片大体上包含其前一代两倍的容量，每个芯片的产生都是在前一个芯片产生后的 18～24 个月内。如果这个趋势继续的话，计算能力相对于时间周期将呈指数式的上升。摩尔定律所阐述的趋势一直延续至今，且仍具有较好的准确性。人们还发现摩尔定律不仅适用于对存储器芯片计算能力的描述，也可精确地说明处理器能力和磁盘驱动器存储容量的发展。在近 50 年的时间里，芯片上的晶体管数量增加了近 450 万倍，从 1971 年推出的第一款 4004 的 2300 个晶体管增加到 2019 年麒麟990（Hisilicon Kirin 990 5G）处理器的 103 亿个晶体管。

按照计算性能，计算机可划分为巨型机、大型机、小型机、微型机、服务器和工作站。

（1）巨型机

巨型机又称超级计算机（super computer），是所有计算机中性能最高、功能最强、速度极快、存储量巨大、结构复杂、价格昂贵的一类计算机。超级计算机和普通计算机的构成组件基本相同，但在性能和规模方面却有差异。超级计算机主要特点包含两个方面：极大的数据存储容量和极快的数据处理速度，因此它可以在多个领域完成一些普通计算机无法进行的工作。

超级计算机具有很强的计算和处理数据的能力，主要特点表现为高速度和大容量，配有多种外部和外围设备及丰富的、高功能的软件系统。超级计算机采用涡轮式设计，每个刀片就是一个服务器，能实现协同工作，并可根据应用需要随时增减。以我国第一台全部采用国产处理器构建的"神威·太湖之光"为例，由40个运算机柜和8个网络机柜组成，每台运算机柜装有1024个中国自主研发的"申威26010"众核处理器，总共安装了40960个众核处理器，该众核处理器采用64位自主申威指令系统，每个处理器有260个核心，它的持续性能为9.3亿亿次/秒，峰值性能可以达到12.5亿亿次/秒。通过先进的架构和设计，实现了存储和运算的分开，确保用户数据、资料在软件系统更新或CPU升级时不受任何影响，保障了存储信息的安全，真正实现了长时、高效、可靠的运算并具有易于升级、维护的优势。

根据处理器的不同，可以把超级计算机分为两类：专用处理器、标准兼容处理器。前者可以高效地处理同一类型问题，而后者则可一机多用，使用范围比较灵活、广泛。专一用途计算机多见于天体物理学、密码破译等领域，国际象棋高手"深蓝"、日本"地球模拟器"等都属于这样的超级计算机。很多超级计算机是非专用系统，服务于国家高科技领域和国防尖端技术的研究，如核反应模拟、空间技术、空气动力学、大范围气象预报、石油地质勘探、计算化学、材料设计、基因测序、地球物理、海洋模拟等众多领域。

（2）大型机

大型机是计算机中通用性能最强，功能、速度、存储量仅次于巨型机的一类计算机，国外习惯上将其称为主机（mainframe）。大型机具有比较完善的指令系统、丰富的外部设备、很强的管理和处理数据的能力，一般用在大型企业、金融系统、高校、科研院所等。

（3）小型机

小型机（mini computer）是计算机中性能较好、价格便宜、应用领域非常广泛的一类计算机。其浮点运算速度可达几千万次每秒。小型机结构简单、使用和维护方便，备受中小企业欢迎，主要用于科学计算、数据处理和自动控制等。使用小型机的用户一般是看中Unix操作系统和专用服务器的安全性、可靠性、纵向扩展性以及高并发访问下的出色处理能力。小型机跟普通的服务器（也就是常说的PC-server）有很大差别，最重要的一点就是小型机的高RAS（reliability、availability、serviceability）特性。

高可靠性（reliability）：计算机能够持续运转，从来不停机。

高可用性（availability）：重要资源都有备份；能够检测到潜在要发生的问题，并且能够转移其上正在运行的任务到其他资源，以减少停机时间，保持生产的持续运转；具有实时在线维护和延迟性维护功能。

高服务性（serviceability）：能够实时在线诊断，精确定位出根本问题所在，做到准确无误的快速修复。

（4）微型机

微型机也称为个人计算机（personal computer），简称 PC，是应用领域最广泛、发展最快、人们最感兴趣的一类计算机，以其设计先进（总是率先采用高性能微处理器）、软件丰富、功能齐全、体积小、价格便宜、灵活、性能好等优势而拥有广大的用户。目前，微型机已广泛应用于办公自动化、信息检索、家庭教育和娱乐等。

（5）工作站

工作站（work station）是一种高档微型机系统。通常它配有大容量的内存、高分辨大屏幕显示器、较高的运算速度和较强的网络通信能力，具有大型机或小型机的多任务、多用户能力，且兼有微型机的操作便利和良好的人机界面。工作站主要用于图像处理和计算机辅助设计等领域。

（6）服务器

服务器（server）是可以被网络用户共享、为网络用户提供服务的一类高性能计算机。一般都配置多个 CPU，有较高的运行速度，并具有超大容量的存储设备和丰富的外部接口，注重网络服务质量、长期安全稳定，不需要高性能的图形处理器。

电子计算机的历史虽然只有 70 余年，但它的应用已广泛渗透到科学与技术各个领域，有力地促进了各个学科理论与技术的发展。计算机应用与力学专业知识相结合，出现了计算力学；计算机应用与物理学理论知识相结合，出现了计算机物理学；计算机应用渗透到数学和化学领域，出现了计算数学、计算化学。计算机应用也渗透至材料科学与工程的各个领域，逐步形成了一门独立于实验科学和理论科学的材料科学分支——计算材料学。材料科学与工程作为一门新兴的综合性学科，今天已发展至较高水平，但它还远不是一门成熟的学科，还没有建立可以根据材料的成分准确预测材料的结构和性能的理论。目前，主要还是利用实验的方法来研究材料的成分、结构、工艺与它们的性能之间的相互关系。

无论是传统材料的改造、新材料的研发，还是材料的加工成形工艺及热处理工艺的制定，如果凭借经验和大量的实验来进行，即所谓的"炒菜法"，在很大程度上具有盲目性，会耗费大量的人力、物力、财力和时间。金属材料的热加工成形及热处理过程，如：铸造、锻造、挤压、轧制、焊接、热处理等热加工工艺，涉及流体、传热、弹塑性变形、凝固、相变、再结晶等，是一个"热-相变-应力"等多物理场相互影响的高度非线性过程，为节约起见金属材料热加工工艺的设计和优化离不开计算机技术。

1.3　计算机模拟在金属材料热处理方面的应用

随着现代科学技术的发展，对机械零件的性能和可靠性的要求越来越高。金属零件的内在性能和质量，除材料成分特征外，主要是在热加工过程中形成的。热处理是热加工过程的最后一道工序，主要有退火、正火、淬火和回火四个基本工艺，对零件的使用性能起着举足轻重的作用，重要零件都要经过热处理工艺对组织和性能做最后调整。在正火、回火、退火和淬火四个典型的热处理工艺中，淬火工艺是最复杂和应用最广泛的工艺。如果淬火工艺参数设计和控制不当，淬火过程中零件温度和组织转变的不均匀将导致淬火过程中的瞬时应力（又称淬火应力）和最后形成的残余应力过大，不仅影响零件的使用寿命、设备安全，甚至在淬火过程中可能产生裂纹或开裂而使零件报废，这种问题对大型锻件、高合金钢零件等更为突出。长期以来，淬火变形和残余应力问题一直困扰着设计人员和工艺技术人员，是阻碍机械制造和工模具制造技术进步的难题之一。淬火过程中，瞬时应力和残余应力一直是热处理工作者极为关注的问题之一。

淬火作为改变和提高材料性能的重要手段，在汽车、航空、运输、建筑及其他制造业领域中有着广泛而重要的应用。多年来，材料科学与技术的发展为人们积累了大量宝贵的实践经验和深入系统的理论知识。晶体学、金相学和金属学从微观到宏观揭示了淬火的奥秘，光学显微镜、电子显微镜、X射线衍射仪等先进的分析测试仪器被用于探索淬火的客观规律。基于现有的知识，比如相图、TTT图、CCT图和淬透性曲线，已经可以对淬火工艺进行可靠的设计。利用现有的技术，如测温技术、电控技术和冷却技术，已经实现了对淬火工艺参数的较为精确的控制。

尽管如此，由于淬火过程本身的复杂性，大量问题仍未得到圆满解决。淬火过程涉及复杂的物理及化学过程，材料内部的温度、组织及应力不断地发生变化。虽然单就传热、固态相变或弹塑性力学三方面来讲，都有各自成熟的理论，但这三种过程相互耦合的问题尚缺乏定量的统一理论，特别是复杂、多样化的固态相变与传热和弹塑性变形之间的交互作用。另外，在实时检测各物理量的变化方面，也存在一定的难度。温度场虽然可以动态测量，但热电偶的插入会对工件造成破坏，而且热电偶本身也影响了温度场的分布。组织状态和应力分布难以在热处理过程中测量，要测量工件内部的情况，需冷却到室温后将工件解剖，不但浪费人力、物力、财力，所得结果仍有较大的局限性。

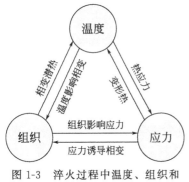

图 1-3　淬火过程中温度、组织和应力的关系示意图

在淬火冷却这个复杂的物理过程中，温度、组织和应力都在连续不断地变化，三者互相联系、互相影响、不可分割，如图 1-3 所示。要准确模拟这一过程，必须建立耦合的数学模型，这是热处理领域在世界范围内的研究热点和最新方向。温度场、组织场和应力场的耦合关系相当复杂，牵涉面广，因此结合温度场传热计算、相变动力学计算、有限元数值方法和热弹塑性力学等学科的研究成果，成功建立一个合理而完善的数学模型是非常关键的。

1.3.1　虚拟热处理的基本概念

20 世纪 70、80 年代以来，计算机技术的迅猛发展，使计算机作为一个强有力的工具在各工程领域得到了越来越广泛的应用，淬火领域也不例外。由于计算机技术和数值计算方法的发展，使材料热加工过程的计算机模拟技术越来越受到工业界的认可和重视。计算机模拟可以在虚拟的实验室中进行材料热加工过程的各种虚拟实验。与传统实验相比，虚拟/仿真实验具有灵活、快速、低价等优点。对于淬火过程模拟就是利用热学、力学、数学及材料学的知识，通过对温度场、组织场、应力场的耦合求解，给出温度、组织、应力等物理场量在每一时刻的定量数据，研究工艺参数对各种物理场量的影响规律，并以此为依据高效地优化工艺参数。

虚拟热处理（virtual heat treatment）最早由 IMS（intelligent manufacturing system）提出，与之类似的说法还有热处理计算机模拟、热处理数值模拟、智能热处理、数字化热处理等，这些概念都具有相同的实质，也就是基于热处理数值模拟技术实现真实热处理过程的仿真和工艺优化。

事实上，虚拟热处理作为近年来提出的新概念，借鉴了 20 世纪 80、90 年代以来发展的虚拟制造技术（virtual manufacturing technology，VMT）。虚拟制造技术是在强调柔性和快速的前提下于 20 世纪 80 年代提出的概念，并在 90 年代得到重视和快速发展。它以虚拟现实和仿真技术为基础，对产品的设计、生产过程统一建模，在计算机上实现产品从设计、加工、装配、检验直至整个生命周期的模拟和仿真。1994 年 7 月，在美国俄亥俄州举办的虚拟制造用户专题讨论会上，根据制造过程侧重点的不同将虚拟制造分为三类，提出来"三个中心"的分类方法，即"以产品为中心的虚拟制造""以生产为中心的虚拟制造"和"以控制为中心的虚拟制造"。这三类虚拟制造实际上涵盖了设计、生产、设备等三个环节。制造产业虚拟化的广阔前景吸引美国、日本及欧洲一些国家纷纷开始对其进行研究，在虚拟原型系统开发、虚拟环境构建、虚拟装配等方面取得了一系列的研究成果。同时，虚拟制造在汽车、飞机、军工等领域得到有效应用，并取得明显成效。

热处理作为制造业的一个重要环节，在制造业发挥重要作用的数字化、虚拟化技术必然要应用到热处理过程中，虚拟热处理的概念也应运而生。虚拟热处理是围绕对产品热处理性能和畸变控制的要求，利用计算机模拟技术预测产品的温度、性能和组织等物理场量，进而提出优化的工艺参数，制定产品的热处理工艺。

1.3.2 虚拟热处理技术的国外研究现状

国外对于淬火过程的数值模拟研究始于 20 世纪 80 年代。1975 年，日本 Inoue 和 Reniecki 最早提出了淬火过程中材料的传热、相变和力学行为相互作用理论模型。自 1985 年以来，越来越多研究人员和学者对此模型产生兴趣，并提出了一些更加完善的模型和数值模拟的方法。奥地利 Rammerstorfer 对淬火过程进行了热弹塑性分析，对比了等向强化和随动强化、蠕变、相变塑性等对模拟结果的影响，结果发现相变塑性对应力影响较大，而蠕变影响较小，可以忽略。法国 Denis 在对马氏体淬火过程中的热力学分析和内应力计算研究过程中，全面考虑了相变塑性和内应力对马氏体相变动力学的影响，描述了它们对残余应力的影响，并与实际测定的应力状态进行了对比。1992 年，Inoue 和 Ju 与日本 CRC 公司合作，对淬火和回火过程进行了持续、系统的物理模拟研究和数值模拟研究，开发了热处理的专用软件 HEARTS，可对中小型零件的水淬、渗碳淬火、感应淬火进行数值模拟，并用实际测试结果对数值模拟结果进行了验证。同时，欧美等国也开始重视对热处理数值模拟软件的开发，先后出现了 SysWeld、GRANTASK、Deform-HT、DANTE 等通用或专用软件。这些热处理方面的 CAE（computer aid engineering）软件和数值模拟技术被应用到常规淬火、高频淬火、渗碳、调质和锻造热处理等工艺中，取得了较好的效果。另一方面，为了给热处理数值模拟提供可靠的材料参数和冷却介质传热参数，特别是提供包括相变的热物性和力学性能参数，各国专家和学者逐渐开始重视对材料数据库和冷却剂数据库的开发。1997 年，日本材料学会组织相关企业和专家开发了以热处理技术为背景的材料数据库 MATEQ，日本热处理协会也开始开发冷却剂传热数据库。近年来，国外多位学者研究了感应加热过程中的电-磁-热耦合技术，利用有限元方法对齿轮等零件的感应淬火工艺进行了数值模拟和工艺参数优化。尽管如此，热处理中的畸变控制仍然是一个尚未充分解决的难题，原因是没有大量的热处理试验验证，就得不到可靠的材料特性和冷却剂传热特性；没有可靠的数据，热处理数值模拟的精度就难以保证。

虚拟热处理的发展首先源于对热处理过程中畸变的精确控制需求。随着机械加工精度的不断提高，热处理工艺作为保证机械零部件性能的最终工序，在减少零件热处理过程中的不均匀变形，最大限度地降低热处理后的加工量，改善零部件的强韧性和降低加工成本等方面都发挥着重要作用。热处理工艺是一个涉及物理、化学和力学现象的复杂和动态过程，至今，热处理畸变还是一个尚未充分解决的难题。国际组织 IMS 于 2003 年组织欧盟、日本和韩国的一些大学、企业以及研究机构成立了虚拟热处理方面的研究课题组，以热处理畸变控制为主题开展国际合作研究，目的是以试验验证为基础，开发具有新功能、高精度的数值模拟软件，以及具有数据挖掘功能的材料数据库、热处理知识库和热处理工艺优化分析的统合型虚拟系统。该项目的成功开展，对国际虚拟热处理技术的发展起到了重要的推动作用。

美国在 2007 年、2010 年发布的新版热处理技术路线图中都将虚拟热处理作为重点发展方向。美国国家制造科学中心联合了 12 个实力雄厚的单位（三大工业集团、三家软件公司和多所大学的国家实验室）组成合作研究组织，投入 2500 万美元从事热处理计算模型和数值模拟技术的开发，重点开发在微观组织和宏观有限元分析之间起着桥梁作用的基于状态变量的材料模型。美国国家制造科学中心优先考虑某一种钢材的数据库和淬火油、熔融盐等冷却介质的热导率，在此基础上将计算模型推广至其他钢材和工艺。最终目标是通过数值模拟，得到零部件在渗碳和淬火过程中的畸变、残余应力、微观组织的数据，并提升数值模拟结果与实验验证结果的吻合度。

1.3.3　虚拟热处理技术的国内研究现状

在我国，由于受三维建模技术、仿真技术的约束，对虚拟制造相关的研究起步较晚，但近几年发展迅速，一批科研院校和研究所纷纷加入虚拟制造的研究队伍。国内学者在有限元计算方法、表面换热系数、相变塑性、相变动力学、感应加热数值模拟等基础理论的研究方面已做了大量的研究工作。20 世纪 80 年代初，国内开始做淬火过程的数值模拟研究工作。最初是原化工部机械研究院、原陕西机械学院等单位对轴对称零件的淬火过程进行了计算机模拟；上海重型机器厂对大锻件加热和冷却时的温度场进行了模拟；中国航空信息中心用计算机模拟的方法研究了涡轮盘淬火时的冷却速率、淬火介质流动以及残余应力的变化。"八五"期间，清华大学与上海重型机器厂展开合作，对大锻件的淬火进行了较为系统的研究，实测了若干钢种的热物性、力学性能、相变动力学和相变塑性参数，还对常用的淬火工艺如水淬、喷水、喷雾等过程的表面换热系数进行了研究，获得了大量的实测数据与经验公式。在此基础上，利用有限元法开发了热处理数值模拟软件包 NSHT（numerical simulation of heat treatment），并利用该软件对大锻件的淬火过程进行了数值模拟，获得了较满意的结果。上海交通大学自 20 世纪 90 年代初期开始一直致力于渗碳、渗氮及淬火过程的计算机控制与模拟工作，在通用有限元平台 MSC. Marc 软件的基础上，通过编制用户自定义的子程序实现了冷轧辊、支承辊、锚环、曲轴等零部件在淬火过程中的温度、组织和残余应力计算。1992 年，在芝加哥举办的"第一届淬火与变形控制国际会议（1st International Conference on Quenching and Control of Distortion）"就有我国学者有关数值模拟的论文出现，在以后的第二届、第三届淬火与变形控制国际会议中均有我国学者的论文。1996 年，科学出版社出版的专著《热处理过程的数值模拟》是刘庄、吴肇基、吴景之等学者对热处理工艺数值模拟研究工作中的经验和成果的总结。2003 年11 月，由中国机械工程学会承办的"第四届国际淬火与畸变控制学术会议"在北京召开。2000 年"第一届热加工过程数学模型与计算机模型国际会议"在上海交通大学成功举办，2010 年又在上海佘山成功举办了"第四届热加工过程数学模型与计算机模型国际会议"，基本展示了当前国际上热处理计算机模拟领域的科研与应用水平，同时也说明我国在这一研究领域已取得了飞速的发展。2014 年制订的中国热处理技术路线图将虚拟热处理列为我国热处理方面的十二个重点研究内容之一。

总体来说，国内关于虚拟制造尤其是热处理方面的研究还处在初级阶段，而且多集中于高等院校和少量的研究院所，企业目前介入较少。

1.3.4　虚拟热处理软件包

目前，尚没有一款针对热处理工艺模拟的商品化专业软件，可用于热处理模拟的软件中，SysWeld 是焊接模拟软件，Deform 为金属体积成形（锻造）模拟软件。SysWeld 软件实现了机械、热传导和金属冶金的耦合计算，最初源于核工业领域的焊接工艺模拟，提前预测焊接过程中可能产生的裂纹。SysWeld 软件考虑相变、相变潜热和相变组织对温度的影响，热处理工艺中同样存在和焊接工艺相类似的多相物理现象，所以该软件很快被应用到热处理领域中并不断得到增强和完善。SysWeld 软件是一款适用于焊、装配和热处理模拟的焊接仿真分析解决方案，是目前商品化软件中计算焊接（电弧焊、激光焊、搅拌摩擦焊以及电焊）和热处理（渗碳、碳氮共渗、淬火）等工艺较准确的多物理领域有限元分析软件，其功能非常齐全和强大，其中包括视觉焊接、视觉装配、视觉热处理和解算器。另外，SysWeld 内置了一系列非常有效的工具软件，用于获取和校验热物理模拟的物理数据，如热导率校验工具、焊接热源校验工具、材料 CCT 曲线校验工具、材料冷却曲线校验工具等等。采用工具软件，能准确地获取模拟所需要的物理数据。

Deform 一个基于有限元分析方法的体积成形专业模拟软件包，除了具有综合建模功能，还集成了成形、热传导和成形设备特性等方面的模拟仿真，适用于热、冷、温成形，可为金属体积成形工艺的设计和优化提供极有价值的工艺分析数据，如材料流动、模具填充、锻造负荷、模具应力、晶粒流动、金属微结构和缺陷产生发展情况等。它是由 SFTC（scientific forming technologies corporation）开发，主要用于模拟各种自由锻造、模锻、挤压和管成形等工艺，后来，Wu 和 Tang 对其进行二次开发，使其可以对热处理过程进行模拟。Deform 自带材料模型包含有弹性、弹塑性、刚塑性、热弹塑性、热刚黏塑性、粉末材料、刚性材料及自定义材料等类型，并提供了丰富的开放式材料数据库，包括美国、日本、德国的各种钢、铝合金、钛合金、高温合金等 300 种材料的相关数据，用户也可根据自己的需要定制材料库。Deform 能够考虑材料相变、含碳量、体积变化和相变引起的潜热，计算出相变过程各相的体积分数、转化率、相变应力、热处理变形和硬度等一系列相变引发的参数，也能够计算金属成形过程发生的再结晶及晶粒长大过程。

DANTE（deformation analysis for thermal engineering）是一个用于热处理工艺设计和分析的商业软件包，它是由 Ferguson 在成形控制技术公司（Deformation Control Technology Company）开发的，DANTE 也是以 Abaqus 为开发平台，其非线性求解器的求解能力依赖于有限元软件包 Abaqus，对于相变过程的关键技术是通过用户子程序的方式加入到软件包中，DANTE 的前处理模型是靠商品化的前处理软件包 Patran 进行处理，它可以模拟退火、淬火和渗碳过程。

　　另外，还有以下软件可用于热处理过程的数值模拟。T. Inoue 及其合作研究者基于冶金学-热学-力学开发了有限元模拟程序 HEARTS（HEAt tReaTment Simulation system）用于模拟热处理过程。此软件包可以借助于有限元方法模拟伴有相变的金属热处理过程的金属结构、温度场和应力/应变场。如淬火和回火，T. Inoue 用该软件包模拟了直齿圆柱齿轮的渗碳和油淬工艺、军刀的渗碳和淬火工艺，得到了淬火过程的温度变化、相变情况、应力/应变和淬火变形情况等。TRAST 软件是基于 ABAQUS 软件包开发的一个用于模拟淬火过程温度、相变和应力应变的用户子程序包。GRANTAS 软件包是由日本 KOMATSU SOFT 公司开发一个用于热处理工艺模拟的专用软件，它包含了专用于该软件的前处理和后处理模块，能够模拟渗碳工艺及淬火过程的温度场、组织场和应力应变场，也能模拟淬火力学性能。Hayato Shichino 等人用 GRANTAS 软件包模拟了直齿圆柱齿轮的渗碳和淬火工艺，得到的模拟值与实验值吻合较好。Sanchez-Sarmiento 等开发成功的 INDUCTER-B 是用于预测感应淬火层硬度的模拟软件。另外，一种基于工件几何形状和钢铁成分预测工件淬火硬度分布的软件 INC-PHATRAN 也已开发成功，并可以模拟多种淬火工艺。

　　清华大学独立开发的有限元软件 NSHT 可以对大锻件的热处理过程进行预测，也属于专用的有限元软件。上海交通大学自 20 世纪 90 年代初期开始一直致力于渗碳、渗氮及淬火过程的计算机控制与模拟工作，课题组开发的渗碳控制软件 SJTU-CARBCAD 已成功应用于渗碳热处理炉的在线控制与在线决策，并在盐城丰东公司投入批量生产；另外，在通用有限元平台 MSC.MARC 软件的基础上，以 MARC 软件包为开发平台，通过用户子程序向软件包中添加相变量计算子程序，利用 MARC 软件包的温度场和应力应变场计算程序模拟淬火过程零件的温度、相变及应力应变情况，实现了冷轧辊、支承辊、锚环、曲轴在加热淬火过程中的温度、组织和残余应力计算。TIAMAT 是用于模拟材料加工过程的有限元软件，它在三维有限元自适应划分、热—力学耦合分析、弹塑性分析和相变塑性分析等方面都具有较大的优势。

　　目前多数的淬火模拟研究结果都是在通用的有限元软件（如：MSC.MARC、ABAQUS、ANSYS 等）上通过添加用户自定义程序来实现的，这些通用的软件包具有友好的界面，强大的前处理和后处理能力。同时，它开放的接口可以方便地植入子程序进行二次开发，加入子程序后不仅可以实现复杂热处理过程温度场、组织场和应力场的预测，还可以计算淬火介质的流动情况，方便实现多场的耦合。但是，这些软件并不是针对热处理这种高温下的复杂情况而开发，没有考虑各种热物性参数的变化，其二次开发平台也无法添加到程序中。国内外学者研究表明，热物性参数对应力、组织、温度的影响极大。例如，相变潜热无法作为内热源代入到温度场程序中反复迭代至收敛状态，只能将上一时间步产生的潜热作为当前时间步的热源进行处理，这样，对时间步长的要求较为严格，如果选择的时间步长不合理，将会影响到温度场、组织场和应力应变场的计算精度。

1.3.5　淬火过程数值模拟的难点及存在的问题

材料的热处理过程是一个温度、组织、应力/应变相互影响的高度非线性问题，在理论上对温度场、组织场、应力场耦合求解几乎是不可能的。用物理模拟方法进行研究也存在许多局限性，因为很难找到各种物理量都能满足相似原理的物理模型；对小试样在一定条件下测得的温度场、组织场、应力场很难直接用到真正尺寸的实物上；由于热处理过程涉及高温，对实物的温度、组织、应力进行实时测量难度很大。

近几年，随着计算机技术、有限元技术、人工智能技术的发展，可根据零件热处理过程建立适当的物理模型，并以物理模型为基础，建立数学模型，通过计算机求解各场量，利用计算机图形学理论动态显示零件在热处理过程中的温度、组织、应力/应变等随时间变化的情况，得到热处理完毕后的残余应力及零件的变形情况。根据数值模拟结果，可以找出适合工艺要求的工艺参数，并为实际生产过程提供参考或指导实际生产。近几年，淬火过程计算机模拟技术虽然取得了一些进展，并显示出巨大的优越性，但它仍处于发展阶段，许多重要问题有待于进一步研究，它的潜力也没有真正发挥出来。

从总体来看，淬火过程的数学模型分为两个层次：一个是局部微观层次的模型，包括组织、晶粒和分子结构等；另一个是表面宏观层次的模型。这些模型或是基于位错、热力学等理论，或是基于实验现象。但它们都存在着一定的不足，主要表现为：

1）模型难以定量描述相变过程。在组织模拟过程中，即使存在相应的相变动力学模型（包括材料形核和长大模型），由于相变本身的复杂性，这些模型还不足以精确地反映相变进程。

2）应力对形核率的影响难以表达。在应力作用下，扩散型相变特别是珠光体相变的形核率会大大增加，但到目前为止，应力对相变动力学的作用还难以从微观层次上解决。

3）微观变形机理难以预测宏观材料行为。目前对变形机理的认识水平，还难以准确预测钢铁这种多相材料的宏观变形行为。

4）材料参数不完整。材料热物性、力学性能等参数的不完整也是制约热处理模拟技术发展的关键问题之一。许多常用的金属材料在各种温度下的物性参数残缺不全，各种材料在不同介质中物性参数往往不具有普适性规律，处理方法的选择具有相当的随机性和任意性。研究各种物性参数的测定方法，建立物性参数与材料成分与温度间关系的回归公式已成为计算机模拟技术发展中的当务之急。

5）相变塑性理论还未成熟。相变塑性是材料在相变时发生于低应力水平下的塑性变形。虽然目前已有几种理论模型，但由于相变塑性实际是几种物理机制同时作用的结果，一种模型难以反映所有实验结果。

6）表面换热系数的测算不精确。换热系数是温度场计算中最为重要的非线性边界条件。虽然用集中热容法或反传热法可以粗略估计工件表面换热系数的大小，但到目前为止，换热系数的测算也仅局限于二维简单表面，而且存在较大误差，对于复杂的三维表面换热系数测算，目前无论从计算方法还是实验手段上都存在较大困难。

7）多数淬火过程数值模拟均是在已有的商品化有限元软件基础上进行二次开发，由于这些软件在开发初期没有考虑材料热物性参数的变化，虽然有的材料参数可以通过用户子程序加入，但淬火中的多数热物性参数没有办法加入，因而在模拟时只能以常数来替代，造成了比较大的模拟误差。

8）淬火过程是一种温度、相变、应力/应变相互作用的高度非线性热弹塑性问题，模拟时迭代计算较多，计算时间较长。因此要在有限元计算方法上寻找既能保证温度场、组织场和应力/应变场的计算精度，又能减少求解时间的方法，以便提高计算效率。

淬火过程比较复杂，到目前为止还没有找到一种不存在局限性的数学模型。但数学模型作为一种物理现象的表达方式，对热处理技术由经验定性型向科学定量型的转变作出了巨大的贡献。随着数学模型的日趋完善，将可以更好地反映工艺过程中各种现象的交互作用和诸多因素的影响，而且随着传热学、数值计算学、相变动力学、力学等相关理论的发展，以上的问题和难点终究会逐步得到解决。

第 2 章
传热学的基本原理及传热学模型建立

2.1　传热学基本原理

传热学（heat transfer）是一门研究由温差引起的热能传递规律的科学。大约在 20 世纪 30 年代，传热学形成了独立的学科。铸造、锻压、焊接和热处理等材料热加工工艺都涉及传热问题，要对这些工艺过程中的金属材料变形、液态金属流动、金属材料相变等物理过程进行数值模拟，首先要对热加工过程的传热问题进行分析，根据所涉及零件的几何形状和热加工工艺特点建立传热模型，然后再采用相应的数值模拟方法，应用计算机和软件对热加工过程中零件的温度场进行模拟计算。得到零件的温度场之后，再根据流体力学模型、相变模型、塑性力学模型等物理模型计算零件的微观组织、应力/应变、流场等物理场量。在数值模拟过程中得到这些物理场量可以替代反复的试验过程，为热加工工艺的设计和优化提供理论依据和工艺指导。

2.1.1　温度场

温度是表示物体冷热程度的物理量，微观上来讲表示物体分子热运动的剧烈程度。温度只能通过物体随温度变化的某些特性来间接测量，用来度量物体温度数值的标尺叫温标，它规定了温度的读数起点（零点）和测量温度的基本单位，国际单位为热力学温标（K）。国际上用得较多的其他温标有华氏温标（℉）、摄氏温标（℃）和国际实用温标。从分子运动论观点看，温度是物体分子运动平均动能的标志。温度是大量分子热运动的集体表现，含有统计意义，对于个别分子来说，温度是没有意义的。

在同一时刻 t，物质系统内各个点上温度的集合称为温度场（temperature field）。它是时间和空间坐标的函数，反映了温度 T 在空间和时间上的分布。凡是有温度差的地方，就有热量自发地从高温物体传向低温物体，或从物体的高温部分传向低温部分。由于材料热加工过程中几乎到处存在着温度差，所以热量传递就成为材料热加工过程中非常普遍的现象。在三维直角坐标系，温度场可表示为 $T(x,y,z,t)$。该公式描述的是非稳态温度场或瞬态温度场（transient temperature field），在此温度场中发生的导热为非稳态导热或瞬态导热（transient heat conduction）。不随时间而变的温度场称为稳态温度场，即 $T(x,y,z)$，此时为稳态导热（steady heat conduction）。对于一维和二维温度场，稳态时可分别表示为 $T(x)$ 和 $T(x,y)$，非稳态时则分别表示为 $T(x,t)$ 和 $T(x,y,t)$。

2.1.2 热量传递的三种方式

热量传递有三种基本方式：热传导、热对流和热辐射。在这三种基本方式中，热量传递的物理本质是不同的。

（1）热传导（heat conduction）

热传导是指在不涉及物质转移的情况下，热量从物体中温度较高的部位传递给相邻的温度较低的部位，或从高温物体传递给相接触的低温物体的过程，简称导热。从微观角度来看，气体、液体、导电固体和非导电固体的导热机理是有所不同的。

1）气体中，导热是气体分子不规则热运动时相互碰撞的结果。气体的温度越高，其分子的运动动能越大。不同能量水平的分子相互碰撞，使热量从高温处传到低温处。

2）导电固体中有相当多的自由电子，它们在晶格之间像气体分子那样运动。自由电子的运动在导电固体的导热中起着主要作用。在非导电固体中，导热是通过晶格结构的振动，即原子、分子在其平衡位置附近的振动来实现的。

3）至于液体中的导热机理，还存在着不同的观点。有一种观点认为定性上类似于气体，只是情况更复杂，因为液体分子间的距离比较近，分子间的作用力对碰撞过程的影响远比气体大。另一种观点则认为液体的导热机理类似于非导电固体。

（2）热对流（heat convection）

热对流是流体内部各部分发生相对位移而引起的热量转移现象。在工程问题中经常遇到的不是在流体内部进行纯粹热对流，而是流体与其接触的固体壁面之间的换热过程，它是热传导和热对流综合作用的结果，这种壁面与流体之间的热交换现象称为对流换热或简称对流。影响对流换热强度的主要因素有流体流动的起因、流动状态、流体物性、流体物相变化、壁面的几何参数等。就引起流动的原因而论，对流换热可区分为自然对流与强制对流两大类。

1）自然对流是由于流体冷、热各部分的密度不同而引起的。加热后的高温金属零件放在空气中自然冷却（空冷）或放在加热炉中自然冷却（退火），都属于自然对流过程。

2）如果流体的流动是由于水泵、风机或其他压差作用所造成的，则称为强制对流。金属零件的真空淬火（高压气体为冷却介质）、铝型材挤压过程的在线淬火（通过风机进行强制风冷），都属于强制对流。

另外，工程上还常遇到液体在热表面上沸腾或汽化的液体在冷表面上凝结的对流换热问题，分别简称为沸腾换热及凝结换热，它们是伴随有相变的对流换热。金属零件放入冷却水池中冷却并产生沸腾现象的阶段就属于沸腾换热。

（3）热辐射（heat radiation）

热辐射是指物体因自身具有温度而辐射出能量的现象。它是波长在 $0.1 \sim 100 \mu m$ 之间的电磁辐射，因此与其他传热方式不同，热量可以在没有中间介质的真空中直接传递。太阳就是以辐射方式向地球传递巨大的能量。自然界中各个物体都不停地向空间发出热辐射，同时又不断地吸收其他物体发出的热辐射。辐射与吸收过程的综合结果就造成了以辐射方式进行的物体间的热量传递——辐射换热。当物体与周围环境处于热平衡时，辐射换热量等于零，但这是动态平衡，辐射与吸收过程仍在不停地进行。

实际传热过程一般都不是单一的传热方式，如锻造和热处理工艺中火焰加热炉的火焰对炉壁、零件的传热，就是辐射、对流和传导的综合。不同的传热方式遵循不同的传热规律，为了分析方便，人们在传热研究中把三种传热方式分解开来，然后再加以综合。

2.1.3　热量传递的基本定律

（1）导热

导热的基本定律为傅里叶定律（Fourier law），是法国著名科学家傅里叶在 1822 年提出的一条热力学定律。傅里叶定律表明：在导热过程中，单位时间内通过给定截面的导热量，正比于垂直于该截面方向上的温度变化率和截面面积，而热量传递的方向则与温度升高的方向相反。直角坐标系下，沿 x 方向的导热用傅里叶定律可表示为

$$Q_x = -\lambda_x A \frac{\partial T}{\partial x} \tag{2-1}$$

或

$$q_x = -\lambda_x \frac{\partial T}{\partial x} \tag{2-2}$$

式中，Q_x 为 x 方向的热流率，也就是单位时间的热流量，单位为 W；q_x 为 x 方向单位截面积的热流率，也称为热流密度，单位为 W/m^2；A 为垂直于热流方向的截面积，单位为 m^2；λ_x 为材料沿 x 方向的热导率，单位为 W/(m·℃) 或 W/(m·K)；$\frac{\partial T}{\partial x}$ 为 x 方向的温度梯度，单位为℃/m 或 K/m；负号表示传热的方向和温度梯度的方向相反。

（2）对流换热

对流换热的基本计算公式是牛顿冷却公式（Newton's law of cooling）。牛顿冷却定律表明温度高于周围环境的物体向周围媒质传递热量逐渐冷却时所遵循的规律。当物体表面与周围存在温度差时，单位时间内通过单位面积散失的热量与温度差成正比，比例系数称为对流换热系数。牛顿冷却定律是牛顿在 1701 年用实验确定的，在强制对流时与实际符合较好，在自然对流时只在温度差不太大时才成立。牛顿冷却定律是传热学的基本定律之一，用于计算对流热量的多少。在直角坐标系下，沿 x 方向的对流换热用牛顿冷却公式可表示为

$$Q_x = h_x F \Delta T = h_x F (T_f - T_w) \tag{2-3}$$

或

$$q_x = h_x \Delta T = h_x (T_f - T_w) \tag{2-4}$$

式中，Q_x 为 x 方向的热流率，也就是单位时间的热流量，单位为 W；q_x 为 x 方向单位截面积的热流率，也称为热流密度，单位为 W/m^2；F 为垂直于热流方向的表面积，单位为 m^2；h_x 为材料沿 x 方向的对流换热系数，单位为 W/(m^2·℃) 或 W/(m^2·K)；ΔT 为流体温度和物体表面温度之间的差值，单位为℃或 K；T_f 和 T_w 分别是流体温度和物体表面温度，单位为℃或 K。

（3）辐射换热

辐射换热的基本定律是斯蒂芬-波尔兹曼定律（Stefan-Boltzmann law），其内容为：一个黑体表面单位面积在单位时间内辐射出的总功率（称为物体的辐射度或能量通量密度）

与黑体本身的热力学温度（又称绝对温度）的四次方成正比。该定律由斯洛文尼亚物理学家约瑟夫·斯蒂芬和奥地利物理学家路德维希·玻尔兹曼分别于 1879 年和 1884 年各自独立提出。在定律的提出过程中，斯蒂芬是通过对实验数据的归纳总结；玻尔兹曼则是从热力学理论出发，通过假设用光（电磁波辐射）代替气体作为热机的工作介质，最终推导出与斯蒂芬的归纳结果相同的结论。斯蒂芬-玻尔兹曼定律只适用于黑体这类理想辐射源，可表示为以下形式。

$$q_r = \sigma\varepsilon(T^4 - T_1^4) \tag{2-5}$$

式中，T 为物体表面温度，单位为 K；T_1 为周围环境温度，单位为 K；q_r 为辐射换热的热流密度，单位为 W/m^2；ε 为工件表面辐射率；σ 为 Stefan-Boltzmann 常数，其值为 5.768×10^{-8} W/(m^2 · K^4)。

2.1.4 双层玻璃的功效

例：一般北方建筑的窗户玻璃为双层玻璃，若玻璃的厚度为 d，空气层的厚度为 l。试建立数学模型描述热量通过窗户的传导过程，并将双层玻璃窗与同样多材料做成的单层玻璃窗（厚度为 $2d$）的热量传导进行对比，给出热量损失的定量分析。

（1）数学建模

数学模型的建立，简称数学建模（mathematical modeling）。数学建模是构造刻画客观事物原型的数学模型并用以分析、研究和解决实际问题的一种科学方法。运用这种科学方法，必须从实际问题出发，紧紧围绕着建模的目的，运用观察力、想象力和逻辑思维，对实际问题进行抽象、简化，反复探索、逐步完善，直到构造出一个能够用于分析、研究和解决实际问题的数学模型。因此，数学建模不仅是一种定量解决实际问题的科学方法，而且还是一种从无到有的创新活动过程。

（2）建模假设

作为课题的原型往往都是复杂的、具体的。这样的原型，如果不经过抽象和简化，人们对其认识是困难的，也无法准确把握它的本质属性。而建模假设就是根据建模的目的对原型进行适当的抽象和简化，把那些反映问题本质属性的形态、量及其关系抽象出来，简化掉那些非本质的因素，使之摆脱原来的具体复杂形态，形成对建模有用的信息资源和前提条件。这是建立模型最关键的一步。

对原型的抽象、简化不是无条件的，必须按照假设的合理性原则进行。假设不合理或太简单，会导致模型的失败或部分失败；假设过于详细或考虑因素过多，会使模型太复杂而且会降低模型的通用性。假设的合理性原则主要包括目的性原则、简明性原则、真实性原则和全面性原则。

对于"双层玻璃的功效"这个题目，对模型的假设如下：

1）热量的传播只有传导，没有对流。即假定窗户的密封性能很好，两层玻璃之间的空气不流动。

2）室内温度 T_1 和室外温度 T_2 保持不变，热传导过程已处于稳定状态，即沿热传导方向，单位时间通过单位面积的热量保持不变。

3）玻璃材料均匀，热导率是常数。

（3）构造模型

在建模假设的基础上，进一步分析建模假设的内容，首先区分哪些是常量、哪些是变量，哪些是已知的量、哪些是未知的量，然后查明各种量所处的地位、作用和它们之间的关系，选择恰当的数学工具和构造模型的方法对其进行表征，构造出刻画实际问题的数学模型。

在构造模型时究竟采用什么数学工具，要根据问题的特征、建模的目的要求及建模人的数学特长而定。可以说，数学的任一分支在构造模型时都可能用到，而同一实际问题也可以构造出不同的数学模型。一般地，在能够达到预期目的的前提下，所用的数学工具越简单越好。

"双层玻璃的功效"这个题目可以简化为：厚度为 d 的均匀介质，两侧温度差为 ΔT，则单位时间由温度高的一侧向温度低的一侧进行热传导。根据傅里叶定律，通过单位面积的热量 Q，与 ΔT 成正比，与介质的厚度 d 成反比。

$$Q = -\lambda\,\frac{\partial T}{\partial x} \approx -\lambda\,\frac{\Delta T}{d} \tag{2-6}$$

（4）模型求解

构造数学模型之后，根据已知条件和数据，分析模型的特征和模型的结构特点，设计或选择求解模型的数学方法和算法，然后编写计算机程序或运用与算法相适应的软件包，并借助计算机完成对模型的求解。

1）双层玻璃热传导模型　双层玻璃热传导模型如图 2-1(a) 所示。

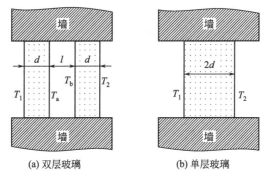

(a) 双层玻璃　　　　　(b) 单层玻璃

图 2-1　双层玻璃窗和单层玻璃窗热传导模型

假设内层玻璃的外侧温度为 T_a，外侧玻璃的内侧温度为 T_b，玻璃的热导率为 λ_1，空气的热导率为 λ_2。假设经过足够长的时间，室内和室外通过双层玻璃的热传导过程达到稳态热传导，也就是室内通过第一层玻璃传给玻璃之间空气的热量等于空气传给第二层玻璃的热量，也等于第二层玻璃传给室外的热量。根据式（2-6），单位时间单位面积的传热量（即热量流失）为

$$Q = -\lambda_1\,\frac{T_a - T_1}{d} = -\lambda_2\,\frac{T_b - T_a}{l} = -\lambda_1\,\frac{T_2 - T_b}{d} \tag{2-7}$$

由 $\lambda_1\,\dfrac{T_1 - T_a}{d} = \lambda_1\,\dfrac{T_b - T_2}{d}$ 可得

$$T_1 + T_2 = T_a + T_b \tag{2-8}$$

由 $\lambda_1 \dfrac{T_1 - T_a}{d} = \lambda_2 \dfrac{T_a - T_b}{l}$ 可得

$$\frac{\lambda_1}{\lambda_2} \times \frac{l}{d}(T_1 - T_a) = T_a - T_b \tag{2-9}$$

由 $\lambda_1 \dfrac{T_b - T_2}{d} = \lambda_2 \dfrac{T_a - T_b}{l}$ 可得

$$\frac{\lambda_1}{\lambda_2} \times \frac{l}{d}(T_b - T_2) = T_a - T_b \tag{2-10}$$

令 $h = \dfrac{l}{d}$，$S = \dfrac{\lambda_1}{\lambda_2}h$，根据式（2-8）和式（2-9）或式（2-8）和式（2-10）可得

$$T_a = \frac{(1+S)T_1 + T_2}{2+S} \tag{2-11}$$

把式（2-11）代入式（2-7）可得

$$Q = \lambda_1 \frac{T_1 - T_a}{d} = \frac{\lambda_1(T_1 - T_2)}{d(S+2)} \tag{2-12}$$

2）单层玻璃热传导模型　单层玻璃热传导模型如图 2-1(b) 所示。

根据式（2-6），通过单层玻璃在单位时间内通过单位面积由室内传至室外的传热量（即热量流失）为

$$Q' = \lambda_1 \frac{T_1 - T_2}{2d} \tag{2-13}$$

根据式（2-12）和式（2-13）可得双层玻璃与单层玻璃传热量之比

$$\frac{Q}{Q'} = \frac{2}{S+2} = \frac{2}{\dfrac{\lambda_1}{\lambda_2}h + 2} \tag{2-14}$$

由式（2-14）可知，$Q < Q'$，说明双层玻璃窗传热量较少，保温效果较单层玻璃窗好。

（5）模型分析及应用

根据文献资料可知，常用玻璃的热导率为 $\lambda_1 = 0.4 \sim 0.8\text{W}/(\text{m} \cdot \text{℃})$；不流通、干燥空气的热导率为 $\lambda_2 = 0.025\text{W}/(\text{m} \cdot \text{℃})$，可得

$$\frac{\lambda_1}{\lambda_2} = 16 \sim 32 \tag{2-15}$$

在分析双层玻璃窗比单层玻璃窗可减少多少热量损失时，将式（2-15）代入式（2-14），按最保守的数值 16 估计，可得

$$\frac{Q}{Q'} = \frac{1}{8h + 1} \tag{2-16}$$

式（2-16）的比值反映了双层玻璃减少热量损失的功效。双层玻璃与单层玻璃传热量之比只与 $h = \dfrac{l}{d}$ 有关，图 2-2 中给出了它们的关系曲线。

当 h 由 0 增加时，Q/Q' 迅速下降，而当 h 超过一定比值时（$h > 4$）后，Q/Q' 下降变缓，可见 h 不宜过大。

虽然制作双层玻璃窗工艺复杂会增加一些费用，但它减少的热量损失是相当可观的。通常，建筑规范要求 l/d 约为 4。按照这个模型，Q/Q' 约为 3%，即双层玻璃比用同样多

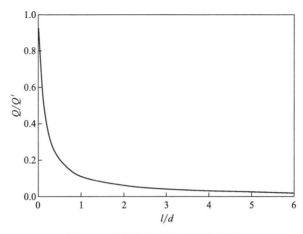

图 2-2 传热量之比与 l/d 的关系

的玻璃材料制成的单层窗节约热量 97％ 左右。不难发现，之所以有如此高的功效，主要由于层间空气极低的热导率，而且空气是干燥、不流通的。作为模型假设的这个条件在实际环境下当然不可能完全满足，所以实际上双层窗户的保温功效会比上述分析结果差一些。

2.2　热传导方程的建立

热传导方程是描述温度场随时间和空间变化的微分方程，可根据傅里叶导热定律和能量守恒定律（conservation laws of energy）采用微元体分析的方法进行推导。

2.2.1　直角坐标系下的热传导方程

在直角坐标系（rectangular coordinate system）下，采用微元分析方法对物体内部的一个微元体热量变化以及其与周围六个面的热量交换进行分析，如图 2-3 和图 2-4 所示。

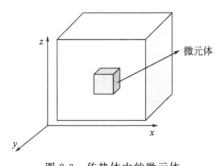

图 2-3　传热体中的微元体

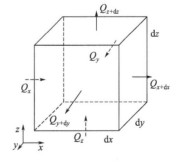

图 2-4　微元体传热示意图

假设微元体左侧平面的热流密度为 q_x，根据微元体左侧平面的面积，可得 dt 时间内沿 x 方向通过左侧平面输入微元体的能量为

$$Q_x = q_x \mathrm{d}y\,\mathrm{d}z\,\mathrm{d}t \tag{2-17}$$

根据傅里叶导热定律，式（2-17）可写为

$$Q_x = q_x \, dy \, dz \, dt = -\lambda_x \frac{\partial T}{\partial x} dy \, dz \, dt \tag{2-18}$$

当 dx 趋向无穷小时，$\dfrac{Q_{x+dx} - Q_x}{dx} = \dfrac{\Delta Q_x}{dx} = \dfrac{\partial Q_x}{\partial x}$，可得 dt 时间内沿 x 方向从左、右两个侧面输入微元体的能量为

$$dQ_x = Q_x - Q_{x+dx} = -\frac{\partial Q_x}{\partial x} dx = -\frac{\partial}{\partial x}\left(-\lambda_x \frac{\partial T}{\partial x} dy \, dz \, dt\right) dx$$

$$= \frac{\partial}{\partial x}\left(\lambda_x \frac{\partial T}{\partial x}\right) dx \, dy \, dz \, dt \tag{2-19}$$

同理，可得 dt 时间内沿 y 方向从前、后两个侧面输入微元体的能量为

$$dQ_y = Q_y - Q_{y+dy} = \frac{\partial}{\partial y}\left(\lambda_y \frac{\partial T}{\partial y}\right) dx \, dy \, dz \, dt \tag{2-20}$$

dt 时间内沿 z 方向从上、下两个侧面输入微元体的能量为

$$dQ_z = Q_z - Q_{z+dz} = \frac{\partial}{\partial z}\left(\lambda_z \frac{\partial T}{\partial z}\right) dx \, dy \, dz \, dt \tag{2-21}$$

根据式（2-19）～式（2-21），可得沿 x、y 和 z 三方向在 dt 时间输入至微元体的总能量为

$$dQ = dQ_x + dQ_y + dQ_z$$

$$= \frac{\partial}{\partial x}\left(\lambda_x \frac{\partial T}{\partial x}\right) dx \, dy \, dz \, dt + \frac{\partial}{\partial y}\left(\lambda_y \frac{\partial T}{\partial y}\right) dx \, dy \, dz \, dt + \frac{\partial}{\partial z}\left(\lambda_z \frac{\partial T}{\partial z}\right) dx \, dy \, dz \, dt$$

$$= \left[\frac{\partial}{\partial x}\left(\lambda_x \frac{\partial T}{\partial x}\right) + \frac{\partial}{\partial y}\left(\lambda_y \frac{\partial T}{\partial y}\right) + \frac{\partial}{\partial z}\left(\lambda_z \frac{\partial T}{\partial z}\right)\right] dx \, dy \, dz \, dt \tag{2-22}$$

假设 dt 时间内由于沿 x、y 和 z 三个方向向微元体输入热量，导致微元体的温度变化为 dT。根据图 2-4 可知微元体的体积为 $dx \, dy \, dz$，微元体的密度为 ρ，微元体定压比热容为 c_p，则微元体的蓄热量为 $dQ = \rho c_p \, dx \, dy \, dz \, dT$。

由式（2-22）可得

$$\left[\frac{\partial}{\partial x}\left(\lambda_x \frac{\partial T}{\partial x}\right) + \frac{\partial}{\partial y}\left(\lambda_y \frac{\partial T}{\partial y}\right) + \frac{\partial}{\partial z}\left(\lambda_z \frac{\partial T}{\partial z}\right)\right] dx \, dy \, dz \, dt = \rho c_p \, dx \, dy \, dz \, dT \tag{2-23}$$

整理后，式（2-23）可写为

$$\rho c_p \frac{\partial T}{\partial t} = \frac{\partial}{\partial x}\left(\lambda_x \frac{\partial T}{\partial x}\right) + \frac{\partial}{\partial y}\left(\lambda_y \frac{\partial T}{\partial y}\right) + \frac{\partial}{\partial z}\left(\lambda_z \frac{\partial T}{\partial z}\right) \tag{2-24}$$

在材料热加工过程中，变形热、相变潜热等内热源均会影响零件的温度场。考虑内热源的影响，式（2-24）可写为

$$\rho c_p \frac{\partial T}{\partial t} = \frac{\partial}{\partial x}\left(\lambda_x \frac{\partial T}{\partial x}\right) + \frac{\partial}{\partial y}\left(\lambda_y \frac{\partial T}{\partial y}\right) + \frac{\partial}{\partial z}\left(\lambda_z \frac{\partial T}{\partial z}\right) + Q_v \tag{2-25}$$

若材料各向同性，沿 x、y 和 z 三方向的热导率相同，设为 λ，则式（2-25）可写为

$$\rho c_p \frac{\partial T}{\partial t} = \lambda\left[\frac{\partial}{\partial x}\left(\frac{\partial T}{\partial x}\right) + \frac{\partial}{\partial y}\left(\frac{\partial T}{\partial y}\right) + \frac{\partial}{\partial z}\left(\frac{\partial T}{\partial z}\right)\right] + Q_v$$

$$= \lambda\left(\frac{\partial^2 T}{\partial x^2} + \frac{\partial^2 T}{\partial y^2} + \frac{\partial^2 T}{\partial z^2}\right) + Q_v \tag{2-26}$$

式中，ρ 为材料密度，单位为 kg/m^3；c_p 为材料定压比热容，单位为 $J/(kg \cdot ℃)$ 或

J/(kg·K)；T 为温度，单位为℃或 K；t 为时间，单位为 s；Q_v 为内热源，单位为 W/m^3；λ_x、λ_y 和 λ_z 分别为材料沿 x、y 和 z 三方向的热导率，单位为 W/(m·℃) 或 W/(m·K)。

式（2-25）为直角坐标系下，考虑内热源的热传导方程，也称为热平衡方程。热平衡方程表示的物理意义为：微元体升温所需的热量等于流入微元体的热量与微元体内部产生的热量的总和。

2.2.2　柱坐标系下的热传导方程

如图 2-5 所示，柱坐标系（cylindrical coordinate system）中的三个坐标变量是 r、φ 和 z。与空间直角坐标系相同，柱坐标系中也有一个 z 变量。φ 为从正 z 轴来看，自正 x 轴按逆时针方向所转过的角度。

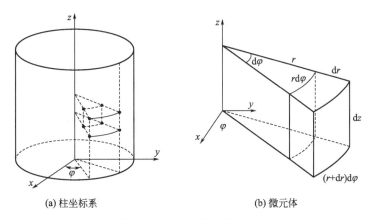

(a) 柱坐标系　　　　　　　　(b) 微元体

图 2-5　柱坐标系及微元体

（1）沿 r 方向

假设微元体左侧平面的热流密度为 q_r，微元体左侧面的边长分别为 $\mathrm{d}z$ 和 $r\mathrm{d}\varphi$，可得 $\mathrm{d}t$ 时间内沿 r 方向通过左侧面输入微元体的能量为

$$Q_r = q_r r \mathrm{d}\varphi \mathrm{d}z \mathrm{d}t \tag{2-27}$$

根据傅里叶导热定律 $q_r = -\lambda_r \dfrac{\mathrm{d}T}{\mathrm{d}r} = -\lambda_r \dfrac{\partial T}{\partial r}$ 可得

$$Q_r = -\lambda_r \frac{\partial T}{\partial r} r \mathrm{d}\varphi \mathrm{d}z \mathrm{d}t \tag{2-28}$$

当 $\mathrm{d}r$ 趋向无穷小时，$\dfrac{Q_{r+\mathrm{d}r} - Q_r}{\mathrm{d}r} = \dfrac{\Delta Q_r}{\mathrm{d}r} = \dfrac{\partial Q_r}{\partial r}$，可得 $\mathrm{d}t$ 时间内沿 r 方向通过左、右两个侧面输入微元体的能量为

$$\begin{aligned}
\mathrm{d}Q_r &= Q_r - Q_{r+\mathrm{d}r} = -\frac{\partial Q_r}{\partial r}\mathrm{d}r = -\frac{\partial}{\partial r}\left(-\lambda_r \frac{\partial T}{\partial r} r \mathrm{d}\varphi \mathrm{d}z \mathrm{d}t\right)\mathrm{d}r \\
&= \frac{\partial}{\partial r}\left(r\lambda_r \frac{\partial T}{\partial r}\right)\mathrm{d}r \mathrm{d}\varphi \mathrm{d}z \mathrm{d}t
\end{aligned} \tag{2-29}$$

（2）沿 φ 方向

假设微元体前侧面的热流密度为 q_φ，微元体前侧面的边长分别为 $\mathrm{d}r$ 和 $\mathrm{d}z$，可得 $\mathrm{d}t$ 时间内沿 φ 方向通过前侧面输入微元体的能量为

$$Q_\varphi = q_\varphi \, \mathrm{d}r \, \mathrm{d}z \, \mathrm{d}t \tag{2-30}$$

根据傅里叶导热定律 $q_\varphi = -\lambda_\varphi \dfrac{\partial T}{r \, \mathrm{d}\varphi} = -\lambda_\varphi \dfrac{\partial T}{r \, \partial\varphi}$ 可得

$$Q_\varphi = -\lambda_\varphi \frac{\partial T}{r \, \partial\varphi} \mathrm{d}r \, \mathrm{d}z \, \mathrm{d}t \tag{2-31}$$

当 $\mathrm{d}\varphi$ 趋向无穷小时，$\dfrac{Q_{\varphi+\mathrm{d}\varphi} - Q_\varphi}{r \, \mathrm{d}\varphi} = \dfrac{\Delta Q_\varphi}{r \, \mathrm{d}\varphi} = \dfrac{\partial Q_\varphi}{r \, \partial\varphi}$，可得 $\mathrm{d}t$ 时间内沿 φ 方向通过前、后两个侧面输入微元体的能量为

$$\begin{aligned}
\mathrm{d}Q_\varphi &= Q_\varphi - Q_{\varphi+\mathrm{d}\varphi} = -\frac{\partial Q_\varphi}{r \, \partial\varphi} r \, \mathrm{d}\varphi = -\frac{\partial}{\partial\varphi}\left(-\lambda_\varphi \frac{\partial T}{r \, \partial\varphi} \mathrm{d}r \, \mathrm{d}z \, \mathrm{d}t\right)\mathrm{d}\varphi \\
&= \frac{1}{r} \times \frac{\partial}{\partial\varphi}\left(\lambda_\varphi \frac{\partial T}{\partial\varphi}\right)\mathrm{d}r \, \mathrm{d}\varphi \, \mathrm{d}z \, \mathrm{d}t
\end{aligned} \tag{2-32}$$

（3）沿 z 方向

假设微元体下侧面的热流密度为 q_z，微元体下侧面的边长分别为 $\mathrm{d}r$ 和 $r \, \mathrm{d}\varphi$，可得 $\mathrm{d}t$ 时间内沿 z 方向通过下侧面输入微元体的能量为

$$Q_z = q_z r \, \mathrm{d}\varphi \, \mathrm{d}r \, \mathrm{d}t \tag{2-33}$$

根据傅里叶导热定律 $q_z = -\lambda_z \dfrac{\partial T}{\mathrm{d}z} = -\lambda_z \dfrac{\partial T}{\partial z}$ 可得

$$Q_z = -\lambda_z \frac{\partial T}{\partial z} r \, \mathrm{d}\varphi \, \mathrm{d}r \, \mathrm{d}t \tag{2-34}$$

当 $\mathrm{d}z$ 趋向无穷小时，$\dfrac{Q_{z+\mathrm{d}z} - Q_z}{\mathrm{d}z} = \dfrac{\Delta Q_z}{\mathrm{d}z} = \dfrac{\partial Q_z}{\partial z}$，可得 $\mathrm{d}t$ 时间内沿 z 方向通过上、下两个侧面输入微元体的能量为

$$\begin{aligned}
\mathrm{d}Q_z &= Q_z - Q_{z+\mathrm{d}z} = -\frac{\partial Q_z}{\partial z}\mathrm{d}z = -\frac{\partial}{\partial z}\left(-\lambda_z \frac{\partial T}{\partial z} r \, \mathrm{d}\varphi \, \mathrm{d}r \, \mathrm{d}t\right)\mathrm{d}z \\
&= r \frac{\partial}{\partial z}\left(\lambda_z \frac{\partial T}{\partial z}\right)\mathrm{d}r \, \mathrm{d}\varphi \, \mathrm{d}z \, \mathrm{d}t
\end{aligned} \tag{2-35}$$

根据式（2-29）、式（2-32）和式（2-35），沿 r、φ 和 z 三方向在 $\mathrm{d}t$ 时间输入至微元体的总能量为

$$\begin{aligned}
\mathrm{d}Q &= \mathrm{d}Q_r + \mathrm{d}Q_\varphi + \mathrm{d}Q_z \\
&= \frac{\partial}{\partial r}\left(\lambda_r \frac{\partial T}{\partial r} r\right)\mathrm{d}r \, \mathrm{d}\varphi \, \mathrm{d}z \, \mathrm{d}t + \frac{1}{r} \times \frac{\partial}{\partial\varphi}\left(\lambda_\varphi \frac{\partial T}{\partial\varphi}\right)\mathrm{d}r \, \mathrm{d}\varphi \, \mathrm{d}z \, \mathrm{d}t + r \frac{\partial}{\partial z}\left(\lambda_z \frac{\partial T}{\partial z}\right)\mathrm{d}r \, \mathrm{d}\varphi \, \mathrm{d}z \, \mathrm{d}t \\
&= \left[\frac{\partial}{\partial r}\left(\lambda_r \frac{\partial T}{\partial r} r\right) + \frac{1}{r} \times \frac{\partial}{\partial\varphi}\left(\lambda_\varphi \frac{\partial T}{\partial\varphi}\right) + r \frac{\partial}{\partial z}\left(\lambda_z \frac{\partial T}{\partial z}\right)\right]\mathrm{d}r \, \mathrm{d}\varphi \, \mathrm{d}z \, \mathrm{d}t
\end{aligned} \tag{2-36}$$

假设 $\mathrm{d}t$ 时间内由于沿 r、φ 和 z 三方向向微元体输入热量，导致微元体的温度变化为 $\mathrm{d}T$，微元体的密度为 ρ，微元体定压比热容为 c_p。忽略边长中的高阶无穷小项，根据图 2-5 可知微元体的体积为 $\mathrm{d}r r \, \mathrm{d}\varphi \, \mathrm{d}z$，则微元体的蓄热量为 $\mathrm{d}Q = \rho c_p r \, \mathrm{d}r \, \mathrm{d}\varphi \, \mathrm{d}z \, \mathrm{d}T$。

由式（2-36）可得

$$\left[\frac{\partial}{\partial r}\left(\lambda_r \frac{\partial T}{\partial r} r\right) + \frac{1}{r} \times \frac{\partial}{\partial\varphi}\left(\lambda_\varphi \frac{\partial T}{\partial\varphi}\right) + r \frac{\partial}{\partial z}\left(\lambda_z \frac{\partial T}{\partial z}\right)\right]\mathrm{d}r \, \mathrm{d}\varphi \, \mathrm{d}z \, \mathrm{d}t = \rho c_p r \, \mathrm{d}\varphi \, \mathrm{d}r \, \mathrm{d}z \, \mathrm{d}T \tag{2-37}$$

整理后，式（2-37）可写为

$$\rho c_p \frac{\partial T}{\partial t} = \frac{1}{r} \times \frac{\partial}{\partial r}\left(r\lambda_r \frac{\partial T}{\partial r}\right) + \frac{1}{r^2} \times \frac{\partial}{\partial \varphi}\left(\lambda_\varphi \frac{\partial T}{\partial \varphi}\right) + \frac{\partial}{\partial z}\left(\lambda_z \frac{\partial T}{\partial z}\right) \tag{2-38}$$

在材料热加工过程中，变形热、相变潜热等内热源均会影响零件的温度场。考虑内热源的影响，式（2-38）可写为

$$\rho c_p \frac{\partial T}{\partial t} = \frac{1}{r} \times \frac{\partial}{\partial r}\left(r\lambda_r \frac{\partial T}{\partial r}\right) + \frac{1}{r^2} \times \frac{\partial}{\partial \varphi}\left(\lambda_\varphi \frac{\partial T}{\partial \varphi}\right) + \frac{\partial}{\partial z}\left(\lambda_z \frac{\partial T}{\partial z}\right) + Q_v \tag{2-39}$$

式中，ρ 为材料密度，单位为 kg/m^3；c_p 为材料定压比热容，单位为 $J/(kg \cdot ℃)$ 或 $J/(kg \cdot K)$；T 为温度，单位为 ℃ 或 K；t 为时间，单位为 s；Q_v 为内热源，单位为 W/m^3；λ_r、λ_φ 和 λ_z 分别为材料沿 r、φ 和 z 三方向的热导率，单位为 $W/(m \cdot ℃)$ 或 $W/(m \cdot K)$。

式（2-39）为柱坐标系下，考虑内热源的热传导方程，也称为热平衡方程。热平衡方程表示的物理意义为：微元体升温所需的热量等于流入微元体的热量与微元体内部产生的热量的总和。

2.2.3　球坐标系下的热传导方程

球坐标系（spherical coordinate system）是三维坐标系的一种，用以确定三维空间中点、线、面以及体的位置，它以坐标原点为参考点，由方位角、仰角和距离构成。球坐标系在地理学、天文学中都有着广泛应用。在数学中，球坐标系是一种利用球坐标表示一个点 P 在三维空间中位置的三维正交坐标系。图 2-6 显示了球坐标的几何意义：原点到

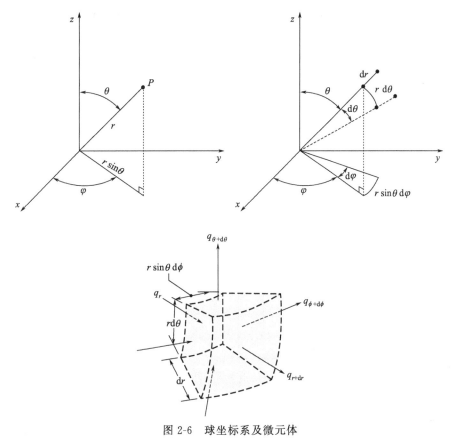

图 2-6　球坐标系及微元体

P 点的距离 r，原点到点 P 的连线与正 z 轴之间的天顶角 θ，以及原点到点 P 的连线在 xy 平面的投影线与正 x 轴之间的方位角 φ。

根据柱坐标系中热平衡方程的推导过程，可得球坐标系下的热平衡方程为

$$\rho c_p \frac{\partial T}{\partial t} = \frac{1}{r^2} \times \frac{\partial}{\partial r}\left(r^2 \lambda_r \frac{\partial T}{\partial r}\right) + \frac{1}{r^2 \sin^2\theta} \times \frac{\partial}{\partial \phi}\left(\lambda_\varphi \frac{\partial T}{\partial \phi}\right) + \frac{1}{r^2 \sin^2\theta} \times \frac{\partial}{\partial \theta}\left(\lambda_\theta \sin\theta \frac{\partial T}{\partial \theta}\right) + Q_v$$

$$(2\text{-}40)$$

式中，ρ 为材料密度，单位为 kg/m³；c_p 为材料定压比热容，单位为 J/(kg·℃) 或 J/(kg·K)；T 为温度，单位为℃或 K；t 为时间，单位为 s；Q_v 为内热源，单位为 W/m³；λ_r、λ_φ 和 λ_θ 分别为材料沿 r、φ 和 θ 三方向的热导率，单位为 W/(m·℃) 或 W/(m·K)。

2.3　热传导问题的边界条件

求解热传导问题，实际上可归结为对热传导方程的求解。对于上述热传导方程，通过数学方法可获得其方程式的通解。然而，对于要解决的实际工程问题来说，不仅要求获得通解，而且还要求获得既满足导热微分方程式，又满足根据问题给出一些附加条件下的特解（唯一解）。这些使微分方程式获得特解的附加条件，在数学上称为定解条件。一般来说，非稳态导热问题的定解条件有两个方面：一是给出初始时刻温度分布，又称为初始条件（initial conditions）；二是给出物体边界上的温度或换热情况，又称为边界条件（boundary conditions）。导热微分方程式连同初始条件和边界条件才能够完整地描述一个具体的导热问题。

边界条件是指工件外表面与周围环境的热交换情况。在传热学上一般将边界条件归纳成三类：

1）第一类边界条件，是指物体边界上的温度或温度函数为已知，如图 2-7 所示，用公式表示为

$$\begin{cases} T\,|_s = T_w \\ T\,|_s = T_w(x,y,z,t) \end{cases} \tag{2-41}$$

式中，下标 s 为物体边界范围；T_w 为已知的工件表面温度，单位为 K 或℃；$T_w(x, y, z, t)$ 为已知的工件表面温度函数，随时间、位置的变化而变化，x，y，z 是坐标值，t 是时间。

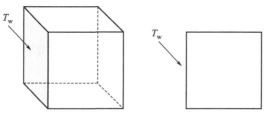

图 2-7　第一类边界条件

2）第二类边界条件，是指物体表面上热流密度 q_w 为已知，规定热流密度 q 的方向与边界外法线 n 的方向相同，如图 2-8 所示，其表达式为

$$\begin{cases} -\lambda \left.\dfrac{\partial T}{\partial n}\right|_s = q_w \\ -\lambda \left.\dfrac{\partial T}{\partial n}\right|_s = q_w(x,y,z,t) \end{cases} \tag{2-42}$$

式中，q_w 为已知工件表面热流密度，单位为 W/m^2；$q_w(x,y,z,t)$ 为已知的工件表面热流密度函数，随时间、位置的变化而变化。

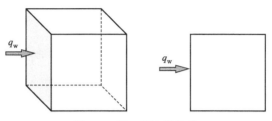

图 2-8　第二类边界条件

3）第三类边界条件，又称牛顿对流边界，是指物体与其接触的流体介质间的对流换热系数 H_k 和介质温度 T_f 为已知，如图 2-9 所示，其表达式为

$$-\lambda \left.\frac{\partial T}{\partial n}\right|_s = H_k(T-T_f) \tag{2-43}$$

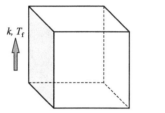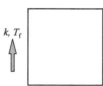

图 2-9　第三类边界条件

在模拟淬火工艺温度场时，将上述三类边界条件统一用第三类边界条件即式（2-43）表达。在实际应用中，当为第一类边界条件时，取 $T=T_f$，H_k 为一极大值即可。

当为第二类边界条件时，最常用的是绝热边界，即 $\left.\dfrac{\partial T}{\partial n}\right|_s = 0$，此时只要取 $H_k=0$ 即可。

当为第三类边界条件时，最常用的是对流和辐射混合换热边界，在这种情况下的表达式为

$$\begin{aligned} -\lambda \left.\frac{\partial T}{\partial n}\right|_s &= H_k(T-T_f)+\sigma\varepsilon(T^4-T_f^4) \\ &= H_k(T-T_f)+H_s(T^4-T_f^4) \\ &= H(T-T_f) \end{aligned} \tag{2-44}$$

式中，H 为总换热系数

$$H=H_k+H_s \tag{2-45}$$

H_s 为辐射换热系数

$$H_s=\sigma\varepsilon(T^2+T_f^2)(T+T_f) \tag{2-46}$$

其中，温度值要用绝对温度表示，单位为 K；σ 为 Stefan-Boltzmann 常数，其值为 $5.768\times10^{-8}\,W/(m^2\cdot K)$；$\varepsilon$ 为工件表面辐射率。

2.4 热传导问题的初始条件

初始条件是指初始温度场，是计算的出发点。初始温度可以是均匀的，如淬火件从室温装炉开始加热，或加热到给定温度，长时间保温使工件内部温度均匀，此时

$$T\big|_{t=0}=T_0 \tag{2-47}$$

式中，T_0 为已知温度，是常数。

初始温度也可能是不均匀的，但工件各点温度值是已知的，此时

$$T\big|_{t=0}=T_0(x,y,z) \tag{2-48}$$

式中，$T_0(x,y,z)$ 为已知温度函数。

2.5 温度场计算模型的建立

2.5.1 轴对称零件温度场计算模型

轴对称问题就是整个零件以回转轴线为中心轴对称分布，在过中心轴的任一截面上，任意两个对称点的物理场量值（温度、应力、应变、相变等）是相等的。在所有轴对称零件中，圆柱体是最简单、最典型的一类零件，而且也是工业界常用的工件。在求解圆柱体温度场时，由于轴对称性，在柱坐标系下可忽略环向热传导，热传导只有径向和轴向；另外，圆柱体还关于中间截面上下对称，如图 2-10(a) 所示，因此可用图 2-10(b) 所示的二维模型来描述圆柱体淬火冷却过程的热传导过程。通过合理地选择坐标原点，可使求解对象几何范围缩小 50%。

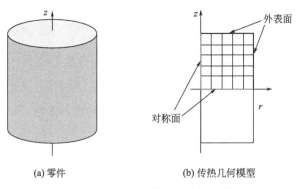

(a) 零件　　　　　　　　(b) 传热几何模型

图 2-10　圆柱体零件传热的几何模型

（1）模型假设

在图 2-10 所示的二维模型中采用以下假设：

1）材料的热物性参数不随温度变化；

2）不考虑相变潜热及其他内热源；

3）冷却过程中，零件以对流换热的方式与淬火介质进行热交换；

4）材料各向同性。

（2）热传导方程

基于以上假设，忽略 φ 方向热传导，根据式 2-39，圆柱体内部的热传导方程可简化为

$$\rho c_p \frac{\partial T}{\partial t} = \frac{1}{r} \times \frac{\partial}{\partial r} \left(r\lambda_r \frac{\partial T}{\partial r} \right) + \frac{\partial}{\partial z} \left(\lambda_z \frac{\partial T}{\partial z} \right)$$

$$= \frac{1}{r}\lambda \left[\frac{\partial}{\partial r} \left(r \frac{\partial T}{\partial r} \right) + \frac{\partial}{\partial z} \times \frac{\partial T}{\partial z} \right] \tag{2-49}$$

式中，ρ 为材料密度；c_p 为材料定压比热容；T 为温度；t 为时间；λ 为材料的热导率。

（3）边界条件

图 2-10（b）中的二维模型有两种边界条件：一是外表面，零件与淬火介质之间的对流换热，属于第三类边界条件；二是对称边界，利用零件的几何对称性对模型进行简化时形成的边界，这种边界是第二类边界的特例。

外表面热交换可表示为

$$-\lambda \frac{\partial T}{\partial n} \bigg|_s = H_k (T - T_f) \tag{2-50}$$

对称面热交换可表示为

$$-\lambda \frac{\partial T}{\partial n} \bigg|_s = 0 \tag{2-51}$$

式（2-50）和式（2-51）中，T 为零件表面的温度；T_f 为淬火介质的温度；n 为零件热交换表面的外法线方向；H_k 为零件与淬火介质之间的对流换热系数。

（4）初始条件

初始时刻，圆柱体温度分布均匀，各处温度均为一常数。对于淬火过程，可将加热炉设定的加热温度作为零件的初始温度。

2.5.2　长方体温度场计算的二维模型

长方体是另一种在工业界常用的工件，它在池内淬火过程是一个涉及相变、热传导、流体的三维非稳态传热问题。长方体有三个平行于长方体表面的对称面，如图 2-11（a）所示，假设水平方向为 z 轴方向，想要了解长方体垂直 z 轴的对称面处温度及相变情况，忽略 z 轴方向的导热，将直角坐标系坐标原点放置在对称面中心，可用二维模型描述长方体该对称面处在淬火冷却过程的传热，如图 2-11（b）所示。通过合理地选择坐标原点，可使求解对象几何范围缩小为整个对称面的四分之一，也就是图 2-11（b）中的第一象限区域，其他三个象限的物理场量可根据求解得到的第一象限数值通过镜像的方式得到。

（1）模型假设

在图 2-11 所示的二维模型中采用以下假设：

1）材料的热物性参数不随温度变化；

2）不考虑相变潜热及其他内热源；

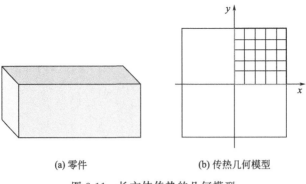

(a) 零件　　　　　　　(b) 传热几何模型

图 2-11　长方体传热的几何模型

3）冷却过程中，零件以对流换热和辐射换热的方式与淬火介质进行热交换，忽略零件冷却过程中淬火介质的温度变化；

4）材料各向同性。

（2）热传导方程

基于以上假设，忽略 z 方向热传导，根据式（2-26），长方体垂直 z 轴的对称面处热传导方程可简化为

$$\rho c_p \frac{\partial T}{\partial t} = \lambda \left(\frac{\partial}{\partial x} \times \frac{\partial T}{\partial x} + \frac{\partial}{\partial y} \times \frac{\partial T}{\partial y} \right) \tag{2-52}$$

式中，ρ 为材料密度；c_p 为材料定压比热容；T 为温度；t 为时间；λ 为材料的热导率。

（3）边界条件

图 2-11(b) 中的二维模型有两种边界条件：一是外表面，零件与淬火介质之间的换热，属于第三类边界条件；二是对称边界，利用零件的几何对称性对模型进行简化时形成的边界，这种边界是第二类边界的特例。

外表面热交换可表示为

$$-\lambda \frac{\partial T}{\partial n}\bigg|_s = H_k(T - T_f) + \sigma\varepsilon(T^4 - T_f^4)$$
$$= H_k(T - T_f) + H_s(T^4 - T_f^4)$$
$$= H(T - T_f) \tag{2-53}$$

对称面热交换可表示为

$$-\lambda \frac{\partial T}{\partial n}\bigg|_s = 0 \tag{2-54}$$

式（2-53）和式（2-54）中，T 为零件表面的温度，要用绝对温度表示，单位为 K；T_f 为淬火介质的温度，单位为 K；n 为零件热交换表面的外法线方向；H_k 为零件与淬火介质之间的对流换热系数；σ 为 Stefan-Boltzmann 常数；ε 为工件表面辐射率；H 为零件与淬火介质之间的综合换热系数，包括了对流换热和辐射换热，一般需通过逆向传热方法求解。

（4）初始条件

初始时刻，长方体温度分布均匀，各处温度均为一常数。对于淬火过程，可将加热炉设定的加热温度作为零件的初始温度。

2.5.3　长方体温度场计算的三维模型

图 2-11(a) 所示的长方体，可用三维模型描述长方体各个位置在淬火冷却过程中的传热情况，如图 2-12 所示。通过合理地选择坐标原点，可使求解对象几何范围缩小为整个长方体的八分之一，也就是图 2-12 中的第一象限区域，其他七个象限的物理场量可根据求解得到的第一象限数值通过镜像的方式获得。

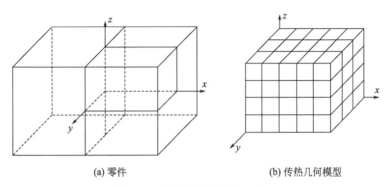

(a) 零件　　　　　　　(b) 传热几何模型

图 2-12　长方体传热的几何模型

（1）模型假设

在图 2-12 所示的三维模型中采用以下假设：

1）材料的热物性参数不随温度变化；

2）考虑相变潜热及其他内热源；

3）冷却过程中，零件以对流换热和辐射换热的方式与淬火介质进行热交换，忽略零件冷却过程中淬火介质的温度变化；

4）材料各向同性。

（2）热传导方程

基于以上假设，长方体内部各处热传导方程可简化为

$$\rho c_p \frac{\partial T}{\partial t} = \lambda \left(\frac{\partial^2 T}{\partial x^2} + \frac{\partial^2 T}{\partial y^2} + \frac{\partial^2 T}{\partial z^2} \right) + Q_v \tag{2-55}$$

式中，ρ 为材料密度；c_p 为材料定压比热容；T 为温度；t 为时间；λ 为材料的热导率；Q_v 为相变潜热。

（3）边界条件

图 2-12 中的三维模型有两种边界条件：一是外表面，零件与淬火介质之间的换热，属于第三类边界条件；二是对称边界，利用零件的几何对称性对模型进行简化时形成的边界，这种边界是第二类边界的特例。

外表面热交换可表示为

$$\begin{aligned}
-\lambda \frac{\partial T}{\partial n} \bigg|_s &= H_k (T - T_f) + \sigma \varepsilon (T^4 - T_f^4) \\
&= H_k (T - T_f) + H_s (T^4 - T_f^4) \\
&= H (T - T_f)
\end{aligned} \tag{2-56}$$

对称面热交换可表示为

$$-\lambda \frac{\partial T}{\partial n}\bigg|_s = 0 \tag{2-57}$$

式（2-56）和式（2-57）中，T 为零件表面的温度，要用绝对温度表示，单位为 K；T_f 为淬火介质的温度，单位为 K；λ 为材料的热导率；n 为零件热交换表面的外法线方向；H_k 为零件与淬火介质之间的对流换热系数；σ 为 Stefan-Boltzmann 常数；ε 为工件表面辐射率；H 为零件与淬火介质之间的综合换热系数。

（4）初始条件

初始时刻，长方体温度分布均匀，各处温度均为一常数。对于淬火过程，可将加热炉设定的加热温度作为零件的初始温度。

第 3 章
温度场计算的有限差分法

微分方程的定解问题就是在满足某些定解条件下求微分方程的解。在空间区域的边界上要满足的定解条件，称为边值条件或边界条件。如果问题与时间有关，在初始时刻所要满足的定解条件，称为初值条件或初始条件。根据具体的零件及其热处理工艺建立传热学模型后，热传导方程、边界条件和初始条件也就确定了，零件内部及界面的传热问题就转化为求解在一定边界条件和初始条件下的偏微分方程问题，也就是把一个物理问题转化为求解偏微分方程的数学问题。对于这种数学问题，可以用解析法（analytical methods）求解，也可以用有限差分法（finite difference method，FDM）、有限元法（finite element method，FEM）、边界元法（boundary element method，BEM）等数值算法进行求解。

不含时间而只带边值条件的定解问题，称为边值问题。与时间有关而只带初值条件的定解问题，称为初值问题。同时带有两种定解条件的问题，称为初值边值混合问题。由于实际的工程问题多种多样，一般属于初值边值混合问题，而且边界条件和初始条件可能非常复杂，相应的微分方程往往不具有解析解，或者其解析解不易计算，这时候就要依靠数值解法得到其数值解或近似解。

3.1 有限差分法的基本原理

有限差分法是一种求偏微分（或常微分）方程和方程组定解问题数值解的方法，简称差分方法。有限差分法的基本原理是：将一个有限连续求解空间区域用一系列网线划分开，网线与网线交点称为节点，节点上的温度值为 T_i，将要计算的传热过程划分成较小的时间段，各时间段上节点的温度值为 T_i^n，这样就实现了求解区域的离散化。

图 3-1 为一维问题求解空间的离散示意图。将一定长度的求解对象离散为有限个节点，节点 i 的温度值为 T_i。如果所求解的问题是一个与时间有关的问题，把整个过程分为有限个时间段，节点 i 在 n 时刻的温度值表示为 T_i^n。

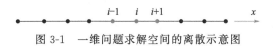

图 3-1　一维问题求解空间的离散示意图

图 3-2 为二维问题求解空间的离散示意图。将一个有限连续求解空间区域用一系列网线划分开，离散为有限个节点，沿 x 方向第 i、y 方向第 j 节点的温度值表示为 $T_{i,j}$。如果所求解的问题是一个与时间有关的问题，把整个过程分为有限时间段，节点 i，j 在 n 的温度值表示为 $T_{i,j}^n$。

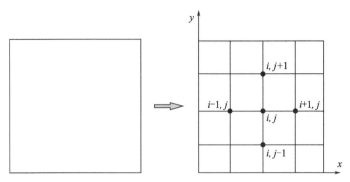

图 3-2　二维问题求解空间的离散示意图

图 3-3 为三维问题求解空间的离散示意图。将一个有限连续求解空间区域用一系列网线划分开，离散为有限个节点，沿 x 方向第 i、y 方向第 j 和 z 方向第 k 节点的温度值表示为 $T_{i,j,k}$。如果所求解的问题是一个与时间有关的问题，把整个过程分为有限个时间段，节点 i，j，k 在 n 的温度值表示为 $T_{i,j,k}^{n}$。

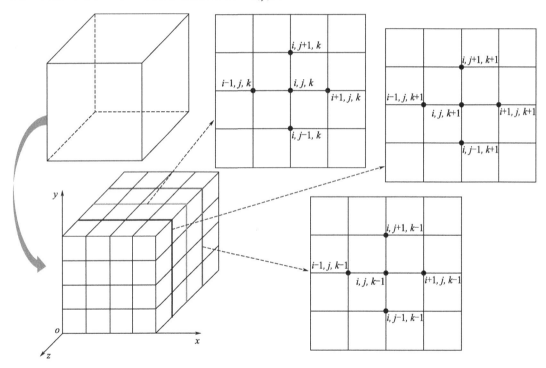

图 3-3　三维问题求解空间的离散示意图

在整个求解空间中，非节点位置的温度值可以通过相邻节点的温度值用插值方法来计算。求解区域离散处理后，从热传导偏微分方程和边界条件出发，近似地用差分、差商来代替微分、微商，这样热传导偏微分方程和边界条件的求解就转变为差分方程的求解。

有限差分法是以有限差分代替无限微分、以差分代数方程代替微分方程、以数值计算代替数学推导的过程，将连续函数离散化，以有限的、离散的数值代替连续的函数分布。有限差分法的主要步骤：

（1）构成差分格式：以差分方程代替微分方程。

（2）求解差分方程（线性代数方程）：直接法（消元法）、间接法（迭代法）。

（3）数值解的精度及收敛性分析和检验。

建立差分方程是有限差分法的关键，一般可通过两种途径建立差分方程。

途径一：借助 Taylor 级数展开方法，把控制方程中的导数用网格节点上的函数值的差商代替进行离散，建立以网格节点上的数值为未知数的代数方程组。

途径二：基于网格划分得到的单元体能量平衡分析，由积分方程建立差分方程，又称单元体能量平衡法。

有限差分法的程序设计比较简单，收敛性好，计算过程简单。有限差分法已成为解各类数学物理问题的主要数值方法，也是计算力学中的主要数值方法之一。在固体力学中，有限元法出现以前，主要采取有限差分法；在流体力学中，有限差分法仍然是主要的数值方法。

3.2　有限差分的定义

将微分方程转化为差分方程实际上是以差分代替微分，以差商代替微商，是以有限小量代替无限微量的近似化过程。如：$dx \Rightarrow x_{i+1} - x_i = \Delta x$，$dy \Rightarrow y_{i+1} - y_i = \Delta y$，$\dfrac{dy}{dx} \Rightarrow \dfrac{y_{i+1} - y_i}{x_{i+1} - x_i} = \dfrac{\Delta y}{\Delta x}$。

3.2.1　差分

差分，又名差分函数或差分运算，是某物理量的有限增量，或物理量在区域内某点处的有限增量。差分的结果反映了离散量之间的一种变化，是研究离散数学的一种工具，常用函数差近似替代导数。以函数 f 为例，其差分 $\Delta f = f_2 - f_1$，其中 f_2 和 f_1 是相互接近、距离有限的两个点的函数值。差分又分为一阶差分 Δf、二阶差分 $\Delta^2 f$，……，n 阶差分 $\Delta^n f$ 等，它们各自对应着一阶微分 df、二阶微分 $d^2 f$，……，n 阶微分 $d^n f$ 等。

根据差分组成的不同，差分分为向前差分（forward difference）、向后差分（backward difference）和中心差分（central difference）三种。

（1）向前差分

用当前点的前一个点和当前点的函数值表示差分，如图 3-4 所示。

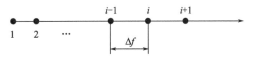

图 3-4　向前差分示意图

一阶差分

$$\Delta f_i = f_{i+1} - f_i \tag{3-1}$$

二阶差分

$$\Delta^2 f_i = \Delta(\Delta f_i) = \Delta f_{i+1} - \Delta f_i$$
$$= (f_{i+2} - f_{i+1}) - (f_{i+1} - f_i)$$
$$= f_{i+2} - 2f_{i+1} + f_i \tag{3-2}$$

一般的 m 阶向前差分可用 $m-1$ 阶向前差分定义：$\Delta^m f_i = \Delta^{m-1} f_{i+1} - \Delta^{m-1} f_i$。$\Delta$ 称为向前差分算子，用它表示向前差分。

（2）向后差分

用当前点的后一个点和当前点的函数值表示差分，如图 3-5 所示。

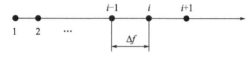

图 3-5　向后差分示意图

一阶差分

$$\nabla f_i = f_i - f_{i-1} \tag{3-3}$$

二阶差分

$$\nabla^2 f_i = \nabla(\nabla f_i) = \nabla f_i - \nabla f_{i-1}$$
$$= (f_i - f_{i-1}) - (f_{i-1} - f_{i-2})$$
$$= f_i - 2f_{i-1} + f_{i-2} \tag{3-4}$$

一般的 m 阶向后差分可用 $m-1$ 阶向后差分定义：$\nabla^m f_i = \nabla^{m-1} f_i - \nabla^{m-1} f_{i-1}$。$\nabla$ 称为向后差分算子，用它表示向后差分。

（3）中心差分

在第 i 点前后各半个步长取两个点，并用这两点的函数值表示差分，如图 3-6 所示。

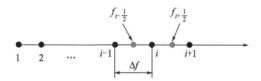

图 3-6　中心差分示意图

一阶差分

$$\delta f_i = f_{i+\frac{1}{2}} - f_{i-\frac{1}{2}}$$
$$= \frac{f_{i+1} + f_i}{2} - \frac{f_i + f_{i-1}}{2}$$
$$= \frac{f_{i+1} - f_{i-1}}{2} \tag{3-5}$$

二阶差分

$$\delta^2 f_i = \delta(\delta f_i) = \delta f_{i+\frac{1}{2}} - \delta f_{i-\frac{1}{2}}$$
$$= (f_{i+1} - f_i) - (f_i - f_{i-1})$$
$$= f_{i+1} - 2f_i + f_{i-1} \tag{3-6}$$

一般的 m 阶中心差分可用 $m-1$ 阶中心差分定义：$\delta^m f_i = \delta^{m-1} f_i - \delta^{m-1} f_{i-1}$。$\delta$ 称

为中心差分算子，用它表示中心差分。

3.2.2 差商

差商即均差，是函数的差分与自变量差分之比。一阶差商是一阶导数的近似值，对等步长 Δx 的离散函数 $f(x)$，其 n 阶差商就是它的 n 阶差分与其步长的 n 次幂的比值。例如 $n=1$ 时，若差分取向前或向后的形式，所得一阶差商就是函数导数的一阶近似；若差分取中心差分的形式，则所得二阶差商是函数导数的二阶近似。

对于直角坐标系，温度场的一阶差商为

$$\frac{\Delta T}{\Delta x}、\frac{\Delta T}{\Delta y}、\frac{\Delta T}{\Delta z} \tag{3-7}$$

温度场的二阶差商为

$$\frac{\Delta^2 T}{\Delta x^2}、\frac{\Delta^2 T}{\Delta y^2}、\frac{\Delta^2 T}{\Delta z^2} \tag{3-8}$$

式 (3-7) 和式 (3-8) 分别对应温度场的一阶微商 $\dfrac{\mathrm{d}T}{\mathrm{d}x}$、$\dfrac{\mathrm{d}T}{\mathrm{d}y}$、$\dfrac{\mathrm{d}T}{\mathrm{d}z}$ 及二阶微商 $\dfrac{\mathrm{d}^2 T}{\mathrm{d}x^2}$、$\dfrac{\mathrm{d}^2 T}{\mathrm{d}y^2}$、$\dfrac{\mathrm{d}^2 T}{\mathrm{d}z^2}$。

3.3 基于 Taylor 展开式构建差分方程

假设函数 $u=u(x)$，将连续空间按步长 Δx 离散化，并将第 $i+1$ 节点的函数值 u_{i+1} 和第 $i-1$ 个节点的函数值 u_{i-1} 分别按 Taylor 级数展开可得

$$u_{i+1}=u(x+\Delta x)$$
$$=u(x)+\frac{\mathrm{d}u}{\mathrm{d}x}(\Delta x)+\frac{(\Delta x)^2}{2!}\times\frac{\mathrm{d}^2 u}{\mathrm{d}x^2}+\frac{(\Delta x)^3}{3!}\times\frac{\mathrm{d}^3 u}{\mathrm{d}x^3}+\frac{(\Delta x)^4}{4!}\times\frac{\mathrm{d}^4 u}{\mathrm{d}x^4}+\cdots \tag{3-9}$$

$$u_{i-1}=u(x-\Delta x)$$
$$=u(x)+\frac{\mathrm{d}u}{\mathrm{d}x}(-\Delta x)+\frac{(-\Delta x)^2}{2!}\times\frac{\mathrm{d}^2 u}{\mathrm{d}x^2}+\frac{(-\Delta x)^3}{3!}\times\frac{\mathrm{d}^3 u}{\mathrm{d}x^3}+\frac{(-\Delta x)^4}{4!}\times\frac{\mathrm{d}^4 u}{\mathrm{d}x^4}+\cdots$$
$$\tag{3-10}$$

对式 (3-9) 和式 (3-10) 进行整理后可得

$$\frac{u_i-u_{i-1}}{\Delta x}-\frac{\mathrm{d}u}{\mathrm{d}x}=-\frac{1}{2!}\Delta x\frac{\mathrm{d}^2 u}{\mathrm{d}x^2}+\frac{1}{3!}\Delta x^2\frac{\mathrm{d}^3 u}{\mathrm{d}x^3}-\frac{1}{4!}\Delta x^3\frac{\mathrm{d}^4 u}{\mathrm{d}x^4}+\cdots=o(\Delta x) \tag{3-11}$$

$$\frac{u_{i+1}-u_i}{\Delta x}-\frac{\mathrm{d}u}{\mathrm{d}x}=\frac{1}{2!}\Delta x\frac{\mathrm{d}^2 u}{\mathrm{d}x^2}+\frac{1}{3!}\Delta x^2\frac{\mathrm{d}^3 u}{\mathrm{d}x^3}+\frac{1}{4!}\Delta x^3\frac{\mathrm{d}^4 u}{\mathrm{d}x^4}+\cdots=o(\Delta x) \tag{3-12}$$

式 (3-11) 和式 (3-12) 表示用差商 $\dfrac{u_i-u_{i-1}}{\Delta x}$ 或 $\dfrac{u_{i+1}-u_i}{\Delta x}$ 替换一阶微商 $\dfrac{\mathrm{d}u}{\mathrm{d}x}$ 后所产生的误差与空间离散时的步长 Δx 相关。

式 (3-11) 和式 (3-12) 相加再除 2，整理后可得

$$\frac{1}{2}\left(\frac{u_{i+1}-u_i}{\Delta x}+\frac{u_i-u_{i-1}}{\Delta x}\right)-\frac{\mathrm{d}u}{\mathrm{d}x}=\frac{1}{3!}\Delta x^2\frac{\mathrm{d}^3 u}{\mathrm{d}x^3}+\frac{1}{5!}\Delta x^4\frac{\mathrm{d}^5 u}{\mathrm{d}x^5}+\cdots=o(\Delta x^2) \quad (3\text{-}13)$$

式（3-13）表示用差商 $\frac{1}{2}\left(\frac{u_{i+1}-u_i}{\Delta x}+\frac{u_i-u_{i-1}}{\Delta x}\right)$ 替换一阶微商 $\frac{\mathrm{d}u}{\mathrm{d}x}$ 后所产生的误差与空间离散时的步长 Δx^2 相关。

式（3-11）和式（3-12）相减再除 Δx，整理后可得

$$\frac{1}{\Delta x}\left(\frac{u_{i+1}-u_i}{\Delta x}-\frac{u_i-u_{i-1}}{\Delta x}\right)=\frac{2}{2!}\frac{\Delta x}{\Delta x}\times\frac{\mathrm{d}^2 u}{\mathrm{d}x^2}+\frac{2}{4!}\frac{\Delta x^3}{\Delta x}\times\frac{\mathrm{d}^4 u}{\mathrm{d}x^4}+\cdots=o(\Delta x^2) \quad (3\text{-}14)$$

对式（3-14）进行整理后可得

$$\frac{u_{i+1}-2u_i+u_{i-1}}{\Delta x^2}-\frac{\mathrm{d}^2 u}{\mathrm{d}x^2}=\frac{2}{4!}\Delta x^2\frac{\mathrm{d}^4 u}{\mathrm{d}x^4}+\cdots=o(\Delta x^2) \quad (3\text{-}15)$$

式（3-15）表示用二阶差商 $\frac{u_{i+1}-2u_i+u_{i-1}}{\Delta x^2}$ 替换二阶微商 $\frac{\mathrm{d}^2 u}{\mathrm{d}x^2}$ 后所产生的误差与空间离散时的步长 Δx^2 相关。

根据式（3-11）、式（3-12）、式（3-13）和式（3-15）可知，对于一维温度场 $T(x)$，用差商替代微商的形式及误差情况如表 3-1 所示。

表 3-1　差商替代微商的形式及误差情况

差商替代微商的方法	公式
一阶向前差商替代一阶微商	$\dfrac{T_{i+1}-T_i}{\Delta x}-\dfrac{\mathrm{d}T}{\mathrm{d}x}=o(\Delta x)$
一阶向后差商替代一阶微商	$\dfrac{T_i-T_{i-1}}{\Delta x}-\dfrac{\mathrm{d}T}{\mathrm{d}x}=o(\Delta x)$
一阶中心差商替代一阶微商	$\dfrac{1}{2}\left(\dfrac{T_{i+1}-T_i}{\Delta x}+\dfrac{T_i-T_{i-1}}{\Delta x}\right)-\dfrac{\mathrm{d}T}{\mathrm{d}x}=\dfrac{T_{i+1}-T_{i-1}}{2\Delta x}-\dfrac{\mathrm{d}T}{\mathrm{d}x}=o(\Delta x^2)$
中心差分形式的二阶差商替代二阶微商	$\dfrac{T_{i+1}-2T_i+T_{i-1}}{\Delta x^2}-\dfrac{\mathrm{d}^2 T}{\mathrm{d}x^2}=o(\Delta x^2)$

例 1： 对于函数 $f(x)=-0.1x^4-0.15x^3-0.5x^2-0.25x+1.2$，采用中心差商替代一阶微商的方法，计算 $x=0.5$ 时函数的一阶导数随差分步长的变化情况。

解： 函数 $f(x)=-0.1x^4-0.15x^3-0.5x^2-0.25x+1.2$ 的一阶导数为

$$f'(x)=-0.4x^3-0.45x^2-1.0x-0.25$$

当 $x=0.5$ 时，$f'(x)=-0.9125$

假设差分步长为 Δx，采用中心差商替代一阶微商的形式为

$$f'(x)=\frac{\mathrm{d}f}{\mathrm{d}x}=\frac{f_{0.5+\Delta x}-f_{0.5-\Delta x}}{2\Delta x} \quad (3\text{-}16)$$

根据式（3-16），利用 Excel 软件采用不同步长计算得到的结果如表 3-2 所示。

表 3-2　一阶导数随步长的变化情况

计算次数	差分步长	中心差商的计算值	精确解	误差
1	1	-1.2625000000	-0.9125	-0.3500000000
2	0.1	-0.9160000000	-0.9125	-0.0035000000

计算次数	差分步长	中心差商的计算值	精确解	误差
3	0.01	-0.9125350000	-0.9125	-0.0000350000
4	0.001	-0.9125003500	-0.9125	-0.0000003500
5	0.0001	-0.9125000035	-0.9125	0.0000000000
6	0.00001	-0.9125000000	-0.9125	0.0000000000
7	0.000001	-0.9125000000	-0.9125	0.0000000000
8	0.0000001	-0.9124999995	-0.9125	0.0000000005
9	0.00000001	-0.9125000033	-0.9125	-0.0000000033
10	0.000000001	-0.9125000200	-0.9125	-0.0000000200

3.4 基于能量平衡法建立差分方程

能量平衡法是将导热的基本定律直接围绕每个节点的单元体，根据能量守恒原则和能量传递原则来建立差分方程。

（1）一维直角坐标系下的有限差分方程

图 3-7 为一维直角坐标系有限差分示意图。为使问题简化，假定热物性参数为常数，无内热源。x 方向的步长为 Δx，时间步长为 Δt。内部某节点编号为 i，左右相邻两节点为 $i-1$ 和 $i+1$。假定一维模型的截面积为 1，围绕节点 i 的单元体 (i) 体积为 $\Delta x \times 1$。对 (i) 单元体，n 时刻的温度为 T_i^n，$n+1$ 时刻的温度为 T_i^{n+1}，从 n 时刻到 $n+1$ 时刻 Δt 时间间隔内的内能变化为

$$\Delta U = \rho c_p (\Delta x \times 1)(T_i^{n+1} - T_i^n) \tag{3-17}$$

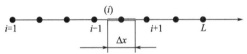

图 3-7 一维直角坐标系有限差分示意图

假设在 n 时刻单元体 (i) 左边单元体的温度为 T_{i-1}^n，右边单元体的温度为 T_{i+1}^n，根据傅里叶导热定律，在 Δt 时间间隔内从左、右两个相邻的单元体（载面积为 A）流入单元体 (i) 的热量为

$$Q_{i-1 \to i} = -\lambda A \frac{T_i^n - T_{i-1}^n}{\Delta x} \Delta t = \lambda A \frac{T_{i-1}^n - T_i^n}{\Delta x} \Delta t \tag{3-18}$$

$$Q_{i+1 \to i} = -\lambda A \frac{T_i^n - T_{i+1}^n}{\Delta x} \Delta t = \lambda A \frac{T_{i+1}^n - T_i^n}{\Delta x} \Delta t \tag{3-19}$$

根据能量守恒原则

$$\begin{aligned} \Delta U &= Q_{i+1 \to i} + Q_{i-1 \to i} \\ &= \lambda A \frac{T_{i+1}^n - T_i^n}{\Delta x} \Delta t + \lambda A \frac{T_{i-1}^n - T_i^n}{\Delta x} \Delta t \\ &= \rho c_p (\Delta x \times 1)(T_i^{n+1} - T_i^n) \end{aligned} \tag{3-20}$$

式（3-20）整理后可得

$$\frac{T_i^{n+1}-T_i^n}{\Delta t}=\frac{\lambda}{\rho c_p}\times\frac{{T_{i+1}}^n-2T_i^n+{T_{i-1}}^n}{\Delta x^2} \tag{3-21}$$

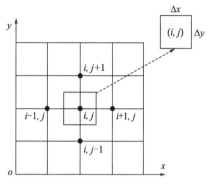

图 3-8　二维直角坐标系有限差分示意图

（2）二维直角坐标系下的有限差分方程

图 3-8 为二维直角坐标系有限差分示意图。为使问题简化，假定热物性参数为常数，无内热源。x 方向的步长为 Δx，y 方向的步长为 Δy，时间步长为 Δt。内部某节点编号为 i，j，其左、右相邻两节点为 $i-1$，j 和 $i+1$，j，上、下相邻两节点为 i，$j+1$ 和 i，$j-1$。假定二维模型的厚度为 1，围绕节点 i，j 的单元体 (i,j) 体积为 $\Delta x\Delta y\times1$。对 (i,j) 单元体，n 时刻的温度为 $T_{i,j}^n$，$n+1$ 时刻的温度为 $T_{i,j}^{n+1}$，从 n 时刻到 $n+1$ 时刻 Δt 时间间隔内的内能变化为

$$\Delta U=\rho c_p(\Delta x\Delta y\times1)(T_{i,j}^{n+1}-T_{i,j}^n) \tag{3-22}$$

假设在 n 时刻单元体 (i,j) 左边单元体的温度为 $T_{i-1,j}^n$，右边单元体的温度为 $T_{i+1,j}^n$，下边单元体的温度为 $T_{i,j-1}^n$，上边单元体的温度为 $T_{i,j+1}^n$，根据傅里叶导热定律，在 Δt 时间间隔内从左、右、上、下四个相邻的单元体流入单元体 (i,j) 的热量为

$$Q_{i-1,j\to i,j}=\lambda(\Delta y\times1)\frac{T_{i-1,j}^n-T_{i,j}^n}{\Delta x}\Delta t \tag{3-23}$$

$$Q_{i+1,j\to i,j}=\lambda(\Delta y\times1)\frac{T_{i+1,j}^n-T_{i,j}^n}{\Delta x}\Delta t \tag{3-24}$$

$$Q_{i,j+1\to i,j}=\lambda(\Delta x\times1)\frac{T_{i,j+1}^n-T_{i,j}^n}{\Delta y}\Delta t \tag{3-25}$$

$$Q_{i,j-1\to i,j}=\lambda(\Delta x\times1)\frac{T_{i,j-1}^n-T_{i,j}^n}{\Delta y}\Delta t \tag{3-26}$$

根据能量守恒原则

$$\begin{aligned}\Delta U&=Q_{i-1,j\to i,j}+Q_{i+1,j\to i,j}+Q_{i,j-1\to i,j}+Q_{i,j+1\to i,j}\\&=\frac{\lambda(\Delta y\times1)\Delta t}{\Delta x}(T_{i-1,j}^n-2T_{i,j}^n+T_{i+1,j}^n)+\frac{\lambda(\Delta x\times1)\Delta t}{\Delta y}(T_{i,j-1}^n-2T_{i,j}^n+T_{i,j+1}^n)\\&=\rho c_p(\Delta x\Delta y\times1)(T_{i,j}^{n+1}-T_{i,j}^n)\end{aligned} \tag{3-27}$$

式（3-27）整理后可得

$$\frac{T_{i,j}^{n+1}-T_{i,j}^n}{\Delta t}=\frac{\lambda}{\rho c_p}\left(\frac{T_{i-1,j}^n-2T_{i,j}^n+T_{i+1,j}^n}{\Delta x^2}+\frac{T_{i,j-1}^n-2T_{i,j}^n+T_{i,j+1}^n}{\Delta y^2}\right) \tag{3-28}$$

（3）三维直角坐标系下的有限差分方程

图 3-9 为三维直角坐标系有限差分示意图。为使问题简化，假定热物性参数为常数，无内热源。x 方向的步长为 Δx，y 方向的步长为 Δy，z 方向的步长为 Δz，时间步长为 Δt。内部某节点编号为 i，j，k，其左、右相邻两节点为 $i-1$，j，k 和 $i+1$，j，k，上、下相邻两节点为 i，$j+1$，k 和 i，$j-1$，k，前、后相邻两节点为 i，j，$k+1$ 和 i，j，$k-1$。围绕节点 i，j，k 的单元体 (i,j,k) 体积为 $\Delta x\Delta y\Delta z$。对 (i,j,k) 单元体，

n 时刻的温度为 $T_{i,j,k}^n$，$n+1$ 时刻的温度为 $T_{i,j,k}^{n+1}$，从 n 时刻到 $n+1$ 时刻 Δt 时间间隔内的内能变化为

$$\Delta U = \rho c_p (\Delta x \Delta y \Delta z)(T_{i,j,k}^{n+1} - T_{i,j,k}^n) \tag{3-29}$$

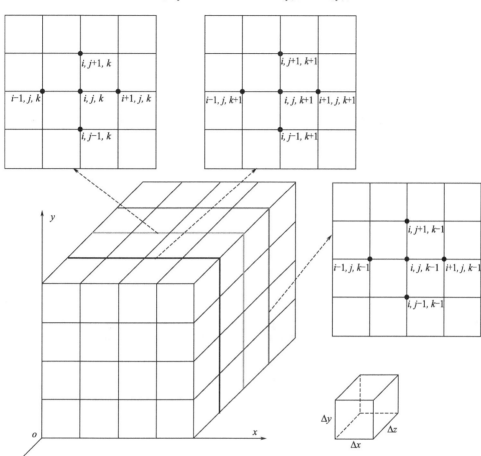

图 3-9　三维直角坐标系有限差分示意图

假设在 n 时刻单元体（i，j，k）左边单元体的温度为 $T_{i-1,j,k}^n$，右边单元体的温度为 $T_{i+1,j,k}^n$，下边单元体的温度为 $T_{i,j-1,k}^n$，上边单元体的温度为 $T_{i,j+1,k}^n$，前边单元体的温度为 $T_{i,j,k+1}^n$，后边单元体的温度为 $T_{i,j,k-1}^n$。根据傅里叶导热定律，在 Δt 时间间隔内从左、右、上、下、前、后六个相邻的单元体流入单元体（i，j，k）的热量为

$$Q_{左} = \lambda(\Delta y \Delta z)\frac{T_{i-1,j,k}^n - T_{i,j,k}^n}{\Delta x}\Delta t \tag{3-30}$$

$$Q_{右} = \lambda(\Delta y \Delta z)\frac{T_{i+1,j,k}^n - T_{i,j,k}^n}{\Delta x}\Delta t \tag{3-31}$$

$$Q_{上} = \lambda(\Delta x \Delta z)\frac{T_{i,j+1,k}^n - T_{i,j,k}^n}{\Delta y}\Delta t \tag{3-32}$$

$$Q_{下} = \lambda(\Delta x \Delta z)\frac{T_{i,j-1,k}^n - T_{i,j,k}^n}{\Delta y}\Delta t \tag{3-33}$$

$$Q_{前} = \lambda (\Delta x \Delta y) \frac{T_{i,j,k+1}^{n} - T_{i,j,k}^{n}}{\Delta z} \Delta t \tag{3-34}$$

$$Q_{后} = \lambda (\Delta x \Delta y) \frac{T_{i,j,k-1}^{n} - T_{i,j,k}^{n}}{\Delta z} \Delta t \tag{3-35}$$

根据能量守恒原则

$$\Delta U = Q_{左} + Q_{右} + Q_{上} + Q_{下} + Q_{前} + Q_{后}$$

$$= \frac{\lambda (\Delta y \Delta z) \Delta t}{\Delta x} (T_{i+1,j,k}^{n} - 2T_{i,j,k}^{n} + T_{i-1,j,k}^{n}) + \frac{\lambda (\Delta x \Delta z) \Delta t}{\Delta y} (T_{i,j+1,k}^{n} - 2T_{i,j,k}^{n} + T_{i,j-1,k}^{n})$$

$$+ \frac{\lambda (\Delta x \Delta y) \Delta t}{\Delta z} (T_{i,j,k+1}^{n} - 2T_{i,j,k}^{n} + T_{i,j,k-1}^{n}) = \rho c_{p} (\Delta x \Delta y \Delta z) (T_{i,j,k}^{n+1} - T_{i,j,k}^{n}) \tag{3-36}$$

式（3-36）整理后可得

$$\frac{T_{i,j,k}^{n+1} - T_{i,j,k}^{n}}{\Delta t}$$

$$= \frac{\lambda}{\rho c_{p}} \left(\frac{T_{i+1,j,k}^{n} - 2T_{i,j,k}^{n} + T_{i-1,j,k}^{n}}{\Delta x^{2}} + \frac{T_{i,j+1,k}^{n} - 2T_{i,j,k}^{n} + T_{i,j-1,k}^{n}}{\Delta y^{2}} + \frac{T_{i,j,k+1}^{n} - 2T_{i,j,k}^{n} + T_{i,j,k-1}^{n}}{\Delta z^{2}} \right) \tag{3-37}$$

3.5 边界节点有限差分方程的建立

边界节点有限差分方程的建立方法与内部节点相同，可以通过直接替换法，也可以通过单元体能量平衡法。下面以二维和三维直角坐标系为例，说明如何利用单元体能量平衡法建立边界节点的有限差分方程。

3.5.1 二维热传导边界节点有限差分方程

（1）第一类边界条件

对于第一类边界条件，边界温度已知，可以根据边界条件给出的温度值直接写出离散后边界上各个节点在 n 时刻的温度值

$$\begin{cases} T \mid_{s} = T_{w} \\ T \mid_{s} = T_{w}(x, y, t) \end{cases} \rightarrow T_{i,j}^{n} \mid_{s} = T_{w} \tag{3-38}$$

（2）第二类边界条件

图 3-10 为二维直角坐标系第二类边界条件的有限差分示意图。对于二维直角坐标系下的平面导热问题，边界节点有两种情况，一是位于模型四个角的四个边界节点，二是其他边界节点。对于位于模型四个角的四个边界节点，由于在建立有限差分方程时不使用这四个节点，为此不需要针对这四个点进行差分方程推导。对于其他边界节点，为使问题简化，假定热物性参数为常数，无内热源。x 方向的步长为 Δx，y 方向的步长为 Δy，时间步长为 Δt。边界某节点编号为 $i，j$，其左边相邻节点为 $i-1，j$，上、下相邻两节点为 $i，j+1$ 和 $i，j-1$。假定二维模型的厚度为 1，围绕节点 $i，j$ 的单元体 $(i，j)$ 体积为

$\Delta x/2 \times \Delta y \times 1$。对 (i, j) 单元体，n 时刻的温度为 $T_{i,j}^n$，$n+1$ 时刻的温度为 $T_{i,j}^{n+1}$，从 n 时刻到 $n+1$ 时刻 Δt 时间间隔内的内能变化为

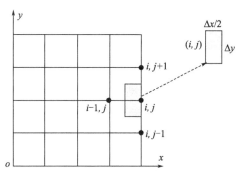

图 3-10   二维直角坐标系第二类边界条件

$$\Delta U = \rho c_p \left(\frac{\Delta x}{2} \times \Delta y \times 1 \right) (T_{i,j}^{n+1} - T_{i,j}^n) \quad (3\text{-}39)$$

假设在 n 时刻边界单元体 (i, j) 左边单元体的温度为 $T_{i-1,j}^n$，下边单元体的温度为 $T_{i,j-1}^n$，上边单元体的温度为 $T_{i,j+1}^n$，根据傅里叶导热定律，在 Δt 时间间隔内从左、上、下三个相邻的单元体流入边界单元体 (i, j) 的热量为

$$Q_{i-1,j \to i,j} = \lambda (\Delta y \times 1) \frac{T_{i-1,j}^n - T_{i,j}^n}{\Delta x} \Delta t \quad (3\text{-}40)$$

$$Q_{i,j+1 \to i,j} = \lambda \left(\frac{\Delta x}{2} \times 1 \right) \frac{T_{i,j+1}^n - T_{i,j}^n}{\Delta y} \Delta t \quad (3\text{-}41)$$

$$Q_{i,j-1 \to i,j} = \lambda \left(\frac{\Delta x}{2} \times 1 \right) \frac{T_{i,j-1}^n - T_{i,j}^n}{\Delta y} \Delta t \quad (3\text{-}42)$$

通过第二类边界条件流入边界单元体的热量为

$$\begin{cases} -\lambda \left. \frac{\partial T}{\partial n} \right|_s = q_w \\ -\lambda \left. \frac{\partial T}{\partial n} \right|_s = q_w(x, y, t) \end{cases} \quad \to \quad Q_{\text{边界}} = q_w(\Delta y \times 1)\Delta t \quad (3\text{-}43)$$

根据能量守恒原则

$$\Delta U = Q_{i-1,j \to i,j} + Q_{i,j-1 \to i,j} + Q_{i,j+1 \to i,j} + Q_{\text{边界}}$$

$$= \frac{\lambda(\Delta y \times 1)\Delta t}{\Delta x}(T_{i-1,j}^n - T_{i,j}^n) + \frac{\lambda(\Delta x \times 1)\Delta t}{2 \times \Delta y}(T_{i,j+1}^n - 2T_{i,j}^n + T_{i,j-1}^n) + q_w(\Delta y \times 1)\Delta t$$

$$= \rho c_p \left(\frac{\Delta x}{2} \times \Delta y \times 1 \right) (T_{i,j}^{n+1} - T_{i,j}^n) \quad (3\text{-}44)$$

式（3-44）整理后可得

$$\frac{T_{i,j}^{n+1} - T_{i,j}^n}{\Delta t} = \frac{\lambda}{\rho c_p} \left(\frac{T_{i,j+1}^n - 2T_{i,j}^n + T_{i,j-1}^n}{\Delta y^2} + 2\frac{T_{i-1,j}^n - T_{i,j}^n}{\Delta x^2} \right) + \frac{2q_w}{\rho c_p \Delta x} \quad (3\text{-}45)$$

对于利用零件的几何对称性形成的边界，或者边界热流密度为零（绝热边界），式（3-45）可表示为以下形式

$$\frac{T_{i,j}^{n+1} - T_{i,j}^n}{\Delta t} = \frac{\lambda}{\rho c_p} \left(\frac{T_{i,j+1}^n - 2T_{i,j}^n + T_{i,j-1}^n}{\Delta y^2} + 2\frac{T_{i-1,j}^n - T_{i,j}^n}{\Delta x^2} \right) \quad (3\text{-}46)$$

（3）第三类边界条件

假设图 3-10 为二维直角坐标系第三类边界条件的有限差分示意图，界面综合换热系数为 H，零件周围介质的温度为 T_f。为使问题简化，假定热物性参数为常数，无内热源。x 方向的步长为 Δx，y 方向的步长为 Δy，时间步长为 Δt。边界某节点编号为 i，j，其左边相邻节点为 $i-1$，j，上、下相邻两节点为 i，$j+1$ 和 i，$j-1$。假定二维模型的厚度为 1，围绕节点 i，j 的单元体 (i, j) 体积为 $\Delta x/2 \times \Delta y \times 1$。对 (i, j) 单元体，n 时刻

的温度为 $T_{i,j}^n$，$n+1$ 时刻的温度为 $T_{i,j}^{n+1}$，从 n 时刻到 $n+1$ 时刻 Δt 时间间隔内的内能变化为

$$\Delta U = \rho c_p \left(\frac{\Delta x}{2} \times \Delta y \times 1 \right) (T_{i,j}^{n+1} - T_{i,j}^n) \tag{3-47}$$

假设在 n 时刻边界单元体 (i,j) 左边单元体的温度为 $T_{i-1,j}^n$，下边单元体的温度为 $T_{i,j-1}^n$，上边单元体的温度为 $T_{i,j+1}^n$，根据傅里叶导热定律，在 Δt 时间间隔内从左、上、下三个相邻的单元体流入边界单元体 (i,j) 的热量为

$$Q_{i-1,j \to i,j} = \lambda (\Delta y \times 1) \frac{T_{i-1,j}^n - T_{i,j}^n}{\Delta x} \Delta t \tag{3-48}$$

$$Q_{i,j+1 \to i,j} = \lambda \left(\frac{\Delta x}{2} \times 1 \right) \frac{T_{i,j+1}^n - T_{i,j}^n}{\Delta y} \Delta t \tag{3-49}$$

$$Q_{i,j-1 \to i,j} = \lambda \left(\frac{\Delta x}{2} \times 1 \right) \frac{T_{i,j-1}^n - T_{i,j}^n}{\Delta y} \Delta t \tag{3-50}$$

通过第三类边界条件流入边界单元体的热量为

$$-\lambda \left. \frac{\partial T}{\partial n} \right|_s = H(T - T_f) \quad \to \quad Q_{\text{边界}} = H(T_f - T_{i,j}^n)(\Delta y \times 1)\Delta t \tag{3-51}$$

根据能量守恒原则

$$\begin{aligned}
\Delta U &= Q_{i-1,j \to i,j} + Q_{i,j-1 \to i,j} + Q_{i,j+1 \to i,j} + Q_{\text{边界}} \\
&= \frac{\lambda (\Delta y \times 1)\Delta t}{\Delta x}(T_{i-1,j}^n - T_{i,j}^n) + \frac{\lambda(\Delta x \times 1)\Delta t}{2\Delta y}(T_{i,j+1}^n - 2T_{i,j}^n + T_{i,j-1}^n) \\
&\quad + H(T_f - T_{i,j}^n)(\Delta y \times 1)\Delta t \\
&= \rho c_p \left(\frac{\Delta x}{2} \Delta y \times 1 \right)(T_{i,j}^{n+1} - T_{i,j}^n)
\end{aligned} \tag{3-52}$$

式（3-52）整理后可得

$$\frac{T_{i,j}^{n+1} - T_{i,j}^n}{\Delta t} = \frac{\lambda}{\rho c_p} \left(\frac{T_{i,j+1}^n - 2T_{i,j}^n + T_{i,j-1}^n}{\Delta y^2} + 2\frac{T_{i-1,j}^n - T_{i,j}^n}{\Delta x^2} \right) + \frac{2H}{\rho c_p \Delta x}(T_f - T_{i,j}^n) \tag{3-53}$$

3.5.2 三维热传导边界节点有限差分方程

3.5.2.1 第一类边界条件

对于第一类边界条件，边界温度已知，可以根据边界条件给出的温度值直接写出离散后边界上各个节点在 n 时刻的温度值

$$\begin{cases} T|_s = T_w \\ T|_s = T_w(x,y,z,t) \end{cases} \quad \to \quad T_{i,j,k}^n|_s = T_w \tag{3-54}$$

3.5.2.2 第二类边界条件

图 3-11 为三维直角坐标系第二类边界条件的有限差分示意图。对于三维直角坐标系下的导热问题，边界节点有三种情况：一是位于模型八个角的八个边界节点，单元体尺寸

为 $\dfrac{\Delta x}{2} \times \dfrac{\Delta y}{2} \times \dfrac{\Delta z}{2}$；二是位于八条边界线上的边界节点，对应的单元体尺寸为 $\Delta x \times \dfrac{\Delta y}{2} \times$ $\dfrac{\Delta z}{2}$ 或 $\dfrac{\Delta x}{2} \times \Delta y \times \dfrac{\Delta z}{2}$ 或 $\dfrac{\Delta x}{2} \times \dfrac{\Delta y}{2} \times \Delta z$；三是位于边界面上的边界节点，对应的单元体尺寸为 $\Delta x \times \Delta y \times \dfrac{\Delta z}{2}$ 或 $\Delta x \times \dfrac{\Delta y}{2} \times \Delta z$ 或 $\dfrac{\Delta x}{2} \times \Delta y \times \Delta z$。对于位于模型八个角的八个边界节点，由于在建立有限差分方程时不使用这八个节点，为此不需要针对这八个点进行差分方程推导。

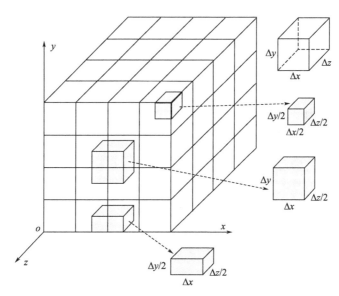

图 3-11　三维直角坐标系第二类边界条件

（1）边界线上的节点

假设边界节点位于棱线上，对应的单元体尺寸为 $\Delta x \times \dfrac{\Delta y}{2} \times \dfrac{\Delta z}{2}$，如图 3-11 所示。为使问题简化，假定热物性参数为常数，无内热源。x 方向的步长为 Δx，y 方向的步长为 Δy，z 方向的步长为 Δz，时间步长为 Δt。边界某节点编号为 i，j，k，其左、右相邻两节点为 $i-1$，j，k 和 $i+1$，j，k，上面相邻节点为 i，$j+1$，k，后面相邻节点为 i，j，$k-1$。围绕节点 i，j，k 的单元体 (i,j,k) 体积为 $\Delta x \times \dfrac{\Delta y}{2} \times \dfrac{\Delta z}{2}$。对 (i,j,k) 单元体，n 时刻的温度为 $T_{i,j,k}^{n}$，$n+1$ 时刻的温度为 $T_{i,j,k}^{n+1}$，从 n 时刻到 $n+1$ 时刻 Δt 时间间隔内的内能变化为

$$\Delta U = \rho c_p \left(\Delta x \, \frac{\Delta y}{2} \times \frac{\Delta z}{2} \right) (T_{i,j,k}^{n+1} - T_{i,j,k}^{n}) \tag{3-55}$$

假设在 n 时刻边界单元体 (i,j,k) 左、右两边单元体的温度为 $T_{i-1,j,k}^{n}$ 和 $T_{i+1,j,k}^{n}$，上边单元体的温度为 $T_{i,j+1,k}^{n}$，后边单元体的温度为 $T_{i,j,k-1}^{n}$，根据傅里叶导热定律，在 Δt 时间间隔内从左、右、上三个相邻的单元体流入边界单元体 (i,j,k) 的热量为

$$Q_{左}=\lambda\left(\frac{\Delta y}{2}\times\frac{\Delta z}{2}\right)\frac{T_{i-1,j,k}^{n}-T_{i,j,k}^{n}}{\Delta x}\Delta t \tag{3-56}$$

$$Q_{右}=\lambda\left(\frac{\Delta y}{2}\times\frac{\Delta z}{2}\right)\frac{T_{i+1,j,k}^{n}-T_{i,j,k}^{n}}{\Delta x}\Delta t \tag{3-57}$$

$$Q_{上}=\lambda\left(\Delta x\,\frac{\Delta z}{2}\right)\frac{T_{i,j+1,k}^{n}-T_{i,j,k}^{n}}{\Delta y}\Delta t \tag{3-58}$$

$$Q_{后}=\lambda\left(\Delta x\,\frac{\Delta y}{2}\right)\frac{T_{i,j,k-1}^{n}-T_{i,j,k}^{n}}{\Delta z}\Delta t \tag{3-59}$$

通过第二类边界条件流入边界单元体的热量为

$$\begin{cases}-\lambda\left.\dfrac{\partial T}{\partial n}\right|_{s}=q_{w} \\ -\lambda\left.\dfrac{\partial T}{\partial n}\right|_{s}=q_{w}(x,y,z,t)\end{cases} \rightarrow \begin{aligned}Q_{前}=q_{w}\left(\Delta x\,\dfrac{\Delta y}{2}\right)\Delta t \\ Q_{下}=q_{w}\left(\Delta x\,\dfrac{\Delta z}{2}\right)\Delta t\end{aligned} \tag{3-60}$$

根据能量守恒原则

$$\begin{aligned}\Delta U &= Q_{左}+Q_{右}+Q_{上}+Q_{后}+Q_{前}+Q_{下} \\ &=\frac{\lambda(\Delta y\Delta z)\Delta t}{4\Delta x}(T_{i-1,j,k}^{n}-2T_{i,j,k}^{n}+T_{i+1,j,k}^{n})+\frac{\lambda(\Delta x\Delta z)\Delta t}{2\Delta y}(T_{i,j+1,k}^{n}-T_{i,j,k}^{n}) \\ &\quad+\frac{\lambda(\Delta x\Delta y)\Delta t}{2\Delta z}(T_{i,j,k-1}^{n}-T_{i,j,k}^{n})+q_{w}\left(\Delta x\,\frac{\Delta y}{2}\right)\Delta t+q_{w}\left(\Delta x\,\frac{\Delta z}{2}\right)\Delta t \\ &=\rho c_{p}\left(\Delta x\,\frac{\Delta y}{2}\times\frac{\Delta z}{2}\right)(T_{i,j,k}^{n+1}-T_{i,j,k}^{n}) \end{aligned} \tag{3-61}$$

式（3-61）整理后可得

$$\begin{aligned}\frac{T_{i,j,k}^{n+1}-T_{i,j,k}^{n}}{\Delta t}=\frac{\lambda}{\rho c_{p}}&\left[\frac{T_{i-1,j,k}^{n}-2T_{i,j,k}^{n}+T_{i+1,j,k}^{n}}{\Delta x^{2}}+\frac{2(T_{i,j+1,k}^{n}-T_{i,j,k}^{n})}{\Delta y^{2}}\right.\\ &\left.+\frac{2(T_{i,j,k-1}^{n}-T_{i,j,k}^{n})}{\Delta z^{2}}\right]+\frac{2q_{w}}{\rho c_{p}\Delta z}+\frac{2q_{w}}{\rho c_{p}\Delta y}\end{aligned} \tag{3-62}$$

对于利用零件的几何对称性形成的边界，或者边界热流密度为零（绝热边界），式（3-62）可表示为以下形式

$$\frac{T_{i,j,k}^{n+1}-T_{i,j,k}^{n}}{\Delta t}=\frac{\lambda}{\rho c_{p}}\left[\frac{T_{i-1,j,k}^{n}-2T_{i,j,k}^{n}+T_{i+1,j,k}^{n}}{\Delta x^{2}}+\frac{2(T_{i,j+1,k}^{n}-T_{i,j,k}^{n})}{\Delta y^{2}}+\frac{2(T_{i,j,k-1}^{n}-T_{i,j,k}^{n})}{\Delta z^{2}}\right]$$

$$\tag{3-63}$$

同样的方法可以得到第三类边界条件时，该类边界节点的差分方程为

$$\begin{aligned}\frac{T_{i,j,k}^{n+1}-T_{i,j,k}^{n}}{\Delta t}=\frac{\lambda}{\rho c_{p}}&\left[\frac{T_{i-1,j,k}^{n}-2T_{i,j,k}^{n}+T_{i+1,j,k}^{n}}{\Delta x^{2}}+\frac{2(T_{i,j+1,k}^{n}-T_{i,j,k}^{n})}{\Delta y^{2}}\right.\\ &\left.+\frac{2(T_{i,j,k-1}^{n}-T_{i,j,k}^{n})}{\Delta z^{2}}\right]+\left(\frac{2H}{\rho c_{p}\Delta z}+\frac{2H}{\rho c_{p}\Delta y}\right)(T_{f}-T_{i,j,k}^{n})\end{aligned} \tag{3-64}$$

（2）边界面上的节点

假设边界节点位于边界面上，对应的单元体尺寸为 $\Delta x\times\Delta y\times\dfrac{\Delta z}{2}$，如图 3-11 所示。为使问题简化，假定热物性参数为常数，无内热源。x 方向的步长为 Δx，y 方向的步长

为 Δy，z 方向的步长为 Δz，时间步长为 Δt。边界某节点编号为 i，j，k，其左、右相邻两节点为 $i-1$，j，k 和 $i+1$，j，k，上、下两个相邻节点为 i，$j+1$，k 和 i，$j-1$，k，后面相邻节点为 i，j，$k-1$。围绕节点 i，j，k 的单元体（i，j，k）体积为 $\Delta x \times \Delta y \times \dfrac{\Delta z}{2}$。对（$i$，$j$，$k$）单元体，$n$ 时刻的温度为 $T_{i,j,k}^{n}$，$n+1$ 时刻的温度为 $T_{i,j,k}^{n+1}$，从 n 时刻到 $n+1$ 时刻 Δt 时间间隔内的内能变化为

$$\Delta U = \rho c_p \left(\Delta x \Delta y \frac{\Delta z}{2} \right) (T_{i,j,k}^{n+1} - T_{i,j,k}^{n}) \tag{3-65}$$

假设在 n 时刻边界单元体（i，j，k）左、右两边单元体的温度为 $T_{i-1,j,k}^{n}$ 和 $T_{i+1,j,k}^{n}$，上、下两边单元体的温度为 $T_{i,j+1,k}^{n}$ 和 $T_{i,j-1,k}^{n}$，后边单元体的温度为 $T_{i,j,k-1}^{n}$，根据傅里叶导热定律，在 Δt 时间间隔内从左、右、上、下、后五个相邻的单元体流入边界单元体（i，j，k）的热量为

$$Q_{左} = \lambda \left(\Delta y \frac{\Delta z}{2} \right) \frac{T_{i-1,j,k}^{n} - T_{i,j,k}^{n}}{\Delta x} \Delta t \tag{3-66}$$

$$Q_{右} = \lambda \left(\Delta y \frac{\Delta z}{2} \right) \frac{T_{i+1,j,k}^{n} - T_{i,j,k}^{n}}{\Delta x} \Delta t \tag{3-67}$$

$$Q_{上} = \lambda \left(\Delta x \frac{\Delta z}{2} \right) \frac{T_{i,j+1,k}^{n} - T_{i,j,k}^{n}}{\Delta y} \Delta t \tag{3-68}$$

$$Q_{下} = \lambda \left(\Delta x \frac{\Delta z}{2} \right) \frac{T_{i,j-1,k}^{n} - T_{i,j,k}^{n}}{\Delta y} \Delta t \tag{3-69}$$

$$Q_{后} = \lambda (\Delta x \Delta y) \frac{T_{i,j,k-1}^{n} - T_{i,j,k}^{n}}{\Delta z} \Delta t \tag{3-70}$$

通过第二类边界条件流入边界单元体的热量为

$$\begin{cases} -\lambda \left. \dfrac{\partial T}{\partial n} \right|_{s} = q_{w} \\ -\lambda \left. \dfrac{\partial T}{\partial n} \right|_{s} = q_{w}(x,y,z,t) \end{cases} \longrightarrow \quad Q_{前} = q_{w}(\Delta x \Delta y) \Delta t \tag{3-71}$$

根据能量守恒原则

$$\begin{aligned} \Delta U &= Q_{左} + Q_{右} + Q_{上} + Q_{下} + Q_{后} + Q_{前} \\ &= \frac{\lambda (\Delta y \Delta z) \Delta t}{2 \Delta x} (T_{i-1,j,k}^{n} - 2T_{i,j,k}^{n} + T_{i+1,j,k}^{n}) + \frac{\lambda (\Delta x \Delta z) \Delta t}{2 \Delta y} (T_{i,j+1,k}^{n} - 2T_{i,j,k}^{n} + T_{i,j-1,k}^{n}) \\ &\quad + \frac{\lambda (\Delta x \Delta y) \Delta t}{\Delta z} (T_{i,j,k-1}^{n} - T_{i,j,k}^{n}) + q_{w}(\Delta x \Delta y) \Delta t \\ &= \rho c_p \left(\Delta x \Delta y \frac{\Delta z}{2} \right) (T_{i,j,k}^{n+1} - T_{i,j,k}^{n}) \end{aligned} \tag{3-72}$$

式（3-72）整理后可得

$$\begin{aligned} \frac{T_{i,j,k}^{n+1} - T_{i,j,k}^{n}}{\Delta t} = \frac{\lambda}{\rho c_p} &\left[\frac{T_{i-1,j,k}^{n} - 2T_{i,j,k}^{n} + T_{i+1,j,k}^{n}}{\Delta x^2} + \frac{T_{i,j+1,k}^{n} - 2T_{i,j,k}^{n} + T_{i,j-1,k}^{n}}{\Delta y^2} \right. \\ &\left. + \frac{2 (T_{i,j,k-1}^{n} - T_{i,j,k}^{n})}{\Delta z^2} \right] + \frac{2q_{w}}{\rho c_p \Delta z} \end{aligned} \tag{3-73}$$

对于利用零件的几何对称性形成的边界，或者边界热流密度为零（绝热边界），式
(3-73) 可表示为以下形式

$$\frac{T_{i,j,k}^{n+1}-T_{i,j,k}^n}{\Delta t}=\frac{\lambda}{\rho c_p}\left[\frac{T_{i-1,j,k}^n-2T_{i,j,k}^n+T_{i+1,j,k}^n}{\Delta x^2}+\frac{T_{i,j+1,k}^n-2T_{i,j,k}^n+T_{i,j-1,k}^n}{\Delta y^2}\right.$$
$$\left.+\frac{2(T_{i,j,k-1}^n-T_{i,j,k}^n)}{\Delta z^2}\right] \tag{3-74}$$

同样的方法可以得到第三类边界条件时，该种边界节点的差分方程为

$$\frac{T_{i,j,k}^{n+1}-T_{i,j,k}^n}{\Delta t}=\frac{\lambda}{\rho c_p}\left[\frac{T_{i-1,j,k}^n-2T_{i,j,k}^n+T_{i+1,j,k}^n}{\Delta x^2}+\frac{T_{i,j+1,k}^n-2T_{i,j,k}^n+T_{i,j-1,k}^n}{\Delta y^2}\right.$$
$$\left.+\frac{2\left(T_{i,j,k-1}^n-T_{i,j,k}^n\right)}{\Delta z^2}\right]+\frac{2H}{\rho c_p\Delta z}\left(T_f-T_{i,j,k}^n\right) \tag{3-75}$$

3.6　一维非稳态温度场的有限差分法

对于一维瞬态热传导问题，为使问题简化，假定热物性参数为常数，无内热源，这时
热传导方程为

$$\frac{\partial T}{\partial t}=\frac{\lambda}{\rho c_p}\times\frac{\partial^2 T}{\partial x^2} \tag{3-76}$$

首先对求解区域进行离散，节点间的距离称为步长，x 方向的步长为 Δx，时间步长
为 Δt，如图 3-12 所示。节点 i 在 n 时刻的温度为 T_i^n，在 $n+1$ 时刻的温度为 T_i^{n+1}；节点
i 左、右相邻两节点为 $i-1$ 和 $i+1$，在 n 时刻的温度分别为 T_{i-1}^n 和 T_{i+1}^n，在 $n+1$ 时刻
的温度分别为 T_{i-1}^{n+1} 和 T_{i+1}^{n+1}。

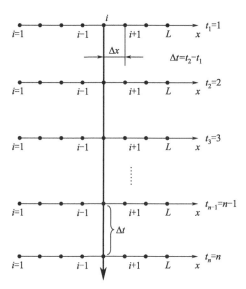

图 3-12　一维非稳态导热的离散示意图

3.6.1 显式差分格式

若节点 i 在 n 时刻的温度变化与 n 时刻输入节点 i 的能量有关，式（3-76）可写为

$$\left(\frac{\partial T}{\partial t}\right)_i^n = \frac{\lambda}{\rho c_p}\left(\frac{\partial^2 T}{\partial x^2}\right)_i^n \tag{3-77}$$

用温度对时间的一阶向前差商来代替微商

$$\left(\frac{\partial T}{\partial t}\right)_i^n = \frac{T_i^{n+1} - T_i^n}{\Delta t} \tag{3-78}$$

用温度对空间的二阶差商来代替微商

$$\left(\frac{\partial^2 T}{\partial x^2}\right)_i^n = \frac{T_{i+1}^n - 2T_i^n + T_{i-1}^n}{\Delta x^2} \tag{3-79}$$

将式（3-78）和式（3-79）代入式（3-77）可得

$$\frac{T_i^{n+1} - T_i^n}{\Delta t} = \frac{\lambda}{\rho c_p} \times \frac{T_{i+1}^n - 2T_i^n + T_{i-1}^n}{\Delta x^2} \tag{3-80}$$

式（3-80）整理后可得

$$T_i^{n+1} = F_0 T_{i+1}^n + (1 - 2F_0)T_i^n + F_0 T_{i-1}^n \tag{3-81}$$

其中，F_0 是傅里叶数，$F_0 = \dfrac{\lambda}{\rho c_p} \times \dfrac{\Delta t}{\Delta x^2}$

对于显式差分格式（explicit difference scheme）式（3-81），左端是 $n+1$ 时刻的温度值，右端是 n 时刻的温度值；等式中只有一个未知数，可直接求解，结构简洁，求解速度快。求解过程的示意图如图 3-13 所示。显示差分格式数值解稳定的条件为 $F_0 \leqslant 0.5$，否则，数值解将会不稳定（振荡）。

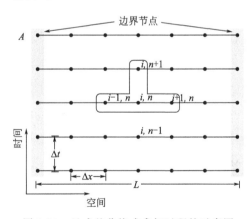

图 3-13　显式差分格式求解过程的示意图

3.6.2 隐式差分格式

为改进差分格式的稳定性，可采用隐式差分格式（implicit difference scheme），也就是节点 i 在 n 时刻的温度变化与 $n+1$ 时刻输入节点 i 的能量有关，式（3-76）可写为

$$\left(\frac{\partial T}{\partial t}\right)_i^n = \frac{\lambda}{\rho c_p}\left(\frac{\partial^2 T}{\partial x^2}\right)_i^{n+1} \tag{3-82}$$

用温度对时间的一阶向前差商来代替微商

$$\left(\frac{\partial T}{\partial t}\right)_i^n = \frac{T_i^{n+1} - T_i^n}{\Delta t} \tag{3-83}$$

用温度对空间的二阶差商来代替微商

$$\left(\frac{\partial^2 T}{\partial x^2}\right)_i^{n+1} = \frac{T_{i+1}^{n+1} - 2T_i^{n+1} + T_{i-1}^{n+1}}{\Delta x^2} \tag{3-84}$$

将式 (3-83) 和式 (3-84) 代入式 (3-82) 可得:

$$\frac{T_i^{n+1} - T_i^n}{\Delta t} = \frac{\lambda}{\rho c_p} \times \frac{T_{i+1}^{n+1} - 2T_i^{n+1} + T_{i-1}^{n+1}}{\Delta x^2} \tag{3-85}$$

式 (3-85) 整理后可得

$$T_i^n = -F_0(T_{i+1}^{n+1} + T_{i-1}^{n+1}) + (1 + 2F_0)T_i^{n+1} \tag{3-86}$$

其中，F_0 是傅里叶数，$F_0 = \dfrac{\lambda}{\rho c_p} \times \dfrac{\Delta t}{\Delta x^2}$

对于隐式差分格式 (3-86)，左端是 n 时刻的温度值，右端是 $n+1$ 时刻的温度值；等式中有三个未知数，需要联立方程解方程组，但是隐式差分格式的时间步长和空间步长的选择不受限制，求解过程无条件稳定。求解过程的示意图如图 3-14 所示。

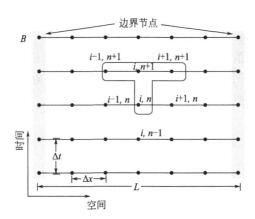

图 3-14　隐式差分格式求解过程的示意图

3.6.3　六点隐式差分格式

为进一步减小截断误差，可采用六点隐式差分格式 (Crank-Nicolson difference scheme)，也就是节点 i 在 $n+\dfrac{1}{2}$ 时刻的温度变化与 $n+1$ 和 n 时刻输入节点 i 的能量有关，式 (3-76) 可写为

$$\left(\frac{\partial T}{\partial t}\right)_i^{n+\frac{1}{2}} = \frac{1}{2}\frac{\lambda}{\rho c_p}\left\{\left(\frac{\partial^2 T}{\partial x^2}\right)_i^{n+1} + \left(\frac{\partial^2 T}{\partial x^2}\right)_i^n\right\} \tag{3-87}$$

用温度对时间的一阶向前差商来代替微商

$$\left(\frac{\partial T}{\partial t}\right)_i^{n+\frac{1}{2}} = \frac{T_i^{n+1} - T_i^{n+\frac{1}{2}}}{0.5\Delta t} = \frac{T_i^{n+1} - \dfrac{T_i^{n+1} + T_i^n}{2}}{0.5\Delta t} = \frac{T_i^{n+1} - T_i^n}{\Delta t} \tag{3-88}$$

用温度对空间的二阶差商来代替微商

$$\left(\frac{\partial^2 T}{\partial x^2}\right)_i^{n+1} + \left(\frac{\partial^2 T}{\partial x^2}\right)_i^n = \frac{T_{i+1}^{n+1} - 2T_i^{n+1} + T_{i-1}^{n+1}}{\Delta x^2} + \frac{T_{i+1}^n - 2T_i^n + T_{i-1}^n}{\Delta x^2} \tag{3-89}$$

将式（3-88）和式（3-89）代入式（3-87）可得

$$2(T_i^{n+1} - T_i^n) = \frac{\lambda}{\rho c_p} \times \frac{\Delta t}{\Delta x^2} \left[(T_{i+1}^{n+1} - 2T_i^{n+1} + T_{i-1}^{n+1}) + (T_{i+1}^n - 2T_i^n + T_{i-1}^n) \right] \tag{3-90}$$

式（3-90）整理后可得

$$-F_0 T_{i+1}^{n+1} + (2 + 2F_0)T_i^{n+1} - F_0 T_{i-1}^{n+1} = F_0 T_{i+1}^n + (2 - 2F_0)T_i^n + F_0 T_{i-1}^n \tag{3-91}$$

其中，F_0 是傅里叶数，$F_0 = \dfrac{\lambda}{\rho c_p} \times \dfrac{\Delta t}{\Delta x^2}$。

六点隐式差分格式求解过程的示意图如图 3-15 所示。

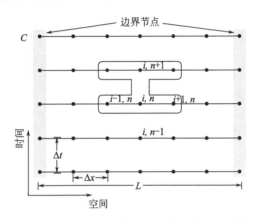

图 3-15　六点隐式差分格式求解过程的示意图

3.7　二维非稳态温度场的有限差分法

对于二维瞬态热传导问题，为使问题简化，可假定热物性参数为常数，无内热源，这时热传导方程为

$$\frac{\partial T}{\partial t} = \frac{\lambda}{\rho c_p} \left(\frac{\partial^2 T}{\partial x^2} + \frac{\partial^2 T}{\partial y^2} \right) \tag{3-92}$$

首先对求解区域进行离散，节点间的距离称为步长，x 方向的步长为 Δx，y 方向的步长为 Δy，时间步长为 Δt。节点 i，j 在 n 时刻的温度为 $T_{i,j}^n$，在 $n+1$ 时刻的温度为 $T_{i,j}^{n+1}$；节点 i，j 左、右相邻两节点为 $i-1$，j 和 $i+1$，j，在 n 时刻的温度分别为 $T_{i-1,j}^n$ 和 $T_{i+1,j}^n$，在 $n+1$ 时刻的温度分别为 $T_{i-1,j}^{n+1}$ 和 $T_{i+1,j}^{n+1}$；节点 i，j 上、下相邻两

节点为 i，$j+1$ 和 i，$j-1$，在 n 时刻的温度分别为 $T^n_{i,j+1}$ 和 $T^n_{i,j-1}$，在 $n+1$ 时刻的温度分别为 $T^{n+1}_{i,j+1}$ 和 $T^{n+1}_{i,j-1}$。

若节点 i，j 在 n 时刻的温度变化与 n 时刻输入节点 i，j 的能量有关，式（3-92）可写为

$$\left(\frac{\partial T}{\partial t}\right)^n_{i,j} = \frac{\lambda}{\rho c_p}\left[\left(\frac{\partial^2 T}{\partial x^2}\right)^n_{i,j} + \left(\frac{\partial^2 T}{\partial y^2}\right)^n_{i,j}\right] \tag{3-93}$$

用温度对时间的一阶向前差商来代替微商

$$\left(\frac{\partial T}{\partial t}\right)^n_{i,j} = \frac{T^{n+1}_{i,j} - T^n_{i,j}}{\Delta t} \tag{3-94}$$

用温度对空间的二阶差商来代替微商

$$\left(\frac{\partial^2 T}{\partial x^2}\right)^n_{i,j} + \left(\frac{\partial^2 T}{\partial y^2}\right)^n_{i,j} = \frac{T^n_{i+1,j} - 2T^n_{i,j} + T^n_{i-1,j}}{\Delta x^2} + \frac{T^n_{i,j+1} - 2T^n_{i,j} + T^n_{i,j-1}}{\Delta y^2} \tag{3-95}$$

将式（3-94）和式（3-95）代入式（3-93）可得

$$\frac{T^{n+1}_{i,j} - T^n_{i,j}}{\Delta t} = \frac{\lambda}{\rho c_p}\left(\frac{T^n_{i+1,j} - 2T^n_{i,j} + T^n_{i-1,j}}{\Delta x^2} + \frac{T^n_{i,j+1} - 2T^n_{i,j} + T^n_{i,j-1}}{\Delta y^2}\right) \tag{3-96}$$

假设 x 方向和 y 方向的步长相等，$\Delta x = \Delta y = h$，式（3-96）整理后可得

$$T^{n+1}_{i,j} = F_0(T^n_{i+1,j} + T^n_{i-1,j} + T^n_{i,j+1} + T^n_{i,j-1}) + (1 - 4F_0)T^n_{i,j} \tag{3-97}$$

其中，F_0 是傅里叶数，$F_0 = \frac{\lambda}{\rho c_p} \times \frac{\Delta t}{h^2}$

同理可得隐式差分格式

$$\frac{T^{n+1}_{i,j} - T^n_{i,j}}{\Delta t} = \frac{\lambda}{\rho c_p}\left(\frac{T^{n+1}_{i+1,j} - 2T^{n+1}_{i,j} + T^{n+1}_{i-1,j}}{\Delta x^2} + \frac{T^{n+1}_{i,j+1} - 2T^{n+1}_{i,j} + T^{n+1}_{i,j-1}}{\Delta y^2}\right) \tag{3-98}$$

假设 x 方向和 y 方向的步长相等，$\Delta x = \Delta y = h$，式（3-98）整理后可得

$$T^n_{i,j} = -F_0(T^{n+1}_{i+1,j} + T^{n+1}_{i-1,j} + T^{n+1}_{i,j+1} + T^{n+1}_{i,j-1}) + (1 + 4F_0)T^{n+1}_{i,j} \tag{3-99}$$

3.8　三维非稳态温度场的有限差分法

对于三维瞬态热传导问题，假定热物性参数为常数，无内热源，热传导方程为

$$\frac{\partial T}{\partial t} = \frac{\lambda}{\rho c_p}\left(\frac{\partial^2 T}{\partial x^2} + \frac{\partial^2 T}{\partial y^2} + \frac{\partial^2 T}{\partial z^2}\right) \tag{3-100}$$

首先对求解区域进行离散，节点间的距离称为步长，x 方向的步长为 Δx，y 方向的步长为 Δy，z 方向的步长为 Δz，时间步长为 Δt。节点 i，j，k 在 n 时刻的温度为 $T^n_{i,j,k}$，在 $n+1$ 时刻的温度为 $T^{n+1}_{i,j,k}$；节点 i，j，k 左、右相邻两节点在 n 时刻的温度分别为 $T^n_{i-1,j,k}$ 和 $T^n_{i+1,j,k}$，在 $n+1$ 时刻的温度分别为 $T^{n+1}_{i-1,j,k}$ 和 $T^{n+1}_{i+1,j,k}$；节点 i，j，k 上、下相邻两节点在 n 时刻的温度分别为 $T^n_{i,j+1,k}$ 和 $T^n_{i,j-1,k}$，在 $n+1$ 时刻的温度分别为 $T^{n+1}_{i,j+1,k}$ 和 $T^{n+1}_{i,j-1,k}$；节点 i，j，k 前、后相邻两节点在 n 时刻的温度分别为 $T^n_{i,j,k+1}$ 和 $T^n_{i,j,k-1}$，在 $n+1$ 时刻的温度分别为 $T^{n+1}_{i,j,k+1}$ 和 $T^{n+1}_{i,j,k-1}$。

根据二维非稳态温度场差分方式的建立过程，可得三维非稳态温度场显式差分方式

$$\frac{T_{i,j,k}^{n+1}-T_{i,j,k}^{n}}{\Delta t}$$

$$=\frac{\lambda}{\rho c_p}\left(\frac{T_{i+1,j,k}^{n}-2T_{i,j,k}^{n}+T_{i-1,j,k}^{n}}{\Delta x^2}+\frac{T_{i,j+1,k}^{n}-2T_{i,j,k}^{n}+T_{i,j-1,k}^{n}}{\Delta y^2}+\frac{T_{i,j,k+1}^{n}-2T_{i,j,k}^{n}+T_{i,j,k-1}^{n}}{\Delta z^2}\right)$$

$$(3\text{-}101)$$

假设 x、y 和 z 方向的步长相等，$\Delta x=\Delta y=\Delta z=h$，式（3-101）整理后可得

$$T_{i,j,k}^{n+1}=F_0(T_{i+1,j,k}^{n}+T_{i-1,j,k}^{n}+T_{i,j+1,k}^{n}+T_{i,j-1,k}^{n}+T_{i,j,k+1}^{n}+T_{i,j,k-1}^{n})+(1-6F_0)T_{i,j,k}^{n}$$

$$(3\text{-}102)$$

其中，F_0 是傅里叶数，$F_0=\dfrac{\lambda}{\rho c_p}\times\dfrac{\Delta t}{h^2}$。

同理可得隐式差分格式

$$\frac{T_{i,j,k}^{n+1}-T_{i,j,k}^{n}}{\Delta t}$$

$$=\frac{\lambda}{\rho c_p}\left(\frac{T_{i+1,j,k}^{n+1}-2T_{i,j,k}^{n+1}+T_{i-1,j,k}^{n+1}}{\Delta x^2}+\frac{T_{i,j+1,k}^{n+1}-2T_{i,j,k}^{n+1}+T_{i,j-1,k}^{n+1}}{\Delta y^2}+\frac{T_{i,j,k+1}^{n+1}-2T_{i,j,k}^{n+1}+T_{i,j,k-1}^{n+1}}{\Delta z^2}\right)$$

$$(3\text{-}103)$$

假设 x、y 和 z 方向的步长相等，$\Delta x=\Delta y=\Delta z=h$，式（3-103）整理后可得

$$T_{i,j,k}^{n}=-F_0(T_{i+1,j,k}^{n+1}+T_{i-1,j,k}^{n+1}+T_{i,j+1,k}^{n+1}+T_{i,j-1,k}^{n+1}+T_{i,j,k+1}^{n+1}+T_{i,j,k-1}^{n+1})+(1+6F_0)T_{i,j,k}^{n+1}$$

$$(3\text{-}104)$$

3.9　有限差分方程的计算机解法

对于涉及 n 个节点的传热问题，根据有限差分格式可以构建得到包含 n 个未知数的线性代数方程组，而且方程的个数与未知数的个数相同。

$$\begin{cases}a_{11}T_1+a_{12}T_2+\cdots+a_{1n}T_n=b_1\\a_{21}T_1+a_{22}T_2+\cdots+a_{2n}T_n=b_2\\\qquad\cdots\cdots\\a_{n1}T_1+a_{n2}T_2+\cdots+a_{nn}T_n=b_n\end{cases}\qquad(3\text{-}105)$$

对于由差分方程组成的线性代数方程组的求解方法可分为直接法和间接法。直接法的求解精度高，重复工作量小，但编制计算程序复杂，对计算机资源占用较多，适用于求解不复杂、阶数较低的方程组。间接法，也称为迭代法，其计算程序比较简单，占用内存小，但重复工作量大，计算精度取决于迭代次数，对于大多数由二阶差分格式组成的方程组求解收敛速度较快，而且由间接法获得解的误差不一定大于直接法获得解的误差。

3.9.1　直接法

直接法可经过有限次运算，求得方程组在一定舍入误差内的精确解。其主要包括高斯（Gauss）顺序消元法、高斯列主元消元法、追赶法等。

(1) 高斯顺序消元法

对于式（3-105）所示的线性方程组，可表示为矩阵的形式

$$AT = B \tag{3-106}$$

根据式（3-106）中各方程的系数，可构建增广矩阵 $[A \mid b]$，通过对增广矩阵顺序作初等行变换，把增广矩阵的 A 部分化为上三角形矩阵

$$
\begin{bmatrix}
a_{11} & a_{12} & a_{13} & \cdots & a_{1n} & b_1 \\
a_{21} & a_{22} & a_{23} & \cdots & a_{2n} & b_2 \\
a_{31} & a_{32} & a_{33} & \cdots & a_{3n} & b_3 \\
\vdots & \vdots & \vdots & \vdots & \vdots & \vdots \\
a_{n1} & a_{n2} & a_{n3} & \cdots & a_{nn} & b_n
\end{bmatrix}
\Rightarrow
\begin{bmatrix}
a'_{11} & a'_{12} & a'_{13} & \cdots & a'_{1n-1} & a'_{1n} & b'_1 \\
0 & a'_{22} & a'_{23} & \cdots & a'_{2n-1} & a'_{2n} & b'_2 \\
0 & 0 & a'_{33} & \cdots & a'_{3n-1} & a'_{3n} & b'_3 \\
\vdots & \vdots & \vdots & \vdots & \vdots & \vdots & \vdots \\
0 & 0 & 0 & \cdots & 0 & a'_{nn} & b'_n
\end{bmatrix}
$$

$$\tag{3-107}$$

根据式（3-107）从最后一行依次回代，从而得到线性方程组的解。

$$T_n = \frac{b'_n}{a'_{nn}} \tag{3-108}$$

$$T_i = \frac{\left(b'_i - \sum\limits_{j=i+1}^{n} a'_{ij} T_j\right)}{a'_{nn}} \quad (i = n-1, n-2, \cdots, 1) \tag{3-109}$$

(2) 高斯列主元消元法

在高斯消元过程中可能出现主元 $a_{ii}^{(k)} = 0$（上标 k 表示第 k 次消元计算，$i = 1, 2, 3, \cdots, n$）情况，这种情况将导致消元法无法进行。此外，即使所有主元 $a_{ii}^{(k)} \neq 0$，但是数值很小。虽然可以完成方程组的求解，但用 $a_{ii}^{(k)}$ 做除数会导致其他元素数量级的巨大增长和舍入误差的扩散，因此无法保证结果的可靠性，如例 2 所示。

例 2：对于方程组
$$
\begin{cases}
0.001x_1 + 2.000x_2 + 3.000x_3 = 1.000 \\
-1.000x_1 + 3.712x_2 + 4.623x_3 = 2.000 \\
-2.000x_1 + 1.072x_2 + 5.643x_3 = 3.000
\end{cases}
$$

其四位有效数字精确解为：$X = \{-0.4904, -0.05104, 0.3675\}^{\mathrm{T}}$

在求解过程中保留四位有效数字，用高斯顺序消元法的求解过程为

$$
\begin{bmatrix}
0.001 & 2.000 & 3.000 & 1.000 \\
-1.000 & 3.712 & 4.623 & 2.000 \\
-2.000 & 1.072 & 5.643 & 3.000
\end{bmatrix}
\begin{array}{c} \Rightarrow \\ +\text{第1行}\times1000 \\ +\text{第1行}\times2000 \end{array}
\begin{bmatrix}
0.001 & 2.000 & 3.000 & 1.000 \\
0 & 2004 & 3005 & 1002 \\
0 & 4001 & 6006 & 2003
\end{bmatrix}
$$

$$
\begin{array}{c} \Rightarrow \\ -\text{第2行}\times1.997 \end{array}
\begin{bmatrix}
0.001 & 2.000 & 3.000 & 1.000 \\
0 & 2004 & 3005 & 1002 \\
0 & 0 & 5.000 & 2.000
\end{bmatrix}
$$

通过依次回代计算，可得四位有效数字精确解为：$X = \{-0.4000, -0.09989, 0.4000\}^{\mathrm{T}}$。跟精确解相比，其相对误差约为 18.4%、80.4% 和 8.8%。

为减少计算过程中的舍入误差对解的影响，在每次消元前，应先选择绝对值尽可能大的元作为主元，交换方程的次序。也就是，在增广矩阵子块第一列中选取最大主元，进行行变换，把最大主元放在子块的第 1 行，然后再消元，称为列主元消元法。

例 2 用高斯列主元消元法的求解过程为

$$\begin{bmatrix} 0.001 & 2.000 & 3.000 & 1.000 \\ -1.000 & 3.712 & 4.623 & 2.000 \\ -2.000 & 1.072 & 5.643 & 3.000 \end{bmatrix} \underset{\text{第3行与第1行互换}}{\Rightarrow} \begin{bmatrix} -2.000 & 1.072 & 5.643 & 3.000 \\ -1.000 & 3.712 & 4.623 & 2.000 \\ 0.001 & 2.000 & 3.000 & 1.000 \end{bmatrix}$$

$$\underset{\substack{-第1行\times0.5 \\ +第1行\times0.0005}}{\Rightarrow} \begin{bmatrix} -2.000 & 1.072 & 5.643 & 3.000 \\ 0 & 3.716 & 1.801 & 0.500 \\ 0 & 2.001 & 3.003 & 1.002 \end{bmatrix}$$

增广矩阵子块第一列中，3.716 是最大主元，无需进行行变换，继续消元可得

$$\underset{-第2行\times0.63}{\Rightarrow} \begin{bmatrix} -2.000 & 1.072 & 5.643 & 3.000 \\ 0 & 3.716 & 1.801 & 0.500 \\ 0 & 0 & 1.868 & 0.687 \end{bmatrix}$$

通过依次回代计算，可得四位有效数字精确解为：$X = \{-0.4900, \ -0.05113, \ 0.3678\}^{\mathrm{T}}$。通过高斯列主元消元法，求解精度得到较大幅度提升。

3.9.2 间接法

直接法比较适用于中小型方程组。对高阶方程组而言，即使系数矩阵是稀疏的，但在运算中很难保持稀疏性，存在占用存储量大、程序复杂等问题。迭代法则能保持矩阵的稀疏性，具有计算简单、程序编制容易等优点，并在许多情况下收敛较快，故能有效地解一些高阶方程组。

对于方程组 $AT = B$，构造一个初始解 $T^{(0)}$，将方程组 $AT = B$ 进行变换并代入，可得到第一次迭代值 $T^{(1)}$，反复进行同样的过程，经 n 次迭代可得到迭代值 $T^{(n)}$，最终，通过迭代可使迭代值逐渐趋向于方程组的精确解，这个逼近的过程称为迭代法。

迭代法包括简单迭代法（同步迭代法、雅可比迭代法）、高斯-赛德尔（Gauss-Seidel）迭代法（异步迭代法）等。

（1）简单迭代法

对于式（3-105）所示的方程组，若 $a_{ii} \neq 0$，则可表示为以下形式

$$\begin{cases} T_1 = (b_1 - a_{12}T_2 - a_{13}T_3 - \cdots - a_{1n}T_n)/a_{11} \\ T_2 = (b_2 - a_{21}T_1 - a_{23}T_3 - \cdots - a_{2n}T_n)/a_{22} \\ \qquad \cdots \\ T_i = (b_i - a_{i1}T_1 - a_{i3}T_3 - \cdots - a_{in}T_n)/a_{ii} \\ \qquad \cdots \\ T_n = (b_n - a_{n1}T_1 - a_{n3}T_3 - \cdots - a_{nn-1}T_{n-1})/a_{nn} \end{cases} \qquad 或 \qquad \begin{aligned} T_i &= \left(b_i - \sum_{\substack{j=1 \\ i \neq j}}^n a_{ij}T_j\right)/a_{ii} \\ &(i = 1, 2, \cdots, n) \end{aligned}$$

（3-110）

第 $k+1$ 次迭代得到迭代值 $T^{(k+1)}$ 可表示为

$$\begin{cases} T_1^{(k+1)} = (b_1 - a_{12}T_2^{(k)} - a_{13}T_3^{(k)} - \cdots - a_{1n}T_n^{(k)})/a_{11} \\ T_2^{(k+1)} = (b_2 - a_{21}T_1^{(k)} - a_{23}T_3^{(k)} - \cdots - a_{2n}T_n^{(k)})/a_{22} \\ \qquad \cdots \\ T_i^{(k+1)} = (b_i - a_{i1}T_1^{(k)} - a_{i2}T_2^{(k)} - \cdots - a_{in}T_n^{(k)})/a_{ii} \\ \qquad \cdots \\ T_n^{(k+1)} = (b_n - a_{n1}T_1^{(k)} - a_{n2}T_2^{(k)} - \cdots - a_{nn-1}T_{n-1}^{(k)})/a_{nn} \end{cases}$$

（3-111）

每迭代一次得一组解，若 $T_i^{(k+1)} - T_i^{(k)} \leqslant \varepsilon$ （ε 为适当小的数值），则认为迭代解达到足够高的计算精度，迭代终止。

例 3：用简单迭代法求解方程组 $\begin{cases} 10x_1 - x_2 - 2x_3 = 72 \\ -x_1 + 10x_2 - 2x_3 = 83 \\ -x_1 - x_2 + 5x_3 = 42 \end{cases}$

解：方程组可写为以下形式

$$\begin{cases} x_1 = (72 + x_2 + 2x_3)/10 \\ x_2 = (83 + x_1 + 2x_3)/10 \\ x_3 = (42 + x_1 + x_2)/5 \end{cases} \tag{3-112}$$

取 $\boldsymbol{X}^{(0)} = \{0, 0, 0\}^{\mathrm{T}}$，代入式（3-112）可得 $\boldsymbol{X}^{(1)} = \{7.2, 8.3, 8.4\}^{\mathrm{T}}$，依次代入可得各次迭代的结果，如表 3-3 所示。

表 3-3　迭代求解过程（保留两位小数）

项目	0	1	2	3	4	5	6	7	8	9	精确解
x_1	0	7.20	9.71	10.57	10.85	10.95	10.98	10.99	11.00	11.00	11.00
x_2	0	8.30	10.70	11.57	11.85	11.95	11.98	11.99	12.00	12.00	12.00
x_3	0	8.40	11.50	12.48	12.83	12.94	12.98	12.99	13.00	13.00	13.00
x_1 误差		7.20	2.51	0.86	0.28	0.1	0.03	0.01	0.01	0.00	
x_2 误差		8.30	2.4	0.87	0.28	0.1	0.03	0.01	0.01	0.00	
x_3 误差		8.40	3.1	0.98	0.35	0.11	0.04	0.01	0.01	0.00	

（2）高斯-赛德尔迭代法

简单迭代法的优点是公式简单，迭代矩阵容易计算。在每一步迭代时，用 $\boldsymbol{T}^{(k)}$ 的全部分量求出 $\boldsymbol{T}^{(k+1)}$ 的全部分量，因此称为同步迭代法，计算时需保留两个近似解 $\boldsymbol{T}^{(k)}$ 和 $\boldsymbol{T}^{(k+1)}$，在计算过程中占用的内存较大，而且计算工作量也较大，收敛速度较慢。

在简单迭代过程中，对已经计算出的信息未能充分利用，即在计算第 i 个分量 $T_i^{(k+1)}$ 时，已计算出的最新分量 $T_1^{(k+1)}$、$T_2^{(k+1)}$、$\cdots$、$T_{i-1}^{(k+1)}$ 没有被利用。在收敛的前提下，这些新的分量 $T_1^{(k+1)}$、$T_2^{(k+1)}$、$\cdots$、$T_{i-1}^{(k+1)}$ 应比旧的分量 $T_1^{(k)}$、$T_2^{(k)}$、$\cdots$、$T_{i-1}^{(k)}$ 更精确一些，在计算中可以取代旧的分量进行计算。据此思想可构造高斯-赛德尔迭代法，在迭代过程中使用最新计算出的分量值。高斯-赛德尔迭代法可表示为以下形式：

$$\begin{cases} x_1^{(k+1)} = (b_1 - a_{12}x_2^{(k)} - a_{13}x_3^{(k)} - \cdots - a_{1n}x_n^{(k)})/a_{11} \\ x_2^{(k+1)} = (b_2 - a_{21}x_1^{(k+1)} - a_{23}x_3^{(k)} - \cdots - a_{2n}x_n^{(k)})/a_{22} \\ \qquad\qquad \cdots\cdots \\ x_n^{(k+1)} = (b_n - a_{n1}x_1^{(k+1)} - a_{n2}x_2^{(k+1)} - \cdots - a_{nn-1}x_{n-1}^{(k+1)})/a_{nn} \end{cases} \tag{3-113}$$

或

$$x_i^{(k+1)} = \left(b_i - \sum_{m=1}^{i-1} a_{im}x_m^{(k+1)} - \sum_{m=i+1}^{n} a_{im}x_m^{(k)}\right)/a_{ii} \tag{3-114}$$

对于例 3，用高斯-赛德尔迭代法迭代求解的结果如表 3-4 所示。

表 3-4   高斯-赛德尔迭代法迭代求解过程（保留两位小数）

项目	0	1	2	3	4	5	6	7	8	9	方法
x_1	0	7.20	9.71	10.57	10.85	10.95	10.98	10.99	11.00	11.00	简单迭代法
x_2	0	8.30	10.70	11.57	11.85	11.95	11.98	11.99	12.00	12.00	
x_3	0	8.40	11.50	12.48	12.83	12.94	12.98	12.99	13.00	13.00	
x_1	0	7.20	10.40	10.93	10.99	11.00	11.00				高斯-赛德尔迭代法
x_2	0	9.02	11.70	11.96	12.00	12.00	12.00				
x_3	0	11.60	12.80	12.98	13.00	13.00	13.00				

3.10   有限差分法求解偏微分方程

例 4： 拉普拉斯方程又称调和方程、位势方程，是一种偏微分方程，在电磁学、天体物理学、力学、数学等领域有广泛应用，由法国数学家拉普拉斯（Laplace）首先提出。其第一边值问题是已知边界上的值；第二边值问题是已知边界上任一点的法向导数。利用有限差分法求解二维拉普拉斯方程第一边值问题

$$\begin{cases} \dfrac{\partial u^2}{\partial x^2} + \dfrac{\partial u^2}{\partial y^2} = 0, 0 < x < 0.5, 0 < y < 0.5 \\ u(0,y) = u(x,0) = 0 \\ u(x,0.5) = 200x \\ u(0.5,y) = 200y \end{cases}$$

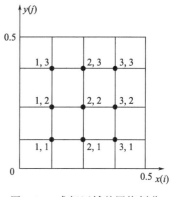

图 3-16   求解区域的网格剖分

解： 采用正方形网格剖分，步长 $\Delta x = \Delta y = h = 0.125$，剖分后的节点编号如图 3-16 所示。

对于区域内的每个节点 (x_i, y_j)，利用二阶差商替换二阶微商可得

$$\frac{\partial^2 u(x_i, y_j)}{\partial x^2} = \frac{1}{\Delta x^2}[u(x_{i+1}, y_j) - 2u(x_i, y_j) + u(x_{i-1}, y_j)] + o(\Delta x^2)$$

$$= \frac{1}{h^2}[u(x_{i+1}, y_j) - 2u(x_i, y_j) + u(x_{i-1}, y_j)] + o(\Delta x^2)$$

(3-115)

$$\frac{\partial^2 u(x_i, y_j)}{\partial y^2} = \frac{1}{\Delta y^2}[u(x_i, y_{j+1}) - 2u(x_i, y_j) + u(x_i, y_{j-1})] + o(\Delta y^2)$$

$$= \frac{1}{h^2}[u(x_i, y_{j+1}) - 2u(x_i, y_j) + u(x_i, y_{j-1})] + o(\Delta y^2) \qquad (3-116)$$

将式 (3-115) 和式 (3-116) 代入 $\dfrac{\partial^2 u}{\partial x^2}+\dfrac{\partial^2 u}{\partial y^2}=0$ 可得

$$\frac{\partial^2 u(x_i,y_j)}{\partial x^2}+\frac{\partial^2 u(x_i,y_j)}{\partial y^2}=\frac{1}{h^2}\left[u(x_{i+1},y_j)-2u(x_i,y_j)+u(x_{i-1},y_j)\right]$$
$$+\frac{1}{h^2}\left[u(x_i,y_{j+1})-2u(x_i,y_j)+u(x_i,y_{j-1})\right]$$
$$=0 \tag{3-117}$$

式 (3-117) 整理后可得

$$u(x_{i+1},y_j)+u(x_{i-1},y_j)+u(x_i,y_{j+1})+u(x_i,y_{j-1})-4u(x_i,y_j)=0 \tag{3-118}$$

将式 (3-118) 简写为

$$u_{i+1,j}+u_{i-1,j}+u_{i,j+1}+u_{i,j-1}-4u_{i,j}=0 \tag{3-119}$$

根据式 (3-119) 和图 3-16 可得

$$\begin{cases}
u_{2,1}+u_{0,1}+u_{1,2}+u_{1,0}-4u_{1,1}=0\\
u_{3,1}+u_{1,1}+u_{2,2}+u_{2,0}-4u_{2,1}=0\\
u_{4,1}+u_{2,1}+u_{3,2}+u_{3,0}-4u_{3,1}=0\\
u_{2,2}+u_{0,2}+u_{1,3}+u_{1,1}-4u_{1,2}=0\\
u_{3,2}+u_{1,2}+u_{2,3}+u_{2,1}-4u_{2,2}=0\\
u_{4,2}+u_{2,2}+u_{3,3}+u_{3,1}-4u_{3,2}=0\\
u_{2,3}+u_{0,3}+u_{1,4}+u_{1,2}-4u_{1,3}=0\\
u_{3,3}+u_{1,3}+u_{2,4}+u_{2,2}-4u_{2,3}=0\\
u_{4,3}+u_{2,3}+u_{3,4}+u_{3,2}-4u_{3,3}=0
\end{cases} \tag{3-120}$$

将边界条件代入式 (3-120) 可得到如下形式

$$\begin{bmatrix}
4 & -1 & 0 & -1 & 0 & 0 & 0 & 0 & 0\\
-1 & 4 & -1 & 0 & -1 & 0 & 0 & 0 & 0\\
0 & -1 & 4 & 0 & 0 & -1 & 0 & 0 & 0\\
-1 & 0 & 0 & 4 & -1 & 0 & -1 & 0 & 0\\
0 & -1 & 0 & -1 & 4 & -1 & 0 & -1 & 0\\
0 & 0 & -1 & 0 & -1 & 4 & 0 & 0 & -1\\
0 & 0 & 0 & -1 & 0 & 0 & 4 & -1 & 0\\
0 & 0 & 0 & 0 & -1 & 0 & -1 & 4 & -1\\
0 & 0 & 0 & 0 & 0 & -1 & 0 & -1 & 4
\end{bmatrix}
\begin{bmatrix}
u_{1,1}\\u_{2,1}\\u_{3,1}\\u_{1,2}\\u_{2,2}\\u_{3,2}\\u_{1,3}\\u_{2,3}\\u_{3,3}
\end{bmatrix}=
\begin{bmatrix}
0\\0\\25\\0\\0\\50\\25\\50\\150
\end{bmatrix} \tag{3-121}$$

用同步迭代法或异步迭代法计算矩阵方程式 (3-121) 可得到各节点的数值为 $u_{1,1}=6.25$, $u_{2,1}=12.50$, $u_{3,1}=18.75$, $u_{1,2}=12.50$, $u_{2,2}=25.00$, $u_{3,2}=37.50$, $u_{1,3}=18.75$, $u_{2,3}=37.50$, $u_{3,3}=56.25$。

例 5：如图 3-17(a) 所示，100mm×80mm 的截面，初始温度为 20℃，周边施加第一类边界条件（800℃，600℃，200℃和 20℃）。假设材料的热导率 150W/(m·℃)，密度 2000kg/m³，定压比热容 500J/(kg·℃)，时间步长 0.2s。要求：

（1）通过 Excel 软件，用显式差分格式求解区域内部节点在 $t=0.0\sim3.0$ s 时的温度（显示两位小数）。

（2）利用 Origin 软件，画出截面在 $t=10$s 时的温度等色图。

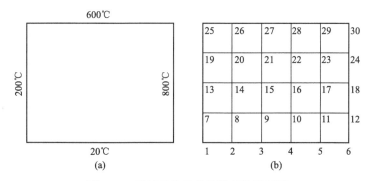

图 3-17　区域的边界条件及离散示意图

解： ①对于 100mm×80mm 的截面，设置纵向和横向的空间步长为 20mm，区域离散的结果如图 3-17(b) 所示。

二维瞬态热传导偏微分方程可写为

$$\rho c_p \frac{\partial T}{\partial t}=\lambda\left(\frac{\partial^2 T}{\partial x^2}+\frac{\partial^2 T}{\partial y^2}\right) \tag{3-122}$$

根据式（3-97），用差商替代微商后的形式为

$$T_{i,j}^{n+1}=F_0(T_{i+1,j}^n+T_{i-1,j}^n+T_{i,j+1}^n+T_{i,j-1}^n)+(1-4F_0)T_{i,j}^n$$

$$F_0=\frac{\lambda}{\rho c_p}\times\frac{\Delta t}{\Delta x^2} \tag{3-123}$$

将材料参数、空间步长和时间步长代入傅里叶数的表达式

$$F_0=\frac{\lambda}{\rho c_p}\times\frac{\Delta t}{\Delta x^2}=\frac{150\times0.2}{2000\times500\times0.02\times0.02}=0.08<0.5$$

因此求解过程可保证解的稳定性。

根据式（3-123）和图 3-17 可得

$$\begin{cases}T_8^{n+1}=F_0(T_7^n+T_2^n+T_9^n+T_{14}^n)+(1-4F_0)T_8^n\\[4pt]T_9^{n+1}=F_0(T_8^n+T_3^n+T_{10}^n+T_{15}^n)+(1-4F_0)T_9^n\\[4pt]T_{10}^{n+1}=F_0(T_9^n+T_4^n+T_{11}^n+T_{16}^n)+(1-4F_0)T_{10}^n\\[4pt]T_{11}^{n+1}=F_0(T_{10}^n+T_5^n+T_{12}^n+T_{17}^n)+(1-4F_0)T_{11}^n\\[4pt]\qquad\qquad\vdots\\[4pt]T_{20}^{n+1}=F_0(T_{19}^n+T_{14}^n+T_{21}^n+T_{26}^n)+(1-4F_0)T_{20}^n\\[4pt]T_{21}^{n+1}=F_0(T_{20}^n+T_{15}^n+T_{22}^n+T_{27}^n)+(1-4F_0)T_{21}^n\\[4pt]T_{22}^{n+1}=F_0(T_{21}^n+T_{16}^n+T_{23}^n+T_{28}^n)+(1-4F_0)T_{22}^n\\[4pt]T_{23}^{n+1}=F_0(T_{22}^n+T_{17}^n+T_{24}^n+T_{29}^n)+(1-4F_0)T_{23}^n\end{cases} \tag{3-124}$$

代入边界数值后可得

$$
\begin{cases}
T_8^{n+1} = F_0(200 + 20 + T_9^n + T_{14}^n) + (1-4F_0)T_8^n \\[4pt]
T_9^{n+1} = F_0(T_8^n + 20 + T_{10}^n + T_{15}^n) + (1-4F_0)T_9^n \\[4pt]
T_{10}^{n+1} = F_0(T_9^n + 20 + T_{11}^n + T_{16}^n) + (1-4F_0)T_{10}^n \\[4pt]
T_{11}^{n+1} = F_0(T_{10}^n + 20 + 800 + T_{17}^n) + (1-4F_0)T_{11}^n \\[4pt]
\qquad\qquad\qquad\vdots \\[4pt]
T_{20}^{n+1} = F_0(200 + T_{14}^n + T_{21}^n + 600) + (1-4F_0)T_{20}^n \\[4pt]
T_{21}^{n+1} = F_0(T_{20}^n + T_{15}^n + T_{22}^n + 600) + (1-4F_0)T_{21}^n \\[4pt]
T_{22}^{n+1} = F_0(T_{21}^n + T_{16}^n + T_{23}^n + 600) + (1-4F_0)T_{22}^n \\[4pt]
T_{23}^{n+1} = F_0(T_{22}^n + T_{17}^n + 800 + 600) + (1-4F_0)T_{23}^n
\end{cases}
\tag{3-125}
$$

借助 Excel 软件，用同步迭代计算方程组（3-125），得到各节点的数值如图 3-18 所示。求解时需要注意以下问题：需要设置一列依次放置节点编号，如图 3-18B 列中的数据，这样，在输入完节点 8 在 0.2 s 时的公式后，可直接通过公式拖动或复制的方式生成其他内部节点的求解公式；求解过程中，需要对傅里叶数所在的单元格进行锁定，单元格行和列的锁定符号为"$"，避免公式在拖动过程其位置随着拖动发生变化，如图 3-18 中公式输入框所示；边界节点在各个时刻的温度均为边界条件，温度不发生变化。

SUMIF		$\checkmark$ fx	=(1-4*$B$2)*C10+$B$2*(C4+C11+C16+C9)													
	A	B	C	D	E	F	G	H	I	J	K	L	M	N	O	P	Q	R

	A	B	C	D	E	F	G	H	I	J	K	L	M	N	O	P	Q	R
1		F0							时间								
2		0.08	0.0	0.2	0.4	0.6	0.8	1.0	1.2	1.4	1.6	1.8	2.0	2.2	2.4	2.6	2.8	3.0
3		P1	20.0	20.0	20.0	20.0	20.0	20.0	20.0	20.0	20.0	20.0	20.0	20.0	20.0	20.0	20.0	20.0
4		P2	20.0	20.0	20.0	20.0	20.0	20.0	20.0	20.0	20.0	20.0	20.0	20.0	20.0	20.0	20.0	20.0
5		P3	20.0	20.0	20.0	20.0	20.0	20.0	20.0	20.0	20.0	20.0	20.0	20.0	20.0	20.0	20.0	20.0
6		P4	20.0	20.0	20.0	20.0	20.0	20.0	20.0	20.0	20.0	20.0	20.0	20.0	20.0	20.0	20.0	20.0
7		P5	20.0	20.0	20.0	20.0	20.0	20.0	20.0	20.0	20.0	20.0	20.0	20.0	20.0	20.0	20.0	20.0
8		P6	20.0	20.0	20.0	20.0	20.0	20.0	20.0	20.0	20.0	20.0	20.0	20.0	20.0	20.0	20.0	20.0
9		P7	200.0	200.0	200.0	200.0	200.0	200.0	200.0	200.0	200.0	200.0	200.0	200.0	200.0	200.0	200.0	200.0
10		P8	20.0	C9)	45.3	54.1	61.6	68.1	74.1	79.6	84.8	89.8	94.6	99.2	103.6	107.8	111.9	115.8
11		P9	20.0	20.0	21.2	23.6	27.3	32.1	37.8	44.2	51.0	58.2	65.6	73.1	80.4	87.6	94.7	101.4
12		P10	20.0	20.0	25.0	33.0	42.7	53.5	64.9	76.4	87.9	99.1	110.0	120.4	130.4	139.9	148.8	157.2
13		P11	20.0	82.4	129.8	167.0	196.8	221.3	241.8	259.2	274.2	287.2	298.7	308.8	317.9	326.0	333.4	340.0
14		P12	800.0	800.0	800.0	800.0	800.0	800.0	800.0	800.0	800.0	800.0	800.0	800.0	800.0	800.0	800.0	800.0
15		P13	200.0	200.0	200.0	200.0	200.0	200.0	200.0	200.0	200.0	200.0	200.0	200.0	200.0	200.0	200.0	200.0
16	节	P14	20.0	34.4	50.2	65.9	80.9	94.8	107.7	119.6	130.5	140.7	150.1	158.8	166.9	174.4	181.5	188.1
17	点	P15	20.0	20.0	24.9	33.4	44.7	57.7	71.9	86.7	101.6	116.4	130.8	144.7	158.0	170.7	182.6	193.9
18	编	P16	20.0	20.0	28.7	43.4	61.9	82.5	104.1	125.7	146.8	167.1	186.3	204.5	221.4	237.2	251.8	265.4
19	号	P17	20.0	82.4	138.5	187.8	230.6	267.6	299.7	327.5	351.8	373.0	391.7	408.2	422.8	435.8	447.5	457.9
20		P18	800.0	800.0	800.0	800.0	800.0	800.0	800.0	800.0	800.0	800.0	800.0	800.0	800.0	800.0	800.0	800.0
21		P19	200.0	200.0	200.0	200.0	200.0	200.0	200.0	200.0	200.0	200.0	200.0	200.0	200.0	200.0	200.0	200.0
22		P20	20.0	80.8	127.0	162.9	191.4	214.3	233.2	249.0	262.4	273.9	283.9	292.6	300.4	307.4	313.6	319.3
23		P21	20.0	66.4	106.5	141.4	171.9	198.8	222.6	243.7	262.7	279.7	295.1	309.0	321.6	333.1	343.6	353.1
24		P22	20.0	66.4	110.4	150.8	187.4	220.3	249.7	276.0	299.5	320.6	339.4	356.4	371.6	385.3	397.7	408.8
25		P23	20.0	128.8	211.5	275.7	326.6	367.5	400.9	428.6	451.7	471.3	488.0	502.3	514.7	525.6	535.1	543.5
26		P24	800.0	800.0	800.0	800.0	800.0	800.0	800.0	800.0	800.0	800.0	800.0	800.0	800.0	800.0	800.0	800.0
27		P25	600.0	600.0	600.0	600.0	600.0	600.0	600.0	600.0	600.0	600.0	600.0	600.0	600.0	600.0	600.0	600.0
28		P26	600.0	600.0	600.0	600.0	600.0	600.0	600.0	600.0	600.0	600.0	600.0	600.0	600.0	600.0	600.0	600.0
29		P27	600.0	600.0	600.0	600.0	600.0	600.0	600.0	600.0	600.0	600.0	600.0	600.0	600.0	600.0	600.0	600.0
30		P28	600.0	600.0	600.0	600.0	600.0	600.0	600.0	600.0	600.0	600.0	600.0	600.0	600.0	600.0	600.0	600.0
31		P29	600.0	600.0	600.0	600.0	600.0	600.0	600.0	600.0	600.0	600.0	600.0	600.0	600.0	600.0	600.0	600.0
32		P30	600.0	600.0	600.0	600.0	600.0	600.0	600.0	600.0	600.0	600.0	600.0	600.0	600.0	600.0	600.0	600.0

图 3-18　利用 Excel 软件的求解过程

② 选中需要求解的内部节点的单元格，往后拖动公式至 $t = 10$ s 时刻，可得到所有节点在该时刻的温度。将所有点的温度按图 3-17(b) 所示的位置布置好，如图 3-19(a) 所示。选中输入的所有数据，"Worksheet" → "Convert to Matrix" → "Direct" → "OK"，得到的数据矩阵如图 3-19(b) 所示。

	A(X)	B(Y)	C(Y)	D(Y)	F1(Y)	E(Y)
Long Name						
Units						
Comments						
1	600	600	600	600	600	800
2	200	380.4	456.6	521.1	619.1	800
3	200	268.9	331.2	415	559.2	800
4	200	169.5	193	257.5	408.2	800
5	200	20	20	20	20	20

(a)

	1	2	3	4	5	6
1	600	600	600	600	600	800
2	200	380.4	456.6	521.1	619.1	800
3	200	268.9	331.2	415	559.2	800
4	200	169.5	193	257.5	408.2	800
5	200	20	20	20	20	20

(b)

图 3-19　数据矩阵

菜单 "Matrix" → "Set Dimensions…"，在对话框 First X 中输入 0；Last X 中输入 100；First Y 中输入 0；Last Y 中输入 80。"Plot" → "Contour" → "Contour-Color Fill" → "OK"，修改坐标轴信息及格式后可得彩色插页图 3-20 所示的温度等色图。

例 6：一个长度为 100mm 的杆，杆部初始温度为 20℃，杆的两端施加第一类边界条件（一端为 500℃，另一端为 20℃），除两端外周边绝热。不考虑材料参数随温度的变化，热导率 100W/(m·℃)，密度 2000kg/m³，定压比热容 500J/(kg·℃)。将杆均分 10 份，如图 3-21 所示，时间步长 0.1s，要求：①用显式差分格式求解每个截面处在 $t=0.1$、0.2、0.3 和 0.4s 时的温度；②用显式差分格式求解达到稳态时每个截面处温度；③用隐式差分格式求解每个截面处在 $t=0.1$、0.2、0.3 和 0.4s 时的温度。

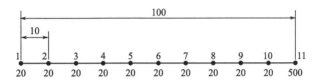

图 3-21　杆的有限差分模型

解：1）一维瞬态热传导偏微分方程可写为

$$\rho c_p \frac{\partial T}{\partial t} = \lambda \frac{\partial^2 T}{\partial x^2} \tag{3-126}$$

对于一维瞬态热传导，根据式（3-81）可知，图 3-21 中节点 i 在 $n+1$ 时刻的温度为

$$T_i^{n+1} = F_0(T_{i+1}^n + T_{i-1}^n) + (1-2F_0)T_i^n \qquad F_0 = \frac{\lambda}{\rho c_p} \times \frac{\Delta t}{\Delta x^2} \tag{3-127}$$

将材料参数、空间步长和时间步长代入傅里叶数的表达式

$$F_0 = \frac{\lambda}{\rho c_p} \times \frac{\Delta t}{\Delta x^2} = \frac{100 \times 0.1}{2000 \times 500 \times 0.01 \times 0.01} = 0.1 < 0.5 \tag{3-128}$$

因此求解过程可保证解的稳定性。

显式差分格式的特点是求解过程简单，可直接求解。由于初始时刻（$n=0$）温度已知，而且节点 1 和 11 为边界节点，求解过程温度已知。根据式（3-127）和图 3-21 可得各节点 $n+1$ 时刻温度与 n 时刻温度的关系。以节点 2 的温度求解过程为例，可表示为以下形式

$$T_2^{0.1} = F_0(T_1^0 + T_3^0) + (1-2F_0)T_2^0$$

$$T_2^{0.2} = F_0(T_1^{0.1} + T_3^{0.1}) + (1-2F_0)T_2^{0.1}$$

$$T_2^{0.3} = F_0(T_1^{0.2} + T_3^{0.2}) + (1-2F_0)T_2^{0.2} \tag{3-129}$$

$$\cdots\cdots$$

$$T_2^{n+1} = F_0(T_1^n + T_3^n) + (1-2F_0)T_2^n$$

利用 Excel 软件进行求解的结果如图 3-22 所示。

图 3-22　利用 Excel 软件的求解过程（显式差分格式）（一）

在 $t=0.1$、0.2、0.3 和 $0.4s$ 时，各截面的温度如图 3-22 中第 3、4、5、6 列中的数值。

2）达到稳态传热时，杆的每个截面处温度将处于恒定状态，温度不随着时间的变化而变化，也就是由节点 11 传入杆多少热量，就有相等的热量从节点 1 处传出。基于 Excel 软件，继续按 0.1s 的时间步长进行计算，并判断相邻两时刻的温度差，当所有节点相邻两时刻的温度差值不超过 0.01℃时，认为杆已达到稳态传热。根据图 3-23 中的计算结果可知，当 $t=53.9s$ 时，杆已达到稳态传热，此时各截面的温度如图 3-23 阴影部分所示。

图 3-23　利用 Excel 软件的求解过程（显式差分格式）（二）

3）对于一维瞬态热传导，根据式（3-86）可知，图 3-21 中节点 i 在 $n+1$ 时刻和 n 时刻温度的关系为

$$T_i^n = -F_0(T_{i+1}^{n+1} + T_{i-1}^{n+1}) + (1+2F_0)T_i^{n+1} \tag{3-130}$$

其中，F_0 是傅里叶数，$F_0 = \dfrac{\lambda}{\rho c_p} \times \dfrac{\Delta t}{\Delta x^2}$。

对于隐式差分格式式（3-130），左端是 n 时刻的温度值，右端是 $n+1$ 时刻的温度值；等式中有三个未知数，需要联立方程解方程组，求解过程无条件稳定。由于节点 1 和 11 为边界节点，求解过程温度已知（$T_1^k=20$，$T_{11}^k=500$），因此每个时刻有 9 个点的温度需要求解。根据式（3-130）和图 3-21 可得各节点 $n+1$ 时刻的温度与 n 时刻的温度的关系。以 $t=0.1\text{s}$ 时为例，可表示为以下形式

$$T_2^0=-F_0(T_1^{0.1}+T_3^{0.1})+(1+2F_0)T_2^{0.1}$$
$$T_3^0=-F_0(T_2^{0.1}+T_4^{0.1})+(1+2F_0)T_3^{0.1}$$
$$T_4^0=-F_0(T_3^{0.1}+T_5^{0.1})+(1+2F_0)T_4^{0.1} \tag{3-131}$$
$$\cdots\cdots$$
$$T_{10}^0=-F_0(T_9^{0.1}+T_{11}^{0.1})+(1+2F_0)T_{10}^{0.1}$$

将边界条件代入式（3-131），整理后可得

$$T_2^{0.1}=[T_2^0+F_0(20+T_3^{0.1})]/(1+2F_0)$$
$$T_3^{0.1}=[T_3^0+F_0(T_2^{0.1}+T_4^{0.1})]/(1+2F_0)$$
$$T_4^{0.1}=[T_4^0+F_0(T_3^{0.1}+T_5^{0.1})]/(1+2F_0) \tag{3-132}$$
$$\cdots\cdots$$
$$T_{10}^{0.1}=[T_{10}^0+F_0(T_9^{0.1}+500)]/(1+2F_0)$$

利用同步迭代法求解方程组（3-132）时，需要先为每个未知数假定一个解，在计算过程中，不妨将各个未知数假定为 0。利用 Excel 软件进行求解的结果如图 3-24 所示。求解时需要注意以下问题：

ROUND			× ✓ fx	=$F$2*(E7+E9)+(1-2*$F$2)*$B8											
	A	B	C	D	E	F	G	H	I	J	K	L	M	N	O	P
1	密度	比热容	空间步长	时间步长	热导率	傅里叶数										
2	2000	500	0.01	0.1	100	0.1										
3						当前时刻的温度										
4	节点号	上时刻	假定解	1次迭代	2次迭代	3次迭代	4次迭代	5次迭代	6次迭代	7次迭代		0	0.1	0.2	0.3	0.4
5	1	20	20	20	20	20	20	20	20	20		20	20.0			
6	2	20	0	18.0	19.6	19.9	20.0	20.0	20.0	20.0		20	20.0			
7	3	20	0	16.0	19.4	19.9	20.0	20.0	20.0	20.0		20	20.0			
8	4	20	0	16.0	19.2	$B8	20.0	20.0	20.0	20.0		20	20.0			
9	5	20	0	16.0	19.2	19.8	20.0	20.0	20.0	20.0		20	20.0			
10	6	20	0	16.0	19.2	19.8	20.0	20.0	20.0	20.0		20	20.0			
11	7	20	0	16.0	19.2	19.8	20.0	20.0	20.0	20.0		20	20.0			
12	8	20	0	16.0	19.2	20.3	20.5	20.5	20.5	20.5		20	20.5			
13	9	20	0	16.0	24.2	24.7	24.9	24.9	24.9	24.9		20	24.9			
14	10	20	0	66.0	67.6	68.4	68.5	68.5	68.5	68.5		20	68.5			
15	11	500	500	500	500	500	500	500	500	500		500	500.0			
16																
17	2			18.00	1.60	0.34	0.05	0.01	0.00	0.00						
18	3			16.00	3.40	0.48	0.10	0.02	0.00	0.00						
19	4			16.00	3.20	0.66	0.11	0.02	0.00	0.00						
20	5			16.00	3.20	0.64	0.13	0.02	0.01	0.00						
21	6	迭代误差		16.00	3.20	0.64	0.13	0.03	0.00	0.00						
22	7			16.00	3.20	0.64	0.18	0.01	0.00	0.00						
23	8			16.00	3.20	1.14	0.11	0.04	0.00	0.00						
24	9			16.00	8.20	0.48	0.20	0.02	0.01	0.00						
25	10			66.00	1.60	0.82	0.05	0.02	0.00	0.00						

图 3-24　利用 Excel 软件的求解过程（隐式差分格式）

① 需要设置一列放置上时刻的温度，如图 3-24 中 B 列中的数据；

② 在迭代求解过程中，每次迭代都要引用 B 列中的数据，需要对该列进行锁定；

③ 求解过程中，需要对傅里叶数所在的单元格进行锁定，单元格行和列的锁定符号为"＄"，避免公式在拖动过程其位置随着拖动发生变化，如图 3-24 公式输入框中所示；

④ 每个时刻的求解均需要设置一组假定解，如图 3-24 中 C 列所示。

迭代求解过程中，需要同时计算当前迭代步的解跟上一迭代步解的差值，当所有节点的差值均小于 0.01 时，认为已达到想要的求解精度。从图 3-24 可以看出，对于 0.1s 时的温度，迭代 7 次可达到要求精度，第 7 次迭代的结果即为各点在 0.1s 时的温度值。将第 7 次迭代的结果复制到 M 列（只粘贴数值），即为 0.1s 时的温度。再将 M 列的数据复制到 B 列，作为 0.1s 时的温度，然后经 7 次迭代后，可得到 0.2s 时的温度，再把 J 列的数据复制到 N 列；……依次进行，可通过隐式差分格式计算得到各时刻的温度。

第4章
温度场计算的有限元法

4.1 有限元法的基本思想

有限元法（finite element method，FEM），又称为有限单元法、有限元素法，是 20 世纪 50 年代初随着计算机的发展而迅速发展起来的一种新的数值计算方法。在数学中，有限元法是一种求解偏微分方程边值问题近似解的数值计算方法。求解时，把整个计算区域分解成一系列子区域，每个子区域的形状均比较简单，每个子区域就称作有限元。最初，有限元法是在飞机结构静、动态特性分析中应用的一种有效的数值分析方法，20 世纪 70 年代以来逐渐被广泛地应用于求解热传导、电磁场、流体力学等连续性问题。与有限差分法相比较，有限元法的准确性和稳定性都比较好，且由于其单元的灵活性，使它更适于求解非线性热传导问题以及具有不规则几何形状与边界，特别是要求同时得到热应力场的各种复杂导热问题。

有限元法是古典变分法与经典有限差分法相结合的产物，它既吸收了古典变分近似解析解法——泛函求极值的基本原理，又采用了有限差分的离散化处理方法，突出了单元的作用及各单元的相互影响，形成了自身的独特风格。古典变分法是要寻求定解问题的级数形式近似解析解，在这种方法中，首先构造一个与定解问题（微分方程及其边值条件）相对应的泛函，然后对此泛函求极值，从而得到满足微分方程和边值条件的近似解析解。这样一来，就把选择泛函并对泛函求极值的运算，等价于一个在数学上对微分方程及其边值条件所组成的定解问题的求解。由于这种方法首先在弹性力学中得到应用，而在弹性力学中是以最小能位原理为平衡条件加以分析的，故将上述泛函求极值的数学概念与最小能位原理的物理概念联系起来，从而称上述变分法为能量法［又称里兹（Ritz）法］。但是，并非所有定解问题均可找到其相对应的泛函，或根本不存在其对应的泛函，于是，人们设法直接从微分方程出发去寻找其近似级数解，从而回避了寻找泛函这一难题，这种解法就是加权余量法，其中 Galerkin 法是较典型的一种。由于这种方法与能量法颇相似，也要选择适当的函数代入微分方程，然后对其加权积分使其为零，故在广义上亦称为变分法。无论采用能量法还是加权余量法，都要选择与微分方程相对应的适当函数代入泛函或微分方程，再对泛函求极值或对微分方程加权积分使其为零，这种函数称为试探函数。对此函数，要求其在全区域内满足定解问题，这一要求是极苛刻的，不能适应许多工程实际中的复杂热传导问题，这就使古典变分法的应用受到了很大的限制。

有限元法是对上述古典变分法的改进，也就是采取与有限差分相类似的方法，将区域离散化，以只在有限小的单元内使试探函数满足定解问题要求并在单元内积分，代替在全区域内满足要求与积分的条件，消除了古典变分法的局限性。从这层意义上来说，有限元法就是有限的单元变分法，通过变分方法，使得误差函数达到最小值并产生稳定解。类比于连接多段微小直线逼近圆的思想，有限元法包含了一切可能的方法，这些方法将许多被称为有限元的小区域的简单方程联系起来，并用其去估计更大区域上的复杂方程。它将求解域看成是由许多称为有限元的相互连接的子域组成，对每一个有限元假定一个合适的（较简单的）近似解，然后推导求解这个域总的满足条件（如结构的平衡条件），从而得到问题的解。因为实际问题被较简单的问题所代替，这个解不是准确解，而是近似解。由于大多数实际问题难以得到准确解，而有限元不仅计算精度高，而且能适应各种复杂形状，因而成为行之有效的工程分析手段。

有限元法具有以下特点：

1）有限元法具有很大的灵活性和适用性，所取单元比较随机，更适合具有复杂形状的物体，如图 4-1 所示。

2）由几种材料组成的物体，可以利用分界面作为单元的界面，从而使问题得到较好处理。

3）根据求解精度和求解速度的需要，可在一部分求解区域配置较密的节点，在另一部分求解域配置较稀疏的节点，可在节点总数不增加的情况下提高计算精度，如图 4-1 （a）、（b）所示。

4）通过有限单元法得到的线性代数方程组，其系数矩阵是对称的稀疏矩阵，特别有利于计算机运算。

5）与有限差分法相比，有限元法更方便处理复杂边界。

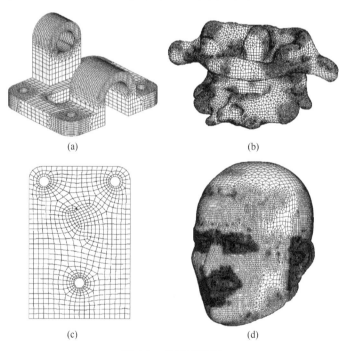

(a)   (b)

(c)   (d)

图 4-1　单元示意图

针对具体零件的淬火工艺建立了传热学模型后，热传导方程、边界条件和初始条件就确定了，传热问题就转化为求解在一定边界条件和初始条件下的偏微分方程问题，这是一个数学问题，可以用有限元法进行求解。用有限元法求解热传导问题的过程如下：

1) 对求解区域进行离散化；
2) 寻求与热传导方程等价的变分方程；
3) 对单元进行变分计算；
4) 总体合成，把变分问题近似地表达成线性代数方程组；
5) 求解线性代数方程组，将所求得的解作为热传导问题的近似解。

4.2 变分原理

变分法是 17 世纪末发展起来的一门数学分支，起源于一些具体的物理学问题，最终由数学家研究解决，如：最速降线问题（在重力作用下一个粒子沿着该路径可以在最短时间从点 B 到达不直接在它底下的一点 A，在所有从 B 到 A 的曲线中找到下降时间极小化的表达式）。

变分法最终寻求的是极值函数，该函数使得泛函取得极大或极小值。对于某些泛函，可以找到一个微分方程（欧拉方程），该微分方程与泛函的变分问题等价（或者可满足泛函有极值）。泛函求极值问题（变分问题）可转化为求与之等价的微分方程；相反，求解微分方程也可以转化为一个与之等价的泛函求极值问题（变分问题）。

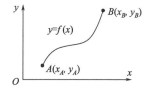

图 4-2 两点之间的连线

如图 4-2 所示，以两点之间的连线及连线的长度为例，简单介绍一下变分原理。A 和 B 之间的连线有无数种情况，所有连线可以表示为

$$y = f(x) \tag{4-1}$$

对于连接 A 和 B 的连线，都有一个长度，这个长度可表示为

$$l(y) = \int_A^B \sqrt{1 + \left(\frac{\mathrm{d}y}{\mathrm{d}x}\right)^2}\, \mathrm{d}x \tag{4-2}$$

式（4-1）表示 y 是关于变量 x 的函数，它可表示一系列曲线。式（4-2）表示 $l(y)$ 是关于变量 y 的函数，它表示 A 和 B 两点之间的曲线的长度。也就是式（4-2）是函数 y 的函数，函数的函数又称为泛函。变分问题是研究泛函极值的问题，也就是求在什么样的函数下泛函取极值。

对于 A 和 B 之间的连线，直线距离最短。直线方程可表示为

$$y = c_1 x + c_2 \tag{4-3}$$

式（4-3）也是微分方程

$$\frac{\mathrm{d}^2 y}{\mathrm{d}x^2} = 0 \tag{4-4}$$

的通解。也就是求解微分方程（4-4）与求解泛函（4-2）在什么样的条件下有极值等价，微分方程式（4-4）的解可使泛函（4-2）有极值；反之，泛函（4-2）有极值的条件就是微分方程（4-4）的解。

4.3 热传导问题的变分

4.3.1 第一类边界条件二维稳态热传导问题的变分

对于具有第一类边界条件的二维稳态热传导，其控制方程和边界条件表示为

$$\begin{cases} \dfrac{\partial^2 T}{\partial x^2} + \dfrac{\partial^2 T}{\partial y^2} = 0 \\ T(x,y)\big|_S = f(x,y) \end{cases} \tag{4-5}$$

根据《微分方程中的变分方法》，式（4-5）等价于式（4-6）（泛函）求极值问题（变分问题）。

$$\begin{cases} J[T(x,y)] = \iint\limits_D \left[\left(\dfrac{\partial T}{\partial x} \right)^2 + \left(\dfrac{\partial T}{\partial y} \right)^2 \right] \mathrm{d}x\,\mathrm{d}y \\ T(x,y)\big|_S = f(x,y) \end{cases} \tag{4-6}$$

4.3.2 第三类边界条件二维稳态热传导问题的变分

对于具有第三类边界条件的二维稳态热传导，其控制方程和边界条件表示为

$$\begin{cases} \dfrac{\partial^2 T}{\partial x^2} + \dfrac{\partial^2 T}{\partial y^2} = 0 \\ -\lambda \dfrac{\partial T}{\partial n}\bigg|_S = h(T - T_f) \end{cases} \tag{4-7}$$

根据《微分方程中的变分方法》，式（4-7）等价于式（4-8）（泛函）求极值问题（变分问题）。

$$J[T(x,y)] = \frac{\lambda}{2}\iint\limits_D \left[\left(\frac{\partial T}{\partial x} \right)^2 + \left(\frac{\partial T}{\partial y} \right)^2 \right] \mathrm{d}x\,\mathrm{d}y + \oint\limits_S h\left(\frac{1}{2}T^2 - T_f T \right) \mathrm{d}s \tag{4-8}$$

式（4-7）和式（4-8）中，h 为界面换热系数；T_f 为冷却介质的温度；λ 为材料热导率。当 $h=0$ 时，为绝热边界条件，当 $h \Rightarrow \infty$ 时，为第一类边界条件。

4.3.3 具有内热源和第三类边界条件的二维稳态热传导问题的变分

对于具有内热源和第三类边界条件的二维稳态热传导，其控制方程和边界条件表示为

$$\begin{cases} \dfrac{\partial^2 T}{\partial x^2} + \dfrac{\partial^2 T}{\partial y^2} + Q_v = 0 \\ -\lambda \dfrac{\partial T}{\partial n}\bigg|_S = h(T - T_f) \end{cases} \tag{4-9}$$

根据《微分方程中的变分方法》，式（4-9）等价于式（4-10）（泛函）求极值问题（变

分问题）。

$$J[T(x,y)] = \iint_D \left[\frac{\lambda}{2}\left(\frac{\partial T}{\partial x}\right)^2 + \frac{\lambda}{2}\left(\frac{\partial T}{\partial y}\right)^2 - Q_v T \right] \mathrm{d}x\,\mathrm{d}y + \oint_S h\left(\frac{1}{2}T^2 - T_f T\right)\mathrm{d}s$$

(4-10)

式（4-9）和式（4-10）中，h 为界面换热系数；T_f 为冷却介质的温度；λ 为材料热导率，Q_v 为内热源。

4.3.4 具有内热源和第三类边界条件的轴对称稳态热传导问题的变分

对于具有内热源和第三类边界条件的轴对称稳态热传导问题，其控制方程和边界条件表示为

$$\begin{cases} \dfrac{\partial^2 T}{\partial z^2} + \dfrac{\partial^2 T}{\partial r^2} + \dfrac{1}{r} \times \dfrac{\partial T}{\partial r} + \dfrac{Q_v}{\lambda} = 0 \\[3mm] -\lambda \left. \dfrac{\partial T}{\partial n}\right|_S = h(T - T_f) \end{cases}$$

(4-11)

根据《微分方程中的变分方法》，式（4-11）等价于式（4-12）（泛函）求极值问题（变分问题）。

$$J[T(z,r)] = \iint_D \left[\frac{\lambda r}{2}\left(\frac{\partial T}{\partial z}\right)^2 + \frac{\lambda r}{2}\left(\frac{\partial T}{\partial r}\right)^2 - r Q_v T \right] \mathrm{d}z\,\mathrm{d}r + \oint_S h\left(\frac{1}{2}T^2 - T_f T\right)r\,\mathrm{d}s$$

(4-12)

式（4-11）和式（4-12）中，z 为轴对称体的轴线方向；r 为轴对称体的径向；h 为界面换热系数；T_f 为冷却介质的温度；λ 为材料热导率；Q_v 为内热源。

4.3.5 第三类边界条件二维瞬态热传导问题的变分

对于具有第三类边界条件的二维瞬态热传导，其控制方程、边界条件和初始条件表示为

$$\begin{cases} \rho C_p \dfrac{\partial T}{\partial t} = \lambda \left(\dfrac{\partial^2 T}{\partial x^2} + \dfrac{\partial^2 T}{\partial y^2} \right) \\[3mm] -\lambda \left. \dfrac{\partial T}{\partial n}\right|_S = h(T - T_f) \\[3mm] T|_{t=0} = f(x,y) \end{cases}$$

(4-13)

根据《微分方程中的变分方法》，式（4-13）等价于式（4-14）（泛函）求极值问题（变分问题）。

$$J[T(x,y,t)] = \iint_D \left[\frac{\lambda}{2}\left(\frac{\partial T}{\partial x}\right)^2 + \frac{\lambda}{2}\left(\frac{\partial T}{\partial y}\right)^2 + \rho c_p \frac{\partial T}{\partial t}T \right] \mathrm{d}x\,\mathrm{d}y + \oint_S h\left(\frac{1}{2}T^2 - T_f T\right)\mathrm{d}s$$

(4-14)

式（4-13）和式（4-14）中，ρ 为材料密度，c_p 为材料定压比热容，λ 为材料热导率，h 为界面换热系数，T_f 为冷却介质的温度。

4.4 求解区域温度场的离散

求解微分方程可以转化为一个与之等价的变分问题。里兹法（古典变分法）就是用变分计算来代替微分方程的求解。里兹法的基本思想是在求解区域构造一种近似的试探函数，这种近似的试探函数可以是简单的函数形式，也可以是复杂的函数形式，这样就使一些不易求解的微分方程得到了近似解。但是，里兹法的缺点是要对整个求解区域构造近似的试探函数进行变分计算。如果求解区域比较规则，边界条件比较简单时，里兹法有较大的优势，但如果求解区域不规则，边界条件比较复杂时，里兹法就无能为力了。

把整个求解区域划分成很多个单元（小区域），如图 4-3 所示。只要单元足够小，无论问题多么复杂，在单元内都会显得很简单，单元内任何一点的值都可以用单元节点的插值函数来近似替代，甚至可以用最简单的线性插值函数来近似替代。

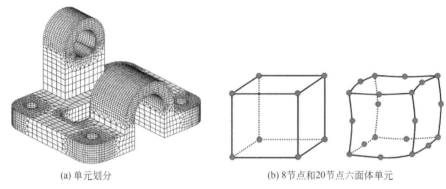

(a) 单元划分   (b) 8节点和20节点六面体单元

图 4-3　求解区域离散示意图

以二维稳态温度场问题为例，将整个求解区域 D 划分成 n 个节点、k 个单元，则区域 D 的温度场 $T(x, y)$ 就离散成 T_1、T_2、T_3、$\cdots$、T_n 等 n 个节点的温度，单元内任何一点的温度都可以用单元节点温度的插值函数来近似替代。插值函数可以是线性的，也可以是其他形式的。如图 4-4 所示，单元可以是三角形单元，也可以是四边形单元，也可以是其他各种更加复杂的单元。

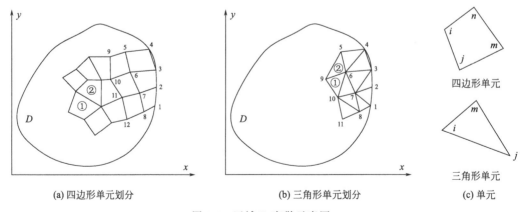

(a) 四边形单元划分   (b) 三角形单元划分   (c) 单元

图 4-4　区域 D 离散示意图

通过单元划分实现求解区域 D 温度场 $T(x,y)$ 的离散，式（4-6）在整个区域 D 的积分就可转变为在各个单元的积分之和

$$J[T(x,y)] = \iint\limits_{D} \left[\left(\frac{\partial T}{\partial x} \right)^2 + \left(\frac{\partial T}{\partial y} \right)^2 \right] \mathrm{d}x\mathrm{d}y = \sum_{e=1}^{k} \iint\limits_{e} \left[\left(\frac{\partial T}{\partial x} \right)^2 + \left(\frac{\partial T}{\partial y} \right)^2 \right] \mathrm{d}x\mathrm{d}y \quad (4\text{-}15)$$

也就是

$$J = \sum_{e=1}^{k} J^e \quad (4\text{-}16)$$

对于每个单元的积分为

$$J^e = \iint\limits_{e} \left[\left(\frac{\partial T}{\partial x} \right)^2 + \left(\frac{\partial T}{\partial y} \right)^2 \right] \mathrm{d}x\,\mathrm{d}y \quad (4\text{-}17)$$

对于图 4-4（b）、（c）所示的三角形单元，用 T_i、T_j 和 T_m 表示单元三个节点的温度，单元内任何一点的温度值可用关于单元三个节点温度 T_i、T_j 和 T_m 的插值函数 $T(T_i,T_j,T_m)$ 计算，也就是单元内任意一点的温度是关于三角形单元三节点温度 T_i、T_j 和 T_m 的函数。把函数 $T(T_i,T_j,T_m)$ 代入式（4-17），并针对相应的单元进行积分，可得单元的泛函

$$J^e = f(T_i,T_j,T_m) \quad (4\text{-}18)$$

泛函（4-18）有极值的条件就是关于三角形单元区域内热传导微分方程的解。要得到泛函（4-18）有极值的条件，需要将泛函（4-18）分别针对三个节点温度求偏导。

$$\frac{\partial J^e}{\partial T_i} = 0 \qquad (i=i,j,m) \quad (4\text{-}19)$$

区域 D 内的所有三角形单元都按式（4-18）和式（4-19）进行处理，并将所有单元的式（4-19）组合在一起，得到的方程式是关于 n 个节点温度的多元线性函数。

$$\frac{\partial J}{\partial T_i} = f(T_1,T_2,T_3,\cdots,T_n) = 0 \qquad (i=1,2,3,\cdots,n) \quad (4\text{-}20)$$

式（4-20）是关于 n 个节点温度 T_1、T_2、T_3、$\cdots$、T_n 的 n 个代数方程。方程的个数与未知数的个数相等，求解由 n 个代数方程组成的方程组，就可得到 n 个节点温度 T_1、T_2、T_3、$\cdots$、T_n。整个求解区域 D 内各单元内任何一点的温度值就可用该单元节点温度值的插值函数 $T(T_i,T_j,T_m)$ 来近似替代，也就可得到整个求解区域 D 内任意一点温度的近似值。

4.5 有限元法的单元分析

4.5.1 单元类型

如果按照维度对单元进行划分，可以把它们归类为一维单元、二维单元和三维单元。一维单元包括杆单元等，其形式为一条直线或一条曲线，或者具有确定形状的线性单元，如图 4-5（a）所示。二维单元包括平面单元、轴对称单元等，其形式为一个平面

或者具有回转半径的平面，通常所说的三角形单元或四边形单元就是二维单元，如图 4-5（b）、（c）和（d）所示，其特点是具有平面上两个方向的尺寸，在网格划分时用于平面模型或轴对称模型的离散。三维单元为实体单元，形式为四面体、五面体或六面体，如图 4-5（e）和（f）所示，其特点是具有空间三个方向的尺寸，在网格划分时用于实体模型的离散。

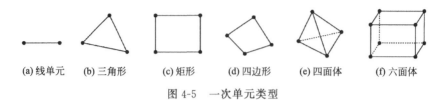

| (a) 线单元 | (b) 三角形 | (c) 矩形 | (d) 四边形 | (e) 四面体 | (f) 六面体 |

图 4-5   一次单元类型

如果按照插值函数多项式最高阶数进行划分，可以把它们分为线性单元、二次单元、三次单元和更高次单元。线性单元插值函数是线性形式，只有角节点没有边节点，网格边界为直线或者平面，单元内温度为线性变化。二次单元插值函数是二次多项式，有角节点和边界点，网格边界为二次曲线或曲面，单元内温度为二次变化，如图 4-6 所示。因为节点数量较多，离散精度比线性单元高很多，所以计算精度大大提高，相对来说计算时间也较长。另外，还有三次单元以及更高次单元。二次单元、三次单元以及更高次单元均为高阶单元，阶次越高计算精度越高，模型规模也越大，计算耗时也越长。

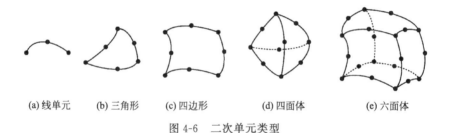

| (a) 线单元 | (b) 三角形 | (c) 四边形 | (d) 四面体 | (e) 六面体 |

图 4-6   二次单元类型

在对计算对象进行单元划分时，不同的单元有不同的划分规则，下面以一次三角形单元为例，说明一下单元的划分规则：

1）单元形状和大小可以不一样，但是同一个单元最长边不大于最短边长度的三倍；

2）单元越小，区域划分越细，单元数越多，计算精度越高；

3）各单元只能以顶点相交；

4）可以用单元的边代替计算对象边界上的曲线；

5）每个节点都有单独的整体编号，整体编号从 1 开始依次编写；另外，同一单元内的节点还需要内部编号，内部编号以 $i，j，m$ 按逆时针方向进行编号；

6）整体编号时，要使同一个单元内各个节点的整体编号之差尽可能小（控制整体刚度矩阵的半带宽）。

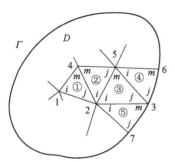

图 4-7   三角形单元划分示意图

如图 4-7 所示，将具有边界 Γ 的求解区域 D 划分成三角形单元。图 4-7 中每一个三角形称为一个单元，有它自己的顺序编号，如：①、②、③等，称为单元号。各三角形的顶点称为节点，每个节点都有对应的数字序号，如：1、2、3、4、5、…、n，称为节点号。对各个单元自身来说，三个顶点都用 i，j，m 按逆时针方向进行编号。图4-7中的单元①、②、③等称为内部单元，单元④、⑤等称为边界单元。

4.5.2　单元温度的离散

4.5.2.1　三角形单元

以二维温度场问题为例，先取求解区域 D 内任意一个三角形单元进行分析。单元的三个顶点坐标分别为 (x_i, y_i)、(x_j, y_j) 和 (x_m, y_m)，节点 i 所对应边的长度为 S_i，节点 j 所对应边的长度为 S_j，节点 m 所对应边的长度为 S_m，三角形单元的面积为 $\triangle$，如图4-8所示。对于求解区域 D 内的任意单元，只要针对求解区域 D 建立了坐标系，单元的三个顶点坐标、边长和面积就是已知的信息。

假设三角形单元中任意一点的温度 T 都可以用三个节点温度 T_i、T_j 和 T_m 的函数来表示，这样就可把三角形单元的温度离散到三个节点上，$T = T(T_i, T_j, T_m)$。只要把单元节点上的温度 T_i、T_j 和 T_m 求出来，三角形单元中任意一点的温度就可以计算出来。有限元法就是要设法构建函数 $T = T(T_i, T_j, T_m)$。对于三角形单元，只要单元划分得足够小，则在一个单元内

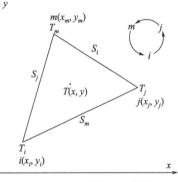

图4-8　三角形单元示意图

各点的温度可近似地看作与点坐标 (x, y) 相关的线性函数。

$$T(x, y) = p_1 + p_2 x + p_3 y \tag{4-21}$$

式中 p_1，p_2，p_3 是待定系数，可由三角形单元节点的温度值来确定。

由于函数式（4-21）可以表示三角形单元内部任意一点的温度，它必然也可以表示三个节点的温度。为此，把三个节点的坐标和温度值代入函数式（4-21）可得

$$\begin{cases} T_i = p_1 + p_2 x_i + p_3 y_i \\ T_j = p_1 + p_2 x_j + p_3 y_j \\ T_m = p_1 + p_2 x_m + p_3 y_m \end{cases} \tag{4-22}$$

将式（4-22）改为矩阵形式

$$\begin{pmatrix} 1 & x_i & y_i \\ 1 & x_j & y_j \\ 1 & x_m & y_m \end{pmatrix} \begin{pmatrix} p_1 \\ p_2 \\ p_3 \end{pmatrix} = \begin{pmatrix} T_i \\ T_j \\ T_m \end{pmatrix} \tag{4-23}$$

通过矩阵求逆，可得待定系数为

$$\begin{pmatrix} p_1 \\ p_2 \\ p_3 \end{pmatrix} = \begin{pmatrix} 1 & x_i & y_i \\ 1 & x_j & y_j \\ 1 & x_m & y_m \end{pmatrix}^{-1} \times \begin{pmatrix} T_i \\ T_j \\ T_m \end{pmatrix} \tag{4-24}$$

由式（4-24）可得

$$\begin{cases} p_1 = \dfrac{1}{2\Delta}(a_i T_i + a_j T_j + a_m T_m) \\[2mm] p_2 = \dfrac{1}{2\Delta}(b_i T_i + b_j T_j + b_m T_m) \\[2mm] p_3 = \dfrac{1}{2\Delta}(c_i T_i + c_j T_j + c_m T_m) \end{cases} \tag{4-25}$$

其中

$$\begin{aligned} a_i &= x_j y_m - x_m y_j, & b_i &= y_j - y_m, & c_i &= x_m - x_j \\ a_j &= x_m y_i - x_i y_m, & b_j &= y_m - y_i, & c_j &= x_i - x_m \\ a_m &= x_i y_j - x_j y_i, & b_m &= y_i - y_j, & c_m &= x_j - x_i \end{aligned} \tag{4-26}$$

式（4-25）中，Δ 为三角形单元的面积

$$2\Delta = \begin{vmatrix} 1 & x_i & y_i \\ 1 & x_j & y_j \\ 1 & x_m & y_m \end{vmatrix} \tag{4-27}$$

将式（4-25）代入式（4-21），整理后可得

$$T(x, y) = p_1 + p_2 x + p_3 y$$
$$= \frac{1}{2\Delta}[(a_i + b_i x + c_i y)T_i + (a_j + b_j x + c_j y)T_j + (a_m + b_m x + c_m y)T_m] \tag{4-28}$$

式（4-28）就是以三个节点温度表示的三角形单元内部任意点的温度插值函数，可简写为

$$T = N_i T_i + N_j T_j + N_m T_m$$
$$= (N_i \quad N_j \quad N_m) \begin{pmatrix} T_i \\ T_j \\ T_m \end{pmatrix}$$
$$= \boldsymbol{NT} \tag{4-29}$$

其中

$$N_k = \frac{1}{2\Delta}(a_k + b_k x + c_k y) \qquad (k = i, j, m) \tag{4-30}$$

由式（4-28）可知，矩阵 $\boldsymbol{N}$ 的元素是三角形单元内点坐标（x，y）的函数，此函数仅与单元的形状，即三角形单元三个顶点坐标的相对位置有关，称为形函数。单元的形函数具有以下基本性质

$$N_i(x_j, y_j) = \delta_{ij} = \begin{cases} 1 & i = j \\ 0 & i \neq j \end{cases} \tag{4-31}$$

经此变化后，函数 T 就可用单元三个节点温度 T_i、T_j 和 T_m 表达，将求单元内函数 T 的解，离散成求单元三个节点的温度，完成了单元温度场的离散化。

4.5.2.2 矩形单元

矩形单元的两边分别平行于 x 轴和 y 轴，边长分别为 $2a$ 和 $2b$，如图 4-9（a）所示。为了使分析过程简洁明了，引入一个正则坐标（自然坐标，natural coordinate）。

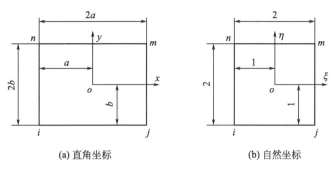

(a) 直角坐标   (b) 自然坐标

图 4-9　矩形单元

$$\xi = \frac{x}{a} \qquad \eta = \frac{y}{b} \tag{4-32}$$

在正则坐标系下，原矩形单元映射成边长为 2 的正方形单元，如图 4-9（b）所示。

对于温度场，矩形单元有 4 个温度自由度，可构建以下插值函数

$$T(x,y) = a_1 + a_2 x + a_3 y + a_4 xy \tag{4-33a}$$

或

$$T(\xi,\eta) = a_1 + a_2 \xi + a_3 \eta + a_4 \xi\eta \tag{4-33b}$$

与三角形单元类似，将节点温度和节点坐标代入式（4-33b），可计算得到式（4-33b）中的待定系数 a_1、a_2、a_3 和 a_4；再将待定系数代入式（4-33b）后，可得以下形式

$$T = N_i T_i + N_j T_j + N_m T_m + N_n T_n \tag{4-34}$$

其中

$$\begin{aligned}
N_i &= (1-\xi)(1-\eta)/4 \\
N_j &= (1+\xi)(1-\eta)/4 \\
N_m &= (1+\xi)(1+\eta)/4 \\
N_n &= (1-\xi)(1+\eta)/4
\end{aligned} \tag{4-35}$$

式（4-35）中的形函数符合式（4-31）所描述的形函数基本性质。

经此变化后，函数 T 就可用矩形单元四个节点温度 T_i、T_j、T_m 和 T_n 表达，将求单元内函数 T 的解，离散成求矩形单元四个节点的温度，完成了单元温度场的离散化。

4.5.2.3　平面等参数单元

采用线性插值函数的三角形单元对平面问题或轴对称问题进行有限元分析，其优点是能近似描述计算对象的复杂边界形状，划分单元时可以灵活控制网格粗细变化；缺点是由于温度、位移等采用线性插值函数，计算精度比较低。对于矩形单元，由于采用了双线性插值函数，可提高温度、位移、应力和应变等物理场量的计算精度，但是矩形单元很难适用于曲线边界或非正交的直线边界，在划分单元时，也很难改变单元的大小（不便于在不同部位采用大小不同的单元）。

为此，希望找到一种单元，一方面它具有较高次的插值函数，能更好地反映复杂物理场量的分布状态；另一方面，单元网格划分得比较疏时也可以得到比较好的计算精度；再一方面，它能很好地适应曲线边界或非正交的直线边界。平面四边形等参单元（简称等参单元）就具备了上述优点，因而得到了广泛应用。

通过总体坐标（x，y）与局部坐标（ξ，η）之间的变换（或称为几何映射），使总体坐标下的斜四边形单元变换为在局部坐标下边长为2、坐标点原点位于单元中心的正方形单元，如图4-10所示。在直角坐标系 xoy 中，任取一任意四边形单元 $i-j-m-n$，四边形的四个角点取为节点，各节点的坐标值为 $(x_i，y_i)i=i，j，m，n$。对于这种任意四边形单元，可令其实际形状所构成的单元为子单元，把子单元的各边中点连线作为局部坐标系 $\xi o\eta$ 的坐标轴，且令单元各节点的局部坐标分别为

$$\begin{aligned}
\xi_i &= -1 & \eta_i &= -1 \\
\xi_j &= 1 & \eta_j &= -1 \\
\xi_m &= 1 & \eta_m &= 1 \\
\xi_n &= -1 & \eta_n &= 1
\end{aligned} \qquad (4\text{-}36)$$

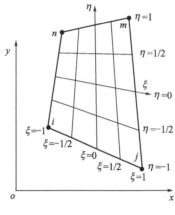
(a) 斜四边形单元

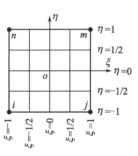
(b) 正方形单元

图 4-10　斜四边形单元与正方形单元之间的坐标变换

这样可把子单元影射至局部坐标系，并成为正方形单元，称此正方形单元为母单元。整体坐标系适用于所有单元，即适用于整个求解区域，而局部坐标系只适用于每一个单元。在子单元上再做各对边的等分线，这些等分线影射到母单元上，也必然是母单元各对应边上的等分线。这样，母单元与子单元之间的相应点存在着一一对应的关系。

由于在局部坐标（ξ，η）下的单元为一个正方形单元，根据矩形单元的结论，可得

$$T(\xi，\eta) = \sum N_i(\xi，\eta)T_i \qquad (i=i，j，m，n) \qquad (4\text{-}37)$$

其中

$$N_i(\xi，\eta) = \frac{(1+\xi_i\xi)(1+\eta_i\eta)}{4} \qquad (i=i，j，m，n) \qquad (4\text{-}38a)$$

或

$$N_i(\xi，\eta) = \frac{(1-\xi)(1-\eta)}{4}$$

$$N_j(\xi，\eta) = \frac{(1+\xi)(1-\eta)}{4}$$

$$N_m(\xi，\eta) = \frac{(1+\xi)(1+\eta)}{4} \qquad (4\text{-}38b)$$

$$N_n(\xi，\eta) = \frac{(1-\xi)(1+\eta)}{4}$$

而且以下等式也成立

$$\xi = \sum N_i(\xi, \eta) \xi_i$$

$$\eta = \sum N_i(\xi, \eta) \eta_i \qquad (i = i, j, m, n) \qquad (4\text{-}39)$$

$$\sum N_i(\xi, \eta) = 1$$

$$x = \sum N_i(\xi, \eta) x_i$$

$$y = \sum N_i(\xi, \eta) y_i \qquad (i = i, j, m, n) \qquad (4\text{-}40)$$

经此变化后，函数 T 就可用等参元四个节点温度 T_i、T_j、T_m 和 T_n 表达，将求等参元内函数 T 的解，离散成求等参元四个节点的温度，完成了单元温度场的离散化。

4.5.3 三角形单元的变分计算

4.5.3.1 内部单元

对于内部单元，以下泛函有极值的条件是单元内热传导微分方程的解

$$J^e = \iint\limits_e \frac{\lambda}{2} \left[\left(\frac{\partial T}{\partial x} \right)^2 + \left(\frac{\partial T}{\partial y} \right)^2 \right] \mathrm{d}x\,\mathrm{d}y \qquad (4\text{-}41)$$

泛函（4-41）有极值的条件为

$$\frac{\partial J^e}{\partial T_i} = 0 \qquad (i = i, j, m) \qquad (4\text{-}42)$$

将式（4-41）代入式（4-42），整理后可得

$$\frac{\partial J^e}{\partial T_i} = \iint\limits_e \left[\frac{\lambda}{2} \times 2 \left(\frac{\partial T}{\partial x} \right) \frac{\partial}{\partial T_i} \left(\frac{\partial T}{\partial x} \right) + \frac{\lambda}{2} \times 2 \left(\frac{\partial T}{\partial y} \right) \frac{\partial}{\partial T_i} \left(\frac{\partial T}{\partial y} \right) \right] \mathrm{d}x\,\mathrm{d}y$$

$$= \iint\limits_e \left[\lambda \left(\frac{\partial T}{\partial x} \right) \frac{\partial}{\partial T_i} \left(\frac{\partial T}{\partial x} \right) + \lambda \left(\frac{\partial T}{\partial y} \right) \frac{\partial}{\partial T_i} \left(\frac{\partial T}{\partial y} \right) \right] \mathrm{d}x\,\mathrm{d}y = 0 \qquad (4\text{-}43)$$

$$\frac{\partial J^e}{\partial T_j} = \iint\limits_e \left[\lambda \left(\frac{\partial T}{\partial x} \right) \frac{\partial}{\partial T_j} \left(\frac{\partial T}{\partial x} \right) + \lambda \left(\frac{\partial T}{\partial y} \right) \frac{\partial}{\partial T_j} \left(\frac{\partial T}{\partial y} \right) \right] \mathrm{d}x\,\mathrm{d}y = 0 \qquad (4\text{-}44)$$

$$\frac{\partial J^e}{\partial T_m} = \iint\limits_e \left[\lambda \left(\frac{\partial T}{\partial x} \right) \frac{\partial}{\partial T_m} \left(\frac{\partial T}{\partial x} \right) + \lambda \left(\frac{\partial T}{\partial y} \right) \frac{\partial}{\partial T_m} \left(\frac{\partial T}{\partial y} \right) \right] \mathrm{d}x\,\mathrm{d}y = 0 \qquad (4\text{-}45)$$

根据单元温度的插值函数式（4-28），分别可得

$$\frac{\partial T}{\partial x} = \frac{1}{2\Delta} (b_i T_i + b_j T_j + b_m T_m)$$

$$\frac{\partial T}{\partial y} = \frac{1}{2\Delta} (c_i T_i + c_j T_j + c_m T_m)$$

$$\frac{\partial}{\partial T_i} \left(\frac{\partial T}{\partial x} \right) = \frac{1}{2\Delta} b_i \qquad (4\text{-}46)$$

$$\frac{\partial}{\partial T_i} \left(\frac{\partial T}{\partial y} \right) = \frac{1}{2\Delta} c_i$$

把式（4-46）代入式（4-43），整理后可得

$$\frac{\partial J^e}{\partial T_i} = \iint_e \frac{\lambda}{4\Delta^2} [(b_i b_i T_i + b_i b_j T_j + b_i b_m T_m)] + \frac{\lambda}{4\Delta^2} [(c_i c_i T_i + c_i c_j T_j + c_i c_m T_m) \mathrm{d}x \mathrm{d}y$$

$$= \iint_e \frac{\lambda}{4\Delta^2} [(b_i^2 + c_i^2)T_i + (b_i b_j + c_i c_j)T_j + (b_i b_m + c_i c_m)T_m] \mathrm{d}x \mathrm{d}y$$

$$= \frac{\lambda}{4\Delta^2} [(b_i^2 + c_i^2)T_i + (b_i b_j + c_i c_j)T_j + (b_i b_m + c_i c_m)T_m] \iint_e \mathrm{d}x \mathrm{d}y$$

$$= \frac{\lambda}{4\Delta} [(b_i^2 + c_i^2)T_i + (b_i b_j + c_i c_j)T_j + (b_i b_m + c_i c_m)T_m]$$

$$= 0 \tag{4-47}$$

同理，根据式（4-44）和式（4-45）可得

$$\frac{\partial J^e}{\partial T_j} = \frac{\lambda}{4\Delta} [(b_i b_j + c_i c_j)T_i + (b_j^2 + c_j^2)T_j + (b_j b_m + c_j c_m)T_m] = 0 \tag{4-48}$$

$$\frac{\partial J^e}{\partial T_m} = \frac{\lambda}{4\Delta} [(b_i b_m + c_i c_m)T_i + (b_j b_m + c_j c_m)T_j + (b_m^2 + c_m^2)T_m] = 0 \tag{4-49}$$

将式（4-47）、式（4-48）和式（4-49）写为矩阵的形式

$$\begin{pmatrix} \dfrac{\partial J^e}{\partial T_i} \\ \dfrac{\partial J^e}{\partial T_j} \\ \dfrac{\partial J^e}{\partial T_m} \end{pmatrix} = \frac{\lambda}{4\Delta} \begin{pmatrix} b_i^2 + c_i^2 & b_i b_j + c_i c_j & b_i b_m + c_i c_m \\ b_i b_j + c_i c_j & b_j^2 + c_j^2 & b_j b_m + c_j c_m \\ b_i b_m + c_i c_m & b_j b_m + c_j c_m & b_m^2 + c_m^2 \end{pmatrix} \begin{pmatrix} T_i \\ T_j \\ T_m \end{pmatrix}$$

$$= \begin{pmatrix} k_{ii} & k_{ij} & k_{im} \\ k_{ji} & k_{jj} & k_{jm} \\ k_{mi} & k_{mj} & k_{mm} \end{pmatrix} \begin{pmatrix} T_i \\ T_j \\ T_m \end{pmatrix}$$

$$= \boldsymbol{K}^e \boldsymbol{T}^e = 0 \tag{4-50a}$$

其中，$\boldsymbol{K}^e$ 为三角形单元的温度刚度矩阵，各元素的表达式如下

$$k_{ii} = \frac{\lambda}{4\Delta}(b_i^2 + c_i^2) \qquad k_{jj} = \frac{\lambda}{4\Delta}(b_j^2 + c_j^2) \qquad k_{mm} = \frac{\lambda}{4\Delta}(b_m^2 + c_m^2)$$

$$k_{ij} = k_{ji} = \frac{\lambda}{4\Delta}(b_i b_j + c_i c_j) \qquad k_{im} = k_{mi} = \frac{\lambda}{4\Delta}(b_i b_m + c_i c_m) \tag{4-50b}$$

$$k_{jm} = k_{mj} = \frac{\lambda}{4\Delta}(b_j b_m + c_j c_m)$$

4.5.3.2 具有内热源和第三类边界条件的二维稳态问题边界单元

对于具有内热源和第三类边界条件的二维稳态热传导问题，根据式（4-10）可得其边界单元的泛函为

$$J[T(x, y)] = \iint_e \left\{ \left[\frac{\lambda}{2}\left(\frac{\partial T}{\partial x}\right)^2 + \frac{\lambda}{2}\left(\frac{\partial T}{\partial y}\right)^2 \right] - Q_v T \right\} \mathrm{d}x \mathrm{d}y + \int_{jm} h\left(\frac{1}{2}T^2 - T_f T\right) \mathrm{d}s$$

$$= \iint_e \left[\frac{\lambda}{2}\left(\frac{\partial T}{\partial x}\right)^2 + \frac{\lambda}{2}\left(\frac{\partial T}{\partial y}\right)^2 \right] \mathrm{d}x \mathrm{d}y - \iint_e Q_v T \mathrm{d}x \mathrm{d}y + \int_{jm} h\left(\frac{1}{2}T^2 - T_f T\right) \mathrm{d}s$$

$$\tag{4-51}$$

式（4-51）由三部分组成，其中第 1 部分与内部单元的格式相同，计算过程也相同，接下来重点介绍第 2 和第 3 部分的推导过程。

式（4-51）的第 3 部分是关于第三类边界条件的边界积分项，在推导之前首先要针对三角形单元位于区域边界的边线建立温度的插值函数。假设三角形单元的 jm 边位于区域的边界，jm 边上不同位置的温度可表示为

$$T = (1-g)T_j + gT_m \qquad (0 \leqslant g \leqslant 1) \tag{4-52}$$

jm 边上不同点的位置可表示为

$$s = S_i g \qquad (0 \leqslant g \leqslant 1) \tag{4-53}$$

式中，S_i 为三角形单元 jm 边的边长，可表示为

$$S_i = \sqrt{(x_j - x_m)^2 + (y_j - y_m)^2} \tag{4-54}$$

泛函式（4-51）有极值的条件为

$$\frac{\partial J^e}{\partial T_i} = 0 \qquad (i = i, j, m) \tag{4-55}$$

将式（4-51）代入式（4-55）（注意：式（4-51）第 1 部分和第 2 部分中的函数 T 与第 3 部分中的函数 T 不是同一个），整理后可得

$$\begin{cases}
\dfrac{\partial J^e}{\partial T_i} = \iint\limits_e \left[\lambda \dfrac{\partial T}{\partial x} \dfrac{\partial}{\partial T_i}\left(\dfrac{\partial T}{\partial x}\right) + \lambda \dfrac{\partial T}{\partial y} \dfrac{\partial}{\partial T_i}\left(\dfrac{\partial T}{\partial y}\right) \right] \mathrm{d}x\,\mathrm{d}y \\[2mm]
\qquad\qquad - \iint\limits_e Q_v \dfrac{\partial T}{\partial T_i} \mathrm{d}x\,\mathrm{d}y + \int_0^1 h(T - T_a) \dfrac{\partial T}{\partial T_i} S_i \,\mathrm{d}g = 0 \\[3mm]
\dfrac{\partial J^e}{\partial T_j} = \iint\limits_e \left[\lambda \dfrac{\partial T}{\partial x} \dfrac{\partial}{\partial T_j}\left(\dfrac{\partial T}{\partial x}\right) + \lambda \dfrac{\partial T}{\partial y} \dfrac{\partial}{\partial T_j}\left(\dfrac{\partial T}{\partial y}\right) \right] \mathrm{d}x\,\mathrm{d}y \\[2mm]
\qquad\qquad - \iint\limits_e Q_v \dfrac{\partial T}{\partial T_j} \mathrm{d}x\,\mathrm{d}y + \int_0^1 h(T - T_a) \dfrac{\partial T}{\partial T_j} S_i \,\mathrm{d}g = 0 \\[3mm]
\dfrac{\partial J^e}{\partial T_m} = \iint\limits_e \left[\lambda \dfrac{\partial T}{\partial x} \dfrac{\partial}{\partial T_m}\left(\dfrac{\partial T}{\partial x}\right) + \lambda \dfrac{\partial T}{\partial y} \dfrac{\partial}{\partial T_m}\left(\dfrac{\partial T}{\partial y}\right) \right] \mathrm{d}x\,\mathrm{d}y \\[2mm]
\qquad\qquad - \iint\limits_e Q_v \dfrac{\partial T}{\partial T_m} \mathrm{d}x\,\mathrm{d}y + \int_0^1 h(T - T_a) \dfrac{\partial T}{\partial T_m} S_i \,\mathrm{d}g = 0
\end{cases} \tag{4-56}$$

对于式（4-56）方程组中各式的第 2 部分，根据单元温度的插值函数（4-28）可得

$$\frac{\partial T}{\partial T_i} = \frac{1}{2\Delta}(a_i + b_i x + c_i y) = N_i$$

$$\frac{\partial T}{\partial T_j} = \frac{1}{2\Delta}(a_j + b_j x + c_j y) = N_j \tag{4-57}$$

$$\frac{\partial T}{\partial T_m} = \frac{1}{2\Delta}(a_m + b_m x + c_m y) = N_m$$

对于三角形单元形函数的积分有以下结论

$$\iint\limits_\Delta N_i^a N_j^b N_m^c \,\mathrm{d}x\,\mathrm{d}y = \frac{a!\,b!\,c!}{(a+b+c+2)!} \times 2\Delta \tag{4-58}$$

将式（4-57）和式（4-58）代入方程组（4-56）的第 2 部分

$$\iint_e QN_i \, dx \, dy = \frac{Q_v \Delta}{3}$$

$$\iint_e QN_j \, dx \, dy = \frac{Q_v \Delta}{3} \tag{4-59}$$

$$\iint_e QN_m \, dx \, dy = \frac{Q_v \Delta}{3}$$

对于式（4-56）方程组中各式的第 3 部分，根据三角形单元边线上各点温度的插值函数（4-52）可得

$$\frac{\partial T}{\partial T_i} = 0$$

$$\frac{\partial T}{\partial T_j} = 1 - g \tag{4-60}$$

$$\frac{\partial T}{\partial T_m} = g$$

将式（4-52）和式（4-60）代入式（4-56）方程组各式的第 3 部分，整理后可得

$$\int_0^1 h(T - T_a) \frac{\partial T}{\partial T_i} S_i \, dg = 0 \tag{4-61}$$

$$\int_0^1 h(T - T_a) \frac{\partial T}{\partial T_j} S_i \, dg$$

$$= \int_0^1 h[(1 - g)T_j + gT_m - T_a](1 - g)S_i \, dg$$

$$= hS_i \int_0^1 [(1 + g^2 - 2g)T_j + (g - g^2)T_m - (1 - g)T_a] \, dg$$

$$= hS_i \left[\left(g + \frac{1}{3}g^3 - g^2 \right) T_j + \left(\frac{1}{2}g^2 - \frac{1}{3}g^3 \right) T_m - \left(g - \frac{1}{2}g^2 \right) T_a \right] \Big|_0^1$$

$$= \frac{hS_i}{3} T_j + \frac{hS_i}{6} T_m - \frac{hS_i}{2} T_a \tag{4-62}$$

$$\int_0^1 h(T - T_a) \frac{\partial T}{\partial T_m} S_i \, dg$$

$$= hS_i \left[\left(\frac{1}{2}g^2 - \frac{1}{3}g^3 \right) T_j + \frac{1}{3}g^3 T_m - \frac{1}{2}g^2 T_a \right] \Big|_0^1$$

$$= \frac{hS_i}{6} T_j + \frac{hS_i}{3} T_m - \frac{hS_i}{2} T_a \tag{4-63}$$

把式（4-47）～式（4-49）、式（4-59）、式（4-61）～式（4-63）代入式（4-56），整理后可得

$$\begin{pmatrix} \dfrac{\partial J^e}{\partial T_i} \\[2mm] \dfrac{\partial J^e}{\partial T_j} \\[2mm] \dfrac{\partial J^e}{\partial T_m} \end{pmatrix} = \begin{pmatrix} k_{ii} & k_{ij} & k_{im} \\ k_{ji} & k_{jj} & k_{jm} \\ k_{mi} & k_{mj} & k_{mm} \end{pmatrix} \begin{pmatrix} T_i \\ T_j \\ T_m \end{pmatrix} - \begin{pmatrix} P_i \\ P_j \\ P_m \end{pmatrix} \tag{4-64}$$

$$=\boldsymbol{K}^e\boldsymbol{T}^e-\boldsymbol{P}^e=0$$

其中

$$\boldsymbol{K}^e=\begin{bmatrix} \dfrac{\lambda}{4\Delta}(b_i^2+c_i^2) & \dfrac{\lambda}{4\Delta}(b_ib_j+c_ic_j) & \dfrac{\lambda}{4\Delta}(b_ib_m+c_ic_m) \\[3mm] \dfrac{\lambda}{4\Delta}(b_ib_j+c_ic_j) & \dfrac{\lambda}{4\Delta}(b_j^2+c_j^2)+\dfrac{hS_i}{3} & \dfrac{\lambda}{4\Delta}(b_jb_m+c_jc_m)+\dfrac{hS_i}{6} \\[3mm] \dfrac{\lambda}{4\Delta}(b_ib_m+c_ic_m) & \dfrac{\lambda}{4\Delta}(b_jb_m+c_jc_m)+\dfrac{hS_i}{6} & \dfrac{\lambda}{4\Delta}(b_m^2+c_m^2)+\dfrac{hS_i}{3} \end{bmatrix} \tag{4-65}$$

$$\boldsymbol{P}^e=\left\{\begin{array}{c} \dfrac{Q_v\Delta}{3} \\[3mm] \dfrac{hS_iT_a}{2}+\dfrac{Q_v\Delta}{3} \\[3mm] \dfrac{hS_iT_a}{2}+\dfrac{Q_v\Delta}{3} \end{array}\right\} \tag{4-66}$$

4.5.3.3　具有内热源和第二类边界条件的二维稳态问题边界单元

对于具有内热源和第二类边界条件的二维稳态热传导问题，其边界单元的泛函为

$$\begin{aligned} J[T(x,y)]&=\iint\limits_{e}\left\{\left[\frac{\lambda}{2}\left(\frac{\partial T}{\partial x}\right)^2+\frac{\lambda}{2}\left(\frac{\partial T}{\partial y}\right)^2\right]-Q_vT\right\}\mathrm{d}x\mathrm{d}y+\int_{jm}qT\mathrm{d}s \\ &=\iint\limits_{e}\left[\frac{\lambda}{2}\left(\frac{\partial T}{\partial x}\right)^2+\frac{\lambda}{2}\left(\frac{\partial T}{\partial y}\right)^2\right]\mathrm{d}x\mathrm{d}y-\iint\limits_{e}Q_vT\mathrm{d}x\mathrm{d}y+\int_{jm}qT\mathrm{d}s \end{aligned}$$
$$\tag{4-67}$$

式（4-67）由三部分组成，其中第 1 部分和第 2 部分与前面的计算过程相同，接下来重点介绍第 3 部分的推导过程。

将式（4-52）代入方程组（4-67）各式的第 3 部分，并分别对单元三个节点的温度求偏导，整理后可得

$$\int_0^1 q\,\frac{\partial T}{\partial T_i}S_i\mathrm{d}g=0$$

$$\int_0^1 q\,\frac{\partial T}{\partial T_j}S_i\mathrm{d}g=qS_i\int_0^1(1-g)\mathrm{d}g=\frac{qS_i}{2} \tag{4-68}$$

$$\int_0^1 q\,\frac{\partial T}{\partial T_m}S_i\mathrm{d}g=qS_i\int_0^1 g\,\mathrm{d}g=\frac{qS_i}{2}$$

把式（4-47）～式（4-49）、式（4-59）和式（4-68）代入式（4-67），整理后可得

$$\left\{\begin{array}{c} \dfrac{\partial J^e}{\partial T_i} \\[3mm] \dfrac{\partial J^e}{\partial T_j} \\[3mm] \dfrac{\partial J^e}{\partial T_m} \end{array}\right\}=\begin{pmatrix} k_{ii} & k_{ij} & k_{im} \\ k_{ji} & k_{jj} & k_{jm} \\ k_{mi} & k_{mj} & k_{mm} \end{pmatrix}\begin{pmatrix} T_i \\ T_j \\ T_m \end{pmatrix}-\begin{pmatrix} P_i \\ P_j \\ P_m \end{pmatrix}$$

$$=\boldsymbol{K}^e\boldsymbol{T}^e-\boldsymbol{P}^e=0 \tag{4-69}$$

其中

$$K^e = \begin{pmatrix} \dfrac{\lambda}{4\Delta}(b_i^2 + c_i^2) & \dfrac{\lambda}{4\Delta}(b_i b_j + c_i c_j) & \dfrac{\lambda}{4\Delta}(b_i b_m + c_i c_m) \\[3mm] \dfrac{\lambda}{4\Delta}(b_i b_j + c_i c_j) & \dfrac{\lambda}{4\Delta}(b_j^2 + c_j^2) & \dfrac{\lambda}{4\Delta}(b_j b_m + c_j c_m) \\[3mm] \dfrac{\lambda}{4\Delta}(b_i b_m + c_i c_m) & \dfrac{\lambda}{4\Delta}(b_j b_m + c_j c_m) & \dfrac{\lambda}{4\Delta}(b_m^2 + c_m^2) \end{pmatrix} \tag{4-70}$$

$$P^e = \begin{pmatrix} \dfrac{Q_v \Delta}{3} \\[3mm] \dfrac{Q_v \Delta}{3} - \dfrac{qS_i}{2} \\[3mm] \dfrac{Q_v \Delta}{3} - \dfrac{qS_i}{2} \end{pmatrix} \tag{4-71}$$

4.5.4　总体刚度矩阵的合成

在有限元方法中，先把整个求解区域 D 离散为有限个单元，然后针对区域 D 内部单元和边界单元分别进行变分计算，最终目的是求出整个求解区域 D 的温度分布。在温度场的离散化过程中，假设在求解区域 D 中划分了 k 个单元和 n 个节点，有限元计算的目的就是把这 n 个节点的温度值 T_1、T_2、T_3、$\cdots$、T_n 求出来。

J 为整个求解区域 D 的泛函，J^e 为单元的泛函，则 $J = \sum\limits_{e=1}^{k} J^e$。由于温度场已经离散到 n 个节点上，所以 J 是 n 个节点的温度值 T_1、T_2、T_3、$\cdots$、T_n 的多元线性函数。泛函的变分问题就转化为多元函数求极值问题。

整体变分 $\dfrac{\partial J}{\partial T_l}$ 与单元变分 $\dfrac{\partial J^e}{\partial T_l}$ 之间存在以下关系

$$\frac{\partial J}{\partial T_l} = \sum_{e=1}^{k} \frac{\partial J^e}{\partial T_l} = 0 \qquad (l = 1, 2, 3, \cdots, n) \tag{4-72}$$

式（4-72）是对所有单元泛函的变分计算结果进行总体合成。合成的具体过程：先对每个单元求单元刚度矩阵 K^e，然后将各元素放至总体刚度矩阵 K 的相应位置上，总体刚度矩阵同一位置上各元素需要累加，最后形成总体刚度矩阵 K；用同样的方法，根据各单元的矩阵 P^e，求出总体矩阵 P，完成 P 矩阵的合成。式（4-72）是以 T_1、T_2、T_3、$\cdots$、T_n 为未知数，由 n 个方程组成的方程组。

$$KT = P \tag{4-73}$$

式（4-73）中，K 为总体刚度矩阵。$KT = P$ 的形式与 $K^e T^e = P^e$ 的相同，合成后 K 是 $n \times n$ 矩阵。解这个代数方程组，就可求 T_1、T_2、T_3、$\cdots$、T_n。由式（4-73）可知，单元划分越细、节点越多、矩阵越大，占用计算机内存就会越大，计算时间也会更长。

4.6 二维非稳态热传导的有限单元法

4.6.1 三角形单元变分

对于具有第三类边界条件的二维非稳态热传导问题，其热传导方程、边界条件及初始条件可描述为

$$\begin{cases} \rho c_p \dfrac{\partial T}{\partial t} = \lambda \left(\dfrac{\partial^2 T}{\partial x^2} + \dfrac{\partial^2 T}{\partial y^2} \right) + Q_v \\ -\lambda \dfrac{\partial T}{\partial n} \Big|_s = h(T - T_f) \\ T \big|_{t=0} = f(x, y) \end{cases} \tag{4-74}$$

根据《微分方程中的变分方法》，式（4-74）在求解区域内的解等价于式（4-75）和式（4-76）（泛函）求极值问题（变分问题）。

对于边界单元

$$J = \iint_e \left\{ \frac{\lambda}{2} \left[\left(\frac{\partial T}{\partial x} \right)^2 + \left(\frac{\partial T}{\partial y} \right)^2 \right] - Q_v T + \rho c_p \frac{\partial T}{\partial t} T \right\} dx\,dy + \int_{jm} h \left(\frac{1}{2} T^2 - T_f T \right) ds \tag{4-75}$$

对于内部单元

$$J = \iint_e \left\{ \frac{\lambda}{2} \left[\left(\frac{\partial T}{\partial x} \right)^2 + \left(\frac{\partial T}{\partial y} \right)^2 \right] - Q_v T + \rho c_p \frac{\partial T}{\partial t} T \right\} dx\,dy \tag{4-76}$$

泛函式（4-75）和式（4-76）有极值的条件为

$$\begin{cases} \dfrac{\partial J^e}{\partial T_i} = \iint_e \left[\lambda \dfrac{\partial T}{\partial x} \dfrac{\partial}{\partial T_i} \left(\dfrac{\partial T}{\partial x} \right) + \lambda \dfrac{\partial T}{\partial y} \dfrac{\partial}{\partial T_i} \left(\dfrac{\partial T}{\partial y} \right) - Q \dfrac{\partial T}{\partial T_i} + \rho c_p \dfrac{\partial T}{\partial t} \dfrac{\partial T}{\partial T_i} \right] dx\,dy \\ \qquad + \displaystyle\int_{jm} h(T - T_f) \dfrac{\partial T}{\partial T_i} ds = 0 \\[4pt] \dfrac{\partial J^e}{\partial T_j} = \iint_e \left[\lambda \dfrac{\partial T}{\partial x} \dfrac{\partial}{\partial T_j} \left(\dfrac{\partial T}{\partial x} \right) + \lambda \dfrac{\partial T}{\partial y} \dfrac{\partial}{\partial T_j} \left(\dfrac{\partial T}{\partial y} \right) - Q \dfrac{\partial T}{\partial T_j} + \rho c_p \dfrac{\partial T}{\partial t} \dfrac{\partial T}{\partial T_j} \right] dx\,dy \\ \qquad + \displaystyle\int_{jm} h(T - T_f) \dfrac{\partial T}{\partial T_j} ds = 0 \\[4pt] \dfrac{\partial J^e}{\partial T_m} = \iint_e \left[\lambda \dfrac{\partial T}{\partial x} \dfrac{\partial}{\partial T_m} \left(\dfrac{\partial T}{\partial x} \right) + \lambda \dfrac{\partial T}{\partial y} \dfrac{\partial}{\partial T_m} \left(\dfrac{\partial T}{\partial y} \right) - Q \dfrac{\partial T}{\partial T_m} + \rho c_p \dfrac{\partial T}{\partial t} \dfrac{\partial T}{\partial T_m} \right] dx\,dy \\ \qquad + \displaystyle\int_{jm} h(T - T_f) \dfrac{\partial T}{\partial T_m} ds = 0 \end{cases} \tag{4-77}$$

与具有第三类边界条件的二维稳态热传导问题相比，式（4-75）和式（4-76）只比

稳态热传导问题［式（4-51）］多了一个瞬态项 $\iint\limits_e \rho c_p \dfrac{\partial T}{\partial t} T \mathrm{d}x\mathrm{d}y$，接下来将针对瞬态项 $\iint\limits_e \rho c_p \dfrac{\partial T}{\partial t} T \mathrm{d}x\mathrm{d}y$ 进行推导。

瞬态项对三角形节点 i 的温度 T_i 求偏导可得

$$\frac{\partial}{\partial T_i}\left(\iint\limits_e \rho c_p \frac{\partial T}{\partial t} T \mathrm{d}x\mathrm{d}y\right) = \iint\limits_e \rho c_p \left[\frac{\partial T}{\partial t}\frac{\partial T}{\partial T_i} + T \frac{\partial}{\partial T_i}\left(\frac{\partial T}{\partial t}\right)\right]\mathrm{d}x\mathrm{d}y \tag{4-78}$$

由式（4-29）可知，三角形单元温度的插值函数可表示为

$$T = N_i T_i + N_j T_j + N_m T_m \tag{4-79}$$

根据式（4-79）可得

$$\frac{\partial T}{\partial t} = N_i \frac{\partial T_i}{\partial t} + N_j \frac{\partial T_j}{\partial t} + N_m \frac{\partial T_m}{\partial t} \tag{4-80}$$

$$\frac{\partial T}{\partial T_i} = N_i \tag{4-81}$$

$$\frac{\partial}{\partial T_i}\left(\frac{\partial T}{\partial t}\right) = \frac{\partial}{\partial t}\left(\frac{\partial T}{\partial T_i}\right) = \frac{\partial}{\partial t}(N_i) = 0 \tag{4-82}$$

将式（4-80）～式（4-82）代入式（4-78）可得

$$\frac{\partial}{\partial T_i}\left(\iint\limits_e \rho c_p \frac{\partial T}{\partial t} T \mathrm{d}x\mathrm{d}y\right) = \rho c_p \iint\limits_e \left(N_i^2 \frac{\partial T_i}{\partial t} + N_i N_j \frac{\partial T_j}{\partial t} + N_i N_m \frac{\partial T_m}{\partial t}\right)\mathrm{d}x\mathrm{d}y \tag{4-83}$$

对于三角形单元的形函数，有以下结论

$$\iint\limits_e N_i^2 \mathrm{d}x\mathrm{d}y = \iint\limits_e N_j^2 \mathrm{d}x\mathrm{d}y = \iint\limits_e N_m^2 \mathrm{d}x\mathrm{d}y = \frac{\Delta}{6}$$

$$\iint\limits_e N_i N_j \mathrm{d}x\mathrm{d}y = \iint\limits_e N_i N_m \mathrm{d}x\mathrm{d}y = \iint\limits_e N_j N_m \mathrm{d}x\mathrm{d}y = \frac{\Delta}{12} \tag{4-84}$$

把式（4-84）代入式（4-83）可得

$$\frac{\partial}{\partial T_i}\left(\iint\limits_e \rho c_p \frac{\partial T}{\partial t} T \mathrm{d}x\mathrm{d}y\right) = \frac{\rho c_p \Delta}{12}\left(2\frac{\partial T_i}{\partial t} + \frac{\partial T_j}{\partial t} + \frac{\partial T_m}{\partial t}\right) \tag{4-85}$$

同理可得

$$\frac{\partial}{\partial T_j}\left(\iint\limits_e \rho c_p \frac{\partial T}{\partial t} T \mathrm{d}x\mathrm{d}y\right) = \frac{\rho c_p \Delta}{12}\left(\frac{\partial T_i}{\partial t} + 2\frac{\partial T_j}{\partial t} + \frac{\partial T_m}{\partial t}\right) \tag{4-86}$$

$$\frac{\partial}{\partial T_m}\left(\iint\limits_e \rho c_p \frac{\partial T}{\partial t} T \mathrm{d}x\mathrm{d}y\right) = \frac{\rho c_p \Delta}{12}\left(\frac{\partial T_i}{\partial t} + \frac{\partial T_j}{\partial t} + 2\frac{\partial T_m}{\partial t}\right) \tag{4-87}$$

把式（4-47）～式（4-49）、式（4-59）、式（4-61）～式（4-63）、式（4-85）～式（4-87）代入式（4-77），整理后可得以下形式

$$\begin{pmatrix} \dfrac{\partial J^e}{\partial T_i} \\[2mm] \dfrac{\partial J^e}{\partial T_j} \\[2mm] \dfrac{\partial J^e}{\partial T_m} \end{pmatrix} = \begin{pmatrix} k_{ii} & k_{ij} & k_{im} \\ k_{ji} & k_{jj} & k_{jm} \\ k_{mi} & k_{mj} & k_{mm} \end{pmatrix}\begin{pmatrix} T_i \\ T_j \\ T_m \end{pmatrix} + \begin{pmatrix} n_{ii} & n_{ij} & n_{im} \\ n_{ji} & n_{jj} & n_{jm} \\ n_{mi} & n_{mj} & n_{mm} \end{pmatrix}\begin{pmatrix} \dfrac{\partial T_i}{\partial t} \\[2mm] \dfrac{\partial T_j}{\partial t} \\[2mm] \dfrac{\partial T_m}{\partial t} \end{pmatrix} - \begin{pmatrix} p_i \\ p_j \\ p_m \end{pmatrix}$$

$$=\boldsymbol{K}^e\boldsymbol{T}^e+\boldsymbol{N}^e\left\{\frac{\partial\boldsymbol{T}}{\partial t}\right\}^e-\boldsymbol{P}^e$$

$$=0 \tag{4-88}$$

与稳态热传导问题比较，非稳态（瞬态）热传导问题的式（4-88）只是多了变温项 $\boldsymbol{N}^e\left\{\frac{\partial\boldsymbol{T}}{\partial t}\right\}^e$。式（4-88）中，$\boldsymbol{K}^e$ 是单元刚度矩阵，$\boldsymbol{N}^e$ 是变温矩阵。其中

$$\boldsymbol{K}^e=\begin{bmatrix} \dfrac{\lambda}{4\Delta}(b_i^2+c_i^2) & \dfrac{\lambda}{4\Delta}(b_ib_j+c_ic_j) & \dfrac{\lambda}{4\Delta}(b_ib_m+c_ic_m) \\[3mm] \dfrac{\lambda}{4\Delta}(b_ib_j+c_ic_j) & \dfrac{\lambda}{4\Delta}(b_j^2+c_j^2)+\dfrac{hS_i}{3} & \dfrac{\lambda}{4\Delta}(b_jb_m+c_jc_m)+\dfrac{hS_i}{6} \\[3mm] \dfrac{\lambda}{4\Delta}(b_ib_m+c_ic_m) & \dfrac{\lambda}{4\Delta}(b_jb_m+c_jc_m)+\dfrac{hS_i}{6} & \dfrac{\lambda}{4\Delta}(b_m^2+c_m^2)+\dfrac{hS_i}{3} \end{bmatrix} \tag{4-89}$$

$$\boldsymbol{N}^e=\frac{\rho c_p\Delta}{12}\begin{pmatrix} 2 & 1 & 1 \\ 1 & 2 & 1 \\ 1 & 1 & 2 \end{pmatrix} \tag{4-90}$$

$$\boldsymbol{P}^e=\left\{\begin{array}{c} \dfrac{Q_v\Delta}{3} \\[3mm] \dfrac{Q_v\Delta}{3}+\dfrac{hS_iT_a}{2} \\[3mm] \dfrac{Q_v\Delta}{3}+\dfrac{hS_iT_a}{2} \end{array}\right\} \tag{4-91}$$

对所有单元的式（4-88）求和可得

$$\boldsymbol{K}\boldsymbol{T}+\boldsymbol{N}\left(\frac{\partial\boldsymbol{T}}{\partial t}\right)-\boldsymbol{P}=0 \tag{4-92}$$

4.6.2　时间域的离散

温度场除了随坐标变化还随时间变化，对于任一时刻 t，式（4-92）可写为

$$\boldsymbol{K}\boldsymbol{T}_t+\boldsymbol{N}\left(\frac{\partial\boldsymbol{T}}{\partial t}\right)_t-\boldsymbol{P}_t=0 \tag{4-93}$$

式（4-93）中含有关于时间的偏微分项，不便求解，需进行时间上的离散，即用差分方法将微分方程组转化为线性代数方程组。差分的方法有多种，如：向前差分格式、向后差分格式、Crank-Nicolson 格式、Galerkin 格式等。

（1）向前差分格式

对于式（4-93）中关于时间的偏微分项按向前差分格式进行替代

$$\left(\frac{\partial\boldsymbol{T}}{\partial t}\right)_t=\frac{\boldsymbol{T}_{t+\Delta t}-\boldsymbol{T}_t}{\Delta t}$$

$$\boldsymbol{T}_t=\boldsymbol{T}_t \tag{4-94}$$

$$\boldsymbol{P}_t=\boldsymbol{P}_t$$

将式（4-94）代入式（4-93），整理后可得

$$\left(\boldsymbol{K}-\frac{\boldsymbol{N}}{\Delta t}\right)\boldsymbol{T}_t+\frac{\boldsymbol{N}}{\Delta t}\boldsymbol{T}_{t+\Delta t}=\boldsymbol{P}_t \tag{4-95}$$

（2）向后差分格式

对于式（4-93）中关于时间的偏微分项按向后差分格式进行替代

$$\left(\frac{\partial \boldsymbol{T}}{\partial t}\right)_t=\frac{\boldsymbol{T}_t-\boldsymbol{T}_{t-\Delta t}}{\Delta t}$$
$$\boldsymbol{T}_t=\boldsymbol{T}_t \tag{4-96}$$
$$\boldsymbol{P}_t=\boldsymbol{P}_t$$

将式（4-96）代入式（4-93），整理后可得

$$\left(\boldsymbol{K}+\frac{\boldsymbol{N}}{\Delta t}\right)\boldsymbol{T}_t-\frac{\boldsymbol{N}}{\Delta t}\boldsymbol{T}_{t-\Delta t}=\boldsymbol{P}_t \tag{4-97}$$

（3）Crank-Nicolson 格式

对于式（4-93）中关于时间的偏微分项按 Crank-Nicolson 格式进行替代

$$\left(\frac{\partial \boldsymbol{T}}{\partial t}\right)_t=\frac{\boldsymbol{T}_t-\boldsymbol{T}_{t-\Delta t}}{\Delta t}$$
$$\boldsymbol{T}_t=\frac{\boldsymbol{T}_t+\boldsymbol{T}_{t-\Delta t}}{2} \tag{4-98}$$
$$\boldsymbol{P}_t=\frac{\boldsymbol{P}_t+\boldsymbol{P}_{t-\Delta t}}{2}$$

将式（4-98）代入式（4-93），整理后可得

$$\left(\frac{\boldsymbol{K}}{2}+\frac{\boldsymbol{N}}{\Delta t}\right)\boldsymbol{T}_t+\left(\frac{\boldsymbol{K}}{2}-\frac{\boldsymbol{N}}{\Delta t}\right)\boldsymbol{T}_{t-\Delta t}=\frac{\boldsymbol{P}_t+\boldsymbol{P}_{t-\Delta t}}{2} \tag{4-99}$$

（4）Galerkin 格式

对于式（4-93）中关于时间的偏微分项按 Galerkin 格式进行替代

$$\left(\frac{\partial \boldsymbol{T}}{\partial t}\right)_t=\frac{\boldsymbol{T}_t-\boldsymbol{T}_{t-\Delta t}}{\Delta t}$$
$$\boldsymbol{T}_t=\frac{2}{3}\boldsymbol{T}_t+\frac{1}{3}\boldsymbol{T}_{t-\Delta t} \tag{4-100}$$
$$\boldsymbol{P}_t=\frac{2}{3}\boldsymbol{P}_t+\frac{1}{3}\boldsymbol{P}_{t-\Delta t}$$

将式（4-100）代入式（4-93），整理后可得

$$\left(2\boldsymbol{K}+\frac{3\boldsymbol{N}}{\Delta t}\right)\boldsymbol{T}_t+\left(\boldsymbol{K}-\frac{3\boldsymbol{N}}{\Delta t}\right)\boldsymbol{T}_{t-\Delta t}=2\boldsymbol{P}_t+\boldsymbol{P}_{t-\Delta t} \tag{4-101}$$

4.7　总体刚度矩阵的合成

总体刚度矩阵的合成就是根据单元节点的整体编号，将单元刚度矩阵中的相应项累加到总体刚度矩阵相应位置。

$$\begin{pmatrix} k_{11} & k_{12} & k_{13} & \cdots & k_{1n} \\ k_{21} & k_{22} & k_{23} & \cdots & k_{2n} \\ k_{31} & k_{32} & k_{33} & \cdots & k_{3n} \\ \cdots & \cdots & \cdots & \cdots & \cdots \\ k_{n1} & k_{n2} & k_{n3} & \cdots & k_{nn} \end{pmatrix} \begin{pmatrix} T_1 \\ T_2 \\ T_3 \\ \cdots \\ T_n \end{pmatrix} + \begin{pmatrix} n_{11} & n_{12} & n_{13} & \cdots & n_{1n} \\ n_{21} & n_{22} & n_{23} & \cdots & n_{2n} \\ n_{31} & n_{32} & n_{33} & \cdots & n_{3n} \\ \cdots & \cdots & \cdots & \cdots & \cdots \\ n_{n1} & n_{n2} & n_{n3} & \cdots & n_{nn} \end{pmatrix} \begin{pmatrix} \dfrac{\partial T_1}{\partial t} \\ \dfrac{\partial T_2}{\partial t} \\ \dfrac{\partial T_3}{\partial t} \\ \cdots \\ \dfrac{\partial T_n}{\partial t} \end{pmatrix} = \begin{pmatrix} P_1 \\ P_2 \\ P_3 \\ \cdots \\ P_n \end{pmatrix}$$

(4-102)

式（4-102）中，总体刚度矩阵和总体变温矩阵中各元素的下标是节点的总体编号。对于每一个三角形单元，其三个节点既有内部编号，也有总体编号。其中，单元节点的内部编号用于单元的变分计算，单元节点的总体编号是将单元刚度矩阵的各元素合成至总体刚度矩阵的依据。如图 4-11 所示，对于一个矩形区域，总共离散为 8 个三角形单元，9 个节点，其总体刚度矩阵为 9×9。要求解的 9 个节点的温度从第 1 节点依次排列至第 9 个节点，如图 4-11 中的温度矩阵所示，总体刚度矩阵每列分别对应一个节点号，每行也分别对应一个节点号。

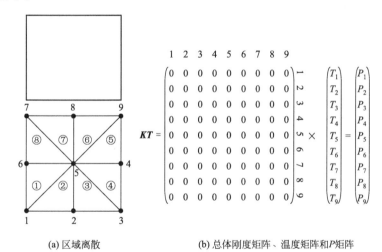

(a) 区域离散　　　　　　　　(b) 总体刚度矩阵、温度矩阵和 P 矩阵

图 4-11　矩形区域离散及其总体刚度矩阵示意图

对于单元①，假设其节点的内部编号如图 4-12 所示，各个节点的总体编号可根据图 4-11 得到，则其单元刚度矩阵可表示为

$$\boldsymbol{K}^{e1} = \begin{pmatrix} k_{ii} & k_{ij} & k_{im} \\ k_{ji} & k_{jj} & k_{jm} \\ k_{mi} & k_{mj} & k_{mm} \end{pmatrix} = \begin{pmatrix} k_{11}^{e1} & k_{15}^{e1} & k_{16}^{e1} \\ k_{51}^{e1} & k_{55}^{e1} & k_{56}^{e1} \\ k_{61}^{e1} & k_{65}^{e1} & k_{66}^{e1} \end{pmatrix} \tag{4-103}$$

根据式（4-103）中，单元①刚度矩阵各元素的总体编号下标，可确定各元素在总体刚度矩阵中的位置，如图 4-13 所示。

对于其他的 7 个单元，按照同样的方法对各个单元刚度矩阵元素进行总体合成，最终得到的总体刚度矩阵如图 4-14 所示。

(a) 单元节点编号　　　　　(b) 节点编号与单元刚度矩阵各元素下标的关系

图 4-12　单元节点编号及总体编号示意图

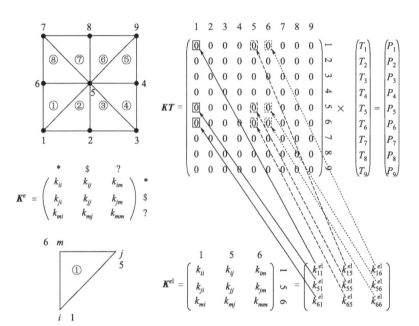

图 4-13　单元①刚度矩阵各元素的总体合成示意图

$$\begin{pmatrix} k_{11}^{e1}+k_{11}^{e2} & k_{12}^{e2} & 0 & 0 & k_{15}^{e1}+k_{15}^{e2} & k_{16}^{e1} & 0 & 0 & 0 \\ k_{21}^{e2} & k_{22}^{e2}+k_{22}^{e3} & k_{23}^{e3} & 0 & k_{25}^{e2}+k_{25}^{e3} & 0 & 0 & 0 & 0 \\ 0 & k_{32}^{e3} & k_{33}^{e3}+k_{33}^{e4} & k_{34}^{e4} & k_{35}^{e3}+k_{35}^{e4} & 0 & 0 & 0 & 0 \\ 0 & 0 & k_{43}^{e4} & k_{44}^{e4}+k_{44}^{e5} & k_{45}^{e4}+k_{45}^{e5} & 0 & 0 & 0 & k_{49}^{e5} \\ k_{51}^{e1}+k_{51}^{e2} & k_{52}^{e2}+k_{52}^{e3} & k_{53}^{e3}+k_{53}^{e4} & k_{54}^{e4}+k_{54}^{e5} & \begin{matrix}k_{55}^{e1}+k_{55}^{e2}+k_{55}^{e3}+k_{55}^{e4}\\+k_{55}^{e5}+k_{55}^{e6}+k_{55}^{e7}+k_{55}^{e8}\end{matrix} & k_{56}^{e1}+k_{56}^{e8} & k_{57}^{e7}+k_{57}^{e8} & k_{58}^{e6}+k_{58}^{e7} & k_{59}^{e5}+k_{59}^{e6} \\ k_{61}^{e1} & 0 & 0 & 0 & k_{65}^{e1}+k_{65}^{e8} & k_{66}^{e1}+k_{66}^{e8} & k_{67}^{e8} & 0 & 0 \\ 0 & 0 & 0 & 0 & k_{75}^{e7}+k_{75}^{e8} & k_{76}^{e8} & k_{77}^{e7}+k_{77}^{e8} & k_{78}^{e7} & 0 \\ 0 & 0 & 0 & 0 & k_{85}^{e6}+k_{85}^{e7} & 0 & k_{87}^{e7} & k_{88}^{e6}+k_{88}^{e7} & k_{89}^{e6} \\ 0 & 0 & 0 & k_{94}^{e5} & k_{95}^{e5}+k_{95}^{e6} & 0 & 0 & k_{98}^{e6} & k_{99}^{e5}+k_{99}^{e6} \end{pmatrix}$$

图 4-14　总体合成后的刚度矩阵

同样的方法可以得到总体变温矩阵 N 和总体节点载荷列阵 P。在对节点载荷列阵 P 进行合成时，要考虑第二类边界、第三类边界条件和内热源对于 P 矩阵各元素的贡献。以第三类边界条件为例，若三角形边界单元的 ij 边位于区域边界，并施加第三类边界条件，则按式（4-104）计算单元的节点载荷列阵 P^e；若三角形边界单元的 jm 边位于区域边界，并施加第三类边界条件，则按式（4-105）计算单元的节点载荷列阵 P^e；若三角形边界单

元的 mi 边位于区域边界，并施加第三类边界条件，则按式（4-106）计算单元的节点载荷列阵 $\boldsymbol{P}^e$。

$$\boldsymbol{P}^e = \frac{hT_f S_m}{2}\begin{pmatrix}1\\1\\0\end{pmatrix} \tag{4-104}$$

$$\boldsymbol{P}^e = \frac{hT_f S_i}{2}\begin{pmatrix}0\\1\\1\end{pmatrix} \tag{4-105}$$

$$\boldsymbol{P}^e = \frac{hT_f S_j}{2}\begin{pmatrix}1\\0\\1\end{pmatrix} \tag{4-106}$$

得到总体刚度矩阵 $\boldsymbol{K}$、变温矩阵 $\boldsymbol{N}$ 和总体载荷阵列 $\boldsymbol{P}$ 后，进行时间上的离散，即用差分方法将微分方程组转化为线性代数方程组。差分的方法有多种，如：向前差分格式、向后差分格式、Crank-Nicolson 格式、Galerkin 格式等。然后，即可利用消元法、迭代法等方法求解线性方程组，得到热传导问题的温度场。

4.8　二维稳态热传导有限元分析实例

对于三角形单元，只要其大小、形状相同（只有平移无旋转），单元的刚度矩阵也相同。如图 4-15（a）所示的单元划分形式，由于 8 个单元的形状均不同，就需要对每个单元的刚度矩阵分别进行计算。如果把划分方式改变一下，同样还是 8 个单元，但是只有两种单元，如图 4-15（b）和（c）所示，这样在计算单元刚度矩阵时，只需要计算两种情况。为了减少手工计算时单元刚度矩阵的计算工作量，划分得到的单元种类越少越好，也就是尽可能用两种三角形单元对整个区域进行划分。

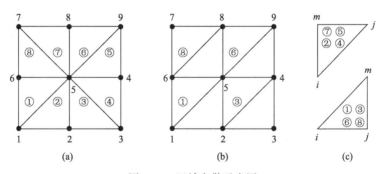

图 4-15　区域离散示意图

如图 4-16 所示的截面图（$90\times30\mathrm{cm}^2$），材料热导率 $2.5\mathrm{W/(m\cdot℃)}$，假设内表面的温度恒定为 $200℃$，外表面暴露在温度为 $20℃$ 的大气中，外表面与空气之间的对流传热系数为 $45\mathrm{W/(m^2\cdot℃)}$，用有限元法计算截面的温度分布。

（1）区域离散、单元和节点编号

由图 4-16（a）可知，截面具有几何对称性，可以只选取整个截面的 1/8 进行求解，

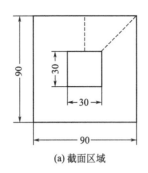
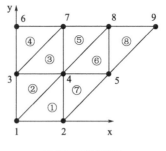

(a) 截面区域   (b) 单元和节点编号

图 4-16　截面区域的离散、单元和节点编号

其余的 7/8 区域可通过镜像的形式得到相应点的温度。选择
的 1/8 区域为图 4-16（a）中虚线位置，针对该区域划分的有
限元单元、单元和节点编号如图 4-16（b）所示，总共包含 8
个三角形单元和 9 个节点。8 个三角形单元可分为两种，如
图 4-17 所示，单元 2、4、5、7 和 8 为一种，单元 1、3 和 6
为一种。为了便于计算，将单元和节点的信息列在表 4-1 中。

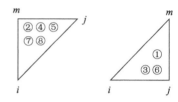

图 4-17　单元形状

表 4-1　单元及节点信息

单元号	i	j	m	i_x	i_y	j_x	j_y	m_x	m_y
1	1	2	4	0	0	0.15	0	0.15	0.15
2	1	4	3	0	0	0.15	0.15	0	0.15
3	3	4	7	0	0.15	0.15	0.15	0.15	0.3
4	3	7	6	0	0.15	0.15	0.3	0	0.3
5	4	8	7	0.15	0.15	0.3	0.3	0.15	0.3
6	4	5	8	0.15	0.15	0.3	0.15	0.3	0.3
7	2	4	4	0.15	0	0.15	0.15	0.15	0.15
8	5	9	8	0.3	0.15	0.45	0.3	0.3	0.3

（2）单元刚度矩阵

根据式（4-70），三角形单元的单元刚度矩阵为

$$\boldsymbol{K}^e=\frac{\lambda}{4\Delta}\begin{pmatrix}b_ib_i & b_ib_j & b_ib_m \\ b_jb_i & b_jb_j & b_jb_m \\ b_mb_i & b_mb_j & b_mb_m\end{pmatrix}+\frac{\lambda}{4\Delta}\begin{pmatrix}c_ic_i & c_ic_j & c_ic_m \\ c_jc_i & c_jc_j & c_jc_m \\ c_mc_i & c_mc_j & c_mc_m\end{pmatrix} \tag{4-107}$$

对于单元 1，根据式（4-26）可得

$$\begin{aligned}b_i&=y_j-y_m=0-0.15=-0.15 & c_i&=x_m-x_j=0.15-0.15=0 \\ b_j&=y_m-y_i=0.15-0=0.15 & c_j&=x_i-x_m=0-0.15=-0.15 \\ b_m&=y_i-y_j=0-0=0 & c_m&=x_j-x_i=0.15-0=0.15\end{aligned} \tag{4-108}$$

三角形单元的面积为：0.01125m^2。

单元 1、3 和 6 具有相同的形式和大小，只是在求解区域中所处的位置不同（平移），
因此它们的单元刚度矩阵相同，根据式（4-107）可得

$$
\boldsymbol{K}^1=\boldsymbol{K}^3=\boldsymbol{K}^6=\begin{pmatrix}1.25 & -1.25 & 0\\ -1.25 & 1.25 & 0\\ 0 & 0 & 0\end{pmatrix}+\begin{pmatrix}0 & 0 & 0\\ 0 & 1.25 & -1.25\\ 0 & -1.25 & 1.25\end{pmatrix}=\begin{pmatrix}1.25 & -1.25 & 0\\ -1.25 & 2.50 & -1.25\\ 0 & -1.25 & 1.25\end{pmatrix} \tag{4-109}
$$

对于单元 2，根据式（4-26）可得

$$
\begin{aligned}
&b_i=y_j-y_m=0.15-0.15=0 && c_i=x_m-x_j=0-0.15=-0.15\\
&b_j=y_m-y_i=0.15-0=0.15 && c_j=x_i-x_m=0-0=0\\
&b_m=y_i-y_j=0-0.15=-0.15 && c_m=x_j-x_i=0.15-0=0.15
\end{aligned} \tag{4-110}
$$

三角形单元的面积为：0.01125m^2。

单元 2、4、5、7 和 8 具有相同的形式和大小，只是在求解区域中所处的位置不同（平移），因此它们的单元刚度矩阵相同，根据式（4-107）可得

$$
\boldsymbol{K}^2=\boldsymbol{K}^4=\boldsymbol{K}^5=\boldsymbol{K}^7=\boldsymbol{K}^8
$$

$$
=\begin{pmatrix}0 & 0 & 0\\ 0 & 1.25 & -1.25\\ 0 & -1.25 & 1.25\end{pmatrix}+\begin{pmatrix}1.25 & 0 & -1.25\\ 0 & 0 & 0\\ -1.25 & 0 & 1.25\end{pmatrix}=\begin{pmatrix}1.25 & 0 & -1.25\\ 0 & 1.25 & -1.25\\ -1.25 & -1.25 & 2.50\end{pmatrix} \tag{4-111}
$$

用 Excel 软件完成上述计算过程，而且所有数据均通过公式引用的方式，保证修改单元边长、材料热导率、对流换热系数、边界温度或空气温度后，所有计算数据均可自动刷新，如图 4-18 所示。

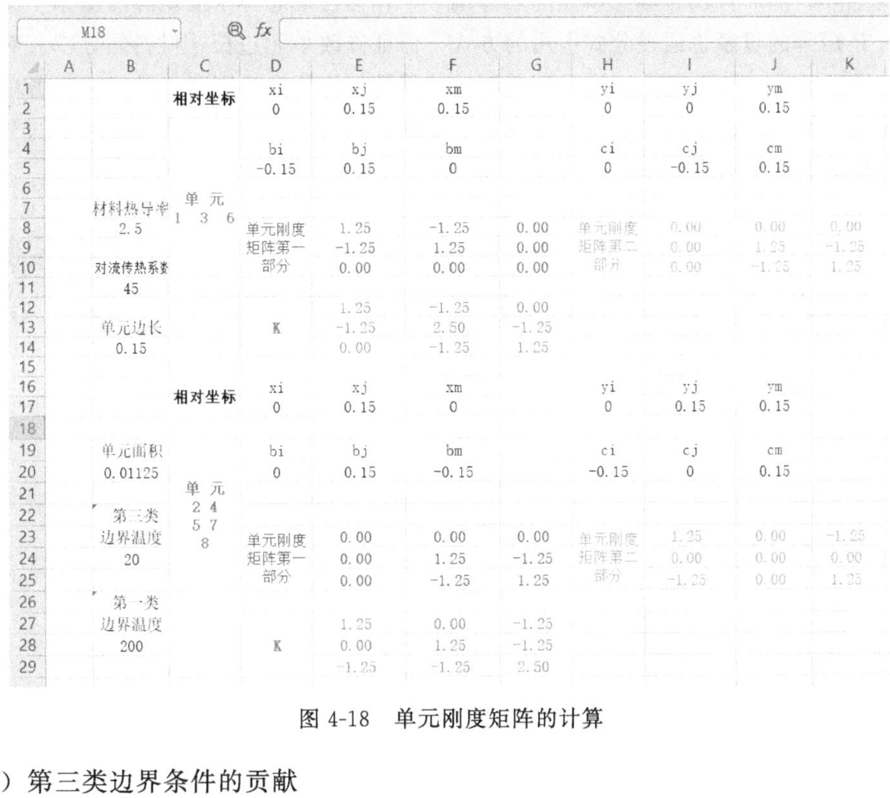
M18

	A	B	C	D	E	F	G	H	I	J	K
1			相对坐标	xi	xj	xm		yi	yj	ym	
2				0	0.15	0.15		0	0	0.15	
3											
4				bi	bj	bm		ci	cj	cm	
5				-0.15	0.15	0		0	-0.15	0.15	
6											
7		材料热导率	单 元 1 3 6								
8		2.5		单元刚度矩阵第一部分	1.25	-1.25	0.00	单元刚度矩阵第二部分	0.00	0.00	0.00
9					-1.25	1.25	0.00		0.00	1.25	-1.25
10		对流传热系数			0.00	0.00	0.00		0.00	-1.25	1.25
11		45									
12					1.25	-1.25	0.00				
13		单元边长		K	-1.25	2.50	-1.25				
14		0.15			0.00	-1.25	1.25				
15											
16			相对坐标	xi	xj	xm		yi	yj	ym	
17				0	0.15	0		0	0.15	0.15	
18											
19		单元面积		bi	bj	bm		ci	cj	cm	
20		0.01125		0	0.15	-0.15		-0.15	0	0.15	
21			单 元 2 4 5 7 8								
22		第三类									
23		边界温度		单元刚度矩阵第一部分	0.00	0.00	0.00	单元刚度矩阵第二部分	1.25	0.00	-1.25
24		20			0.00	1.25	-1.25		0.00	0.00	0.00
25					0.00	-1.25	1.25		-1.25	0.00	1.25
26		第一类									
27		边界温度			1.25	0.00	-1.25				
28		200		K	0.00	1.25	-1.25				
29					-1.25	-1.25	2.50				

图 4-18 单元刚度矩阵的计算

（3）第三类边界条件的贡献

由图 4-16 和图 4-17 可知，第三类边界条件作用在单元 4、5、8 的 jm 边上。根据式

（4-65）可知第三类边界条件对单元刚度矩阵的贡献为

$$\boldsymbol{K}_{jm}^{e} = \frac{hl_{jm}}{6}\begin{pmatrix}0 & 0 & 0 \\ 0 & 2 & 1 \\ 0 & 1 & 2\end{pmatrix} \tag{4-112}$$

根据式（4-112）可得第三类边界条件对单元 4、5 和 8 刚度矩阵的贡献为

$$\boldsymbol{K}_{jm}^{\bar{e}4} = \boldsymbol{K}_{jm}^{\bar{e}5} = \boldsymbol{K}_{jm}^{\bar{e}8} = \frac{hl_{jm}}{6}\begin{pmatrix}0 & 0 & 0 \\ 0 & 2 & 1 \\ 0 & 1 & 2\end{pmatrix} = \frac{45\times0.15}{6}\begin{pmatrix}0 & 0 & 0 \\ 0 & 2 & 1 \\ 0 & 1 & 2\end{pmatrix} = \begin{pmatrix}0 & 0 & 0 \\ 0 & 2.25 & 1.125 \\ 0 & 1.125 & 2.25\end{pmatrix} \tag{4-113}$$

根据式（4-66）可知第三类边界条件对 $\boldsymbol{P}$ 矩阵的贡献为

$$\boldsymbol{P}_{jm}^{e} = \frac{hT_{f}l_{jm}}{2}\begin{pmatrix}0 \\ 1 \\ 1\end{pmatrix} \tag{4-114}$$

根据式（4-114）可得第三类边界条件对 $\boldsymbol{P}$ 矩阵的贡献为

$$\boldsymbol{K}_{jm}^{\bar{e}4} = \boldsymbol{K}_{jm}^{\bar{e}5} = \boldsymbol{K}_{jm}^{\bar{e}8} = \frac{hT_{f}l_{jm}}{2}\begin{pmatrix}0 \\ 1 \\ 1\end{pmatrix} = \frac{45\times20\times0.15}{2}\begin{pmatrix}0 \\ 1 \\ 1\end{pmatrix} = \begin{pmatrix}0 \\ 67.5 \\ 67.5\end{pmatrix} \tag{4-115}$$

（4）总体刚度矩阵和 $\boldsymbol{P}$ 矩阵的合成

用 Excel 软件完成总体刚度矩阵和 $\boldsymbol{P}$ 矩阵的合成。先通过公式引用的方式得到各个单元的刚度矩阵，然后标出各单元节点的总体编号，作为合成总体刚度矩阵的依据。第三类边界条件对 $\boldsymbol{P}$ 矩阵的贡献也通过公式引用的方式，保证修改单元边长、材料热导率、对流换热系数、边界温度或空气温度后，单元 $\boldsymbol{P}$ 矩阵的计算数据均可自动刷新，然后标出各单元节点的总体编号，作为合成总体 $\boldsymbol{P}$ 矩阵的依据。总体刚度矩阵和 $\boldsymbol{P}$ 矩阵中各元素均通过公式引用的形式将相应的单元刚度矩阵元素加至合适的位置，如图 4-19 的公式输入框所示。

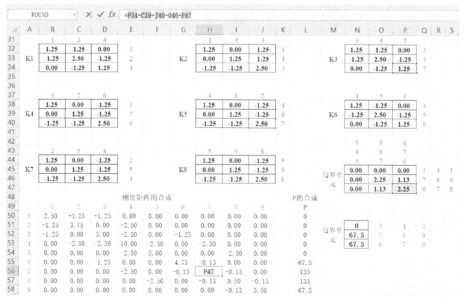

图 4-19　总体刚度矩阵和 $\boldsymbol{P}$ 矩阵的合成

（5）方程组求解

将节点 1 和 2 上的第一类边界条件施加到热传导方程组中，具体方法为：对于总体刚度矩阵第一行中的所有元素，将第 1 个元素改为 1.0，其他元素改为 0.0；对于总体刚度矩阵第二行中的所有元素，将第 2 个元素改为 1.0，其他元素改为 0.0；将总体 P 矩阵的第 1 和第 2 个元素改为 200，如图 4-20 所示。这样修改后，可将第一类边界条件施加到热传导方程组中，在求解过程中保证节点 1 和 2 的温度为 200℃。

60						施加边界条件					
61		1	2	3	4	5	6	7	8	9	P
62	1	1.00	0.00	0.00	0.00	0.00	0.00	0.00	0.00	0.00	200
63	2	0.00	1.00	0.00	0.00	0.00	0.00	0.00	0.00	0.00	200
64	3	-1.25	0.00	5.00	-2.50	0.00	-1.25	0.00	0.00	0.00	0
65	4	0.00	-2.50	-2.50	10.00	-2.50	0.00	-2.50	0.00	0.00	0
66	5	0.00	0.00	0.00	-2.50	5.00	0.00	0.00	-2.50	0.00	0
67	6	0.00	0.00	-1.25	0.00	0.00	4.75	-0.13	0.00	0.00	67.5
68	7	0.00	0.00	0.00	-2.50	0.00	-0.13	9.50	-0.13	0.00	135
69	8	0.00	0.00	0.00	0.00	-2.50	0.00	-0.13	9.50	-0.13	135
70	9	0.00	0.00	0.00	0.00	0.00	0.00	0.00	-0.13	3.50	67.5

图 4-20　施加第一类边界条件

热传导方程组的求解可利用迭代方法，也可以利用 Excel 软件中的矩阵求逆（快捷键：Ctrl＋Shift＋回车）进行计算，计算得到的总体刚度矩阵的逆矩阵如图 4-21 所示，计算得到各节点的温度值如图 4-21 的阴影区域所示。

72					矩阵求逆								
73	1.00	0.00	0.00	0.00	0.00	0.00	0.00	0.00	0.00	200		T1	200.00
74	0.00	1.00	0.00	0.00	0.00	0.00	0.00	0.00	0.00	200		T2	200.00
75	0.32	0.21	0.26	0.08	0.05	0.07	0.02	0.01	0.00	0		T3	115.02
76	0.10	0.38	0.08	0.15	0.09	0.04	0.04	0.02	0.00	0		T4	107.22
77	0.06	0.22	0.05	0.09	0.28	0.01	0.02	0.07	0.00	0		T5	70.40
78	0.09	0.06	0.07	0.02	0.01	0.23	0.01	0.00	0.00	67.5		T6	45.62
79	0.03	0.10	0.02	0.04	0.02	0.12	0.01	0.00	0.00	135		T7	43.47
80	0.02	0.06	0.01	0.02	0.07	0.01	0.13	0.00	0.00	135		T8	33.58
81	0.00	0.00	0.00	0.00	0.00	0.00	0.00	0.00	0.29	67.5		T9	20.48

图 4-21　逆矩阵及节点温度的求解结果

4.9　二维非线性热传导问题的有限元方法

当材料的热物性参数（密度、定压比热容、热导率）、换热系数随温度变化时，属于非线性热传导问题，具有第三类边界条件的二维非线性热传导方程如下

$$
\begin{cases}
\rho c_p \dfrac{\partial T}{\partial t} = \dfrac{\partial}{\partial x}\left(\lambda\,\dfrac{\partial T}{\partial x}\right) + \dfrac{\partial}{\partial x}\left(\lambda\,\dfrac{\partial T}{\partial y}\right) + Q_v \\[2mm]
-\lambda\,\dfrac{\partial T}{\partial n}\bigg|_S = h(T - T_f)
\end{cases}
\tag{4-116}
$$

式（4-116）中，ρ 为材料密度，c_p 为材料定压比热容，λ 为材料热导率，h 为界面换热系数，T_f 为冷却介质的温度，Q_v 为内热源，n 为边界法线方向。

这种情况，尚未找到相应的泛函，所以不能用变分法求解。为此，采用加权余量法，构造试探函数 $T(x,y,t)$，设 $T(x,y,t)$ 满足求解区域 D 边界上的边界条件，将试探函数 $T(x,y,t)$ 代入非线性热传导偏微分方程式（4-116），所产生的余量（偏差）为

$$
J[T(x,y,t)] = \frac{\partial}{\partial x}\left(\lambda\,\frac{\partial T}{\partial x}\right) + \frac{\partial}{\partial y}\left(\lambda\,\frac{\partial T}{\partial y}\right) + Q_v - \rho c_p\,\frac{\partial T}{\partial t}
\tag{4-117}
$$

加权余量法要求在求解区域 D 内余量的加权积分为零，即

$$J[T(x,y,t)]=\iint_D W_l\left[\lambda\left(\frac{\partial^2 T}{\partial x^2}+\frac{\partial^2 T}{\partial y^2}\right)+Q_v-\rho c_p\frac{\partial T}{\partial t}\right]\mathrm{d}x\,\mathrm{d}y=0 \tag{4-118}$$

$$(l=1,2,3,\cdots,n)$$

式（4-118）中，D 为温度场的定义域，W_l 为加权函数。在 Galerkin 法中，将加权函数定义为

$$W_l=\frac{\partial T}{\partial T_l}\qquad(l=1,2,3,\cdots,n) \tag{4-119}$$

对式（4-118）进行分步积分，可得

$$J[T(x,y,t)]=\iint_D\left[\frac{\partial}{\partial x}\left(W_l\lambda\frac{\partial T}{\partial x}\right)+\frac{\partial}{\partial y}\left(W_l\lambda\frac{\partial T}{\partial y}\right)\right]\mathrm{d}x\,\mathrm{d}y$$

$$-\iint_D\left[\lambda\left(\frac{\partial W_l}{\partial x}\frac{\partial T}{\partial x}+\frac{\partial W_l}{\partial y}\frac{\partial T}{\partial y}\right)-W_lQ_v+W_l\rho c_p\frac{\partial T}{\partial t}\right]\mathrm{d}x\,\mathrm{d}y$$

$$=0\qquad(l=1,2,3,\cdots,n) \tag{4-120}$$

式（4-120）中积分项的第一部分可以写成

$$\iint_D\left[\frac{\partial}{\partial x}\left(W_lk\frac{\partial T}{\partial x}\right)+\frac{\partial}{\partial y}\left(W_lk\frac{\partial T}{\partial y}\right)\right]\mathrm{d}x\mathrm{d}y=\oint_\Gamma\lambda\left(-W_l\frac{\partial T}{\partial y}\mathrm{d}x+W_l\frac{\partial T}{\partial x}\mathrm{d}y\right) \tag{4-121}$$

在区域 D 的边界上具有如下关系

$$-\frac{\partial T}{\partial y}\mathrm{d}x+\frac{\partial T}{\partial x}\mathrm{d}y=\frac{\partial T}{\partial n}\mathrm{d}s \tag{4-122}$$

把式（4-121）和式（4-122）代入式（4-120）中可得

$$\frac{\partial J^D}{\partial T_l}=\iint_D\left[\lambda\left(\frac{\partial W_l}{\partial x}\frac{\partial T}{\partial x}+\frac{\partial W_l}{\partial y}\frac{\partial T}{\partial y}\right)-W_lQ_v+W_l\rho c_p\frac{\partial T}{\partial t}\right]\mathrm{d}x\,\mathrm{d}y$$

$$-\oint_\Gamma\lambda W_l\frac{\partial T}{\partial n}\mathrm{d}s=0\qquad(l=1,2,3,\cdots,n) \tag{4-123}$$

式（4-123）就是二维非线性热传导有限元法计算的基本方程。

对于四边形等参元，如图 4-10 中的四边形单元所示，式（4-123）改写为

$$\frac{\partial J^e}{\partial T_l}=\iint_e\left[\lambda\left(\frac{\partial W_l}{\partial x}\frac{\partial T}{\partial x}+\frac{\partial W_l}{\partial y}\frac{\partial T}{\partial y}\right)-W_lQ_v+W_l\rho c_p\frac{\partial T}{\partial t}\right]\mathrm{d}x\,\mathrm{d}y$$

$$-\int_{\Gamma_e}\lambda W_l\frac{\partial T}{\partial n}\mathrm{d}s=0\qquad(l=i,j,m,n) \tag{4-124}$$

利用复合函数求导的方法，可以得到等参元中温度 T 对 (x,y) 的关系

$$\left.\begin{aligned}\frac{\partial T}{\partial x}&=\frac{\partial T}{\partial\xi}\frac{\partial\xi}{\partial x}+\frac{\partial T}{\partial\eta}\frac{\partial\eta}{\partial x}\\[6pt]\frac{\partial T}{\partial y}&=\frac{\partial T}{\partial\xi}\frac{\partial\xi}{\partial y}+\frac{\partial T}{\partial\eta}\frac{\partial\eta}{\partial y}\end{aligned}\right\} \tag{4-125}$$

把式（4-125）改写为

$$\left.\begin{aligned}\frac{\partial T}{\partial\xi}&=\frac{\partial T}{\partial x}\frac{\partial x}{\partial\xi}+\frac{\partial T}{\partial y}\frac{\partial y}{\partial\xi}\\[6pt]\frac{\partial T}{\partial\eta}&=\frac{\partial T}{\partial x}\frac{\partial x}{\partial\mu}+\frac{\partial T}{\partial y}\frac{\partial y}{\partial\eta}\end{aligned}\right\} \tag{4-126}$$

记为

$$\boldsymbol{J} = \begin{bmatrix} \partial x / \partial \xi & \partial y / \partial \xi \\ \partial x / \partial \eta & \partial y / \partial \eta \end{bmatrix} \tag{4-127}$$

称为雅可比矩阵。解得

$$\begin{bmatrix} \partial T / \partial x \\ \partial T / \partial y \end{bmatrix} = \boldsymbol{J}^{-1} \begin{bmatrix} \partial T / \partial \xi \\ \partial T / \partial \eta \end{bmatrix} \tag{4-128}$$

$\boldsymbol{J}$ 中的四个偏导数为

$$\left. \begin{array}{l} \partial x / \partial \xi = (a_1 + A\eta)/4 \\ \partial y / \partial \xi = (a_2 + B\eta)/4 \\ \partial x / \partial \eta = (a_3 + A\eta)/4 \\ \partial y / \partial \eta = (a_4 + B\eta)/4 \end{array} \right\} \tag{4-129}$$

式（4-129）中

$$\left. \begin{array}{l} a_1 = -x_i + x_j + x_m - x_n \\ a_2 = -y_i + y_j + y_m - y_n \\ a_3 = -x_i - x_j + x_m + x_n \\ a_4 = -y_i - y_j + y_m + y_n \\ A = x_i - x_j + x_m - x_n \\ B = y_i - y_j + y_m - y_n \end{array} \right\} \tag{4-130}$$

由此，式（4-127）的雅可比矩阵可写为

$$\boldsymbol{J} = \frac{1}{4} \begin{bmatrix} a_1 + A\eta & a_2 + B\eta \\ a_3 + A\xi & a_4 + B\xi \end{bmatrix} \tag{4-131}$$

则雅可比行列式为

$$|\boldsymbol{J}| = \frac{1}{16} [(a_1 a_4 - a_2 a_3) + (B a_1 - A a_2)\xi + (A a_4 - B a_3)\eta] \tag{4-132}$$

根据伴随矩阵的关系，求得雅可比矩阵的逆矩阵为

$$\boldsymbol{J}^{-1} = \frac{1}{4|\boldsymbol{J}|} \begin{bmatrix} a_4 + B\xi & -(a_2 + B\eta) \\ -(a_3 + A\xi) & a_1 + A\eta \end{bmatrix} \tag{4-133}$$

代入式（4-128）求得偏导数 $\partial T / \partial x$ 和 $\partial T / \partial y$ 分别为

$$\left. \begin{array}{l} \dfrac{\partial T}{\partial x} = \dfrac{1}{4|\boldsymbol{J}|} [(a_4 + B\xi)(b_2 + b_4 \eta) - (a_2 + B\eta)(b_3 + b_4 \xi)] \\[3mm] \dfrac{\partial T}{\partial y} = \dfrac{1}{4|\boldsymbol{J}|} [-(a_3 + A\xi)(b_2 + b_4 \eta) + (a_1 + A\eta)(b_3 + b_4 \xi)] \end{array} \right\} \tag{4-134}$$

式（4-134）中

$$\left. \begin{array}{l} b_1 = (T_i + T_j + T_m + T_n)/4 \\ b_2 = (-T_i + T_j + T_m - T_n)/4 \\ b_3 = (-T_i - T_j + T_m + T_n)/4 \\ b_4 = (T_i - T_j + T_m - T_n)/4 \end{array} \right\} \tag{4-135}$$

根据式（4-128）的关系，可以得到

$$\begin{bmatrix} \partial H_l / \partial x \\ \partial H_l / \partial y \end{bmatrix} = \boldsymbol{J}^{-1} \begin{bmatrix} \partial H_l / \partial \xi \\ \partial H_l / \partial \eta \end{bmatrix} \qquad (l=i,j,m,n) \tag{4-136}$$

式（4-136）中

$$\left. \begin{aligned} H_i &= (1-\xi)(1-\eta)/4 \\ H_j &= (1+\xi)(1-\eta)/4 \\ H_k &= (1+\xi)(1+\eta)/4 \\ H_m &= (1-\xi)(1+\eta)/4 \end{aligned} \right\} \tag{4-137}$$

由式（4-136）可得

$$\left. \begin{aligned} \frac{\partial H_l}{\partial x} &= \frac{1}{4|\boldsymbol{J}|} \left[(a_4+B\xi)\frac{\partial H_l}{\partial \xi} - (a_2+B\eta)\frac{\partial H_l}{\partial \eta} \right] \\ \frac{\partial H_l}{\partial y} &= \frac{1}{4|\boldsymbol{J}|} \left[-(a_3+A\xi)\frac{\partial H_l}{\partial \xi} + (a_1+A\eta)\frac{\partial H_l}{\partial \eta} \right] \end{aligned} \right\} \tag{4-138}$$

记

$$\left. \begin{aligned} L_1 &= a_1 + A\eta \\ L_2 &= a_2 + B\eta \\ L_3 &= a_3 + A\xi \\ L_4 &= a_4 + B\xi \end{aligned} \right\} \tag{4-139}$$

$$\left. \begin{aligned} M_1 &= -L_3 \frac{\partial H_l}{\partial \xi} + L_1 \frac{\partial H_l}{\partial \eta} \\ M_2 &= L_4 \frac{\partial H_l}{\partial \xi} - L_2 \frac{\partial H_l}{\partial \eta} \end{aligned} \right\} \tag{4-140}$$

则式（4-124）中的稳态传热项可以改写为

$$\begin{aligned} \frac{\partial J_1^e}{\partial T_l} &= \iint_e \left[\lambda \left(\frac{\partial W_l}{\partial x}\frac{\partial T}{\partial x} + \frac{\partial W_l}{\partial y}\frac{\partial T}{\partial y} \right) \mathrm{d}x\,\mathrm{d}y \right. \\ &= \int_{-1}^{1}\int_{-1}^{1} |\boldsymbol{J}| \lambda \left(\frac{\partial H_l}{\partial x}\frac{\partial T}{\partial x} + \frac{\partial H_l}{\partial y}\frac{\partial T}{\partial y} \right) \mathrm{d}\xi\,\mathrm{d}\eta \\ &= \int_{-1}^{1}\int_{-1}^{1} \frac{\lambda}{16|\boldsymbol{J}|} \{ M_2[L_4(b_2+b_4\eta) - L_2(b_3+b_4\xi)] \\ &\quad + M_1[-L_3(b_2+b_4\eta) + L_1(b_3+b_4\xi)] \} \mathrm{d}\xi\,\mathrm{d}\eta \\ &= \int_{-1}^{1}\int_{-1}^{1} \frac{\lambda}{16|\boldsymbol{J}|} [(M_2 L_4 - M_1 L_3)(b_2+b_4\eta) \\ &\quad + (M_1 L_1 - M_2 L_2)(b_3+b_4\xi)] \mathrm{d}\xi\,\mathrm{d}\eta \end{aligned} \tag{4-141}$$

设

$$\left. \begin{aligned} D_1 &= M_1 L_1 - M_2 L_2 \\ D_2 &= M_2 L_4 - M_1 L_3 \end{aligned} \right\} \tag{4-142}$$

并把式（4-135）中的 b_i 值代入式（4-141），然后用式（4-142）化简可得

$$\begin{aligned} \frac{\partial J_1^e}{\partial T_l} &= \int_{-1}^{1}\int_{-1}^{1} \frac{\lambda}{64|\boldsymbol{J}|} \{ [D_2(\eta-1) + D_1(\xi-1)]T_i + [D_2(1-\eta) - D_1(1+\xi)]T_j \\ &\quad + [D_2(\eta+1) + D_1(\xi+1)]T_m + [-D_2(1+\eta) + D_1(1-\xi)]T_n \} \mathrm{d}\xi\,\mathrm{d}\eta \end{aligned}$$

$$= \int_{-1}^{1}\int_{-1}^{1} \frac{\lambda}{16|\boldsymbol{J}|} \left[\left(D_2 \frac{\partial H_i}{\partial \xi} + D_1 \frac{\partial H_i}{\partial \eta} \right) T_i + \left(D_2 \frac{\partial H_j}{\partial \xi} + D_1 \frac{\partial H_j}{\partial \eta} \right) T_j \right.$$

$$\left. + \left(D_2 \frac{\partial H_m}{\partial \xi} + D_1 \frac{\partial H_m}{\partial \eta} \right) T_m + \left(D_2 \frac{\partial H_n}{\partial \xi} + D_1 \frac{\partial H_n}{\partial \eta} \right) T_n \right] \mathrm{d}\xi \mathrm{d}\eta$$

$$(l=i,j,m,n) \tag{4-143}$$

把式（4-143）写成矩阵形式，可得

$$\begin{bmatrix} \partial J_1^e / \partial T_i \\ \partial J_1^e / \partial T_j \\ \partial J_1^e / \partial T_m \\ \partial J_1^e / \partial T_n \end{bmatrix} = \begin{bmatrix} k_{ii} & k_{ij} & k_{im} & k_{in} \\ k_{ji} & k_{jj} & k_{jm} & k_{jn} \\ k_{mi} & k_{mj} & k_{mm} & k_{mn} \\ k_{ni} & k_{nj} & k_{nm} & k_{nn} \end{bmatrix} \begin{bmatrix} T_i \\ T_j \\ T_m \\ T_n \end{bmatrix} \tag{4-144}$$

式（4-144）中，$\boldsymbol{K}$ 的任一元素 $k_{l,k}$ 根据式的计算结果可以写成

$$k_{l,k} = \int_{-1}^{1}\int_{-1}^{1} \frac{\lambda}{16|\boldsymbol{J}|} \left(D_2 \frac{\partial H_k}{\partial \xi} + D_1 \frac{\partial H_k}{\partial \eta} \right) \mathrm{d}\xi \mathrm{d}\eta \qquad (l,k=i,j,m,n) \tag{4-145}$$

将式（4-140）和式（4-142）中的 D_i 和 M_i 等简写符代入式（4-145），得

$$k_{l,k} = \int_{-1}^{1}\int_{-1}^{1} \frac{\lambda}{16|\boldsymbol{J}|} \left[(M_2 L_4 - M_1 L_3) \frac{\partial H_k}{\partial \xi} + (M_1 L_1 - M_2 L_2) \frac{\partial H_k}{\partial \eta} \right] \mathrm{d}\xi \mathrm{d}\eta$$

$$= \int_{-1}^{1}\int_{-1}^{1} \frac{\lambda}{16|\boldsymbol{J}|} \left\{ \left[L_4 \left(L_4 \frac{\partial H_l}{\partial \xi} - L_2 \frac{\partial H_l}{\partial \eta} \right) - L_3 \left(-L_3 \frac{\partial H_l}{\partial \xi} + L_1 \frac{\partial H_l}{\partial \eta} \right) \right] \frac{\partial H_k}{\partial \xi} \right.$$

$$\left. + \left[L_1 \left(-L_3 \frac{\partial H_l}{\partial \xi} + L_1 \frac{\partial H_l}{\partial \eta} \right) - L_2 \left(L_4 \frac{\partial H_l}{\partial \xi} + L_2 \frac{\partial H_l}{\partial \eta} \right) \right] \frac{\partial H_k}{\partial \eta} \right\} \mathrm{d}\xi \mathrm{d}\eta$$

$$= \int_{-1}^{1}\int_{-1}^{1} \frac{\lambda}{16|\boldsymbol{J}|} \left[\left(L_1 \frac{\partial H_l}{\partial \eta} - L_3 \frac{\partial H_l}{\partial \xi} \right) \left(L_1 \frac{\partial H_k}{\partial \eta} - L_3 \frac{\partial H_k}{\partial \xi} \right) \right.$$

$$\left. + \left(L_2 \frac{\partial H_l}{\partial \eta} - L_4 \frac{\partial H_l}{\partial \xi} \right) \left(L_2 \frac{\partial H_k}{\partial \eta} - L_4 \frac{\partial H_k}{\partial \xi} \right) \right] \mathrm{d}\xi \mathrm{d}\eta \tag{4-146}$$

设

$$\left. \begin{aligned} E_l &= L_1 \partial H_l / \partial \eta - L_3 \partial H_l / \partial \xi \\ E_k &= L_1 \partial H_k / \partial \eta - L_3 \partial H_k / \partial \xi \\ F_l &= L_2 \partial H_l / \partial \eta - L_4 \partial H_l / \partial \xi \\ F_k &= L_2 \partial H_k / \partial \eta - L_4 \partial H_k / \partial \xi \end{aligned} \right\} \tag{4-147}$$

则式（4-146）可写成

$$k_{l,k} = \int_{-1}^{1}\int_{-1}^{1} \frac{\lambda}{16|\boldsymbol{J}|} (E_l E_k + F_l F_k) \mathrm{d}\xi \mathrm{d}\eta \qquad (l,k=i,j,m,n) \tag{4-148}$$

式（4-148）中，E_l、E_k、F_l、F_k、$|\boldsymbol{J}|$ 均为 (ξ, η) 的函数，并与节点的坐标有关。

对于式（4-124）中的非稳态导热项，可以表示为

$$\frac{\partial J_2^e}{\partial T_l} = \iint_e \rho c_p H_l \frac{\partial T}{\partial t} \mathrm{d}x \mathrm{d}y = \int_{-1}^{1}\int_{-1}^{1} \rho c_p H_l |\boldsymbol{J}| \frac{\partial T}{\partial t} \mathrm{d}\xi \mathrm{d}\eta$$

$$= \int_{-1}^{1}\int_{-1}^{1} \rho c_p |\boldsymbol{J}| H_l \left(H_i \frac{\partial T_i}{\partial t} + H_j \frac{\partial T_j}{\partial t} + H_m \frac{\partial T_m}{\partial t} + H_n \frac{\partial T_n}{\partial t} \right) \mathrm{d}\xi \mathrm{d}\eta$$

$$(l=i,j,m,n) \tag{4-149}$$

把式（4-149）写成矩阵形式，可得

$$
\begin{bmatrix} \partial J_2^e / \partial T_i \\ \partial J_2^e / \partial T_j \\ \partial J_2^e / \partial T_m \\ \partial J_2^e / \partial T_n \end{bmatrix} = \begin{bmatrix} n_{ii} & n_{ij} & n_{im} & n_{in} \\ n_{ji} & n_{jj} & n_{jm} & n_{jn} \\ n_{mi} & n_{mj} & n_{mm} & n_{mn} \\ n_{ni} & n_{nj} & n_{nm} & n_{nn} \end{bmatrix} \begin{bmatrix} \partial T_i / \partial t \\ \partial T_j / \partial t \\ \partial T_m / \partial t \\ \partial T_n / \partial t \end{bmatrix} \tag{4-150}
$$

式（4-150）中，N 的任一元素 $n_{l,k}$ 根据式的计算结果可以写成

$$
n_{l,k} = \int_{-1}^{1} \int_{-1}^{1} \rho c_p \mid J \mid H_l H_k \, \mathrm{d}\xi \mathrm{d}\eta \qquad (l,k = i,j,m,n) \tag{4-151}
$$

对于式（4-124）中的内热源项，可以表示为

$$
\frac{\partial J_3^e}{\partial T_l} = \iint_e q_v H_l \, \mathrm{d}x \, \mathrm{d}y = \int_{-1}^{1} \int_{-1}^{1} Q_v \mid J \mid H_l \, \mathrm{d}\xi \mathrm{d}\eta \qquad (l = i,j,m,n) \tag{4-152}
$$

把式（4-124）、式（4-148）、式（4-151）、式（4-152）结合在一起，式（4-124）用矩阵形式表示为

$$
\begin{bmatrix} \partial J^e / \partial T_i \\ \partial J^e / \partial T_j \\ \partial J^e / \partial T_m \\ \partial J^e / \partial T_n \end{bmatrix} = \begin{bmatrix} k_{ii} & k_{ij} & k_{im} & k_{in} \\ k_{ji} & k_{jj} & k_{jm} & k_{jn} \\ k_{mi} & k_{mj} & k_{mm} & k_{mn} \\ k_{ni} & k_{nj} & k_{nm} & k_{nn} \end{bmatrix} \begin{bmatrix} T_i \\ T_j \\ T_m \\ T_n \end{bmatrix} + \begin{bmatrix} n_{ii} & n_{ij} & n_{im} & n_{in} \\ n_{ji} & n_{jj} & n_{jm} & n_{jn} \\ n_{mi} & n_{mj} & n_{mm} & n_{mn} \\ n_{ni} & n_{nj} & n_{nm} & n_{nn} \end{bmatrix} \begin{bmatrix} \partial T_i / \partial t \\ \partial T_j / \partial t \\ \partial T_m / \partial t \\ \partial T_n / \partial t \end{bmatrix} - \begin{bmatrix} P_i \\ P_j \\ P_m \\ P_n \end{bmatrix} \tag{4-153}
$$

或

$$
\left(\frac{\partial J}{\partial T} \right)^e = K^e T^e + N^e \frac{\partial T^e}{\partial t} - P^e \tag{4-154}
$$

对于第三类边界条件，假若规定四边形单元的 mn 边处于区域边界上，则第三类边界条件对单元 i，j 节点无贡献。第三类边界条件对 p_m 和 p_n 的贡献均为

$$
hS_{mn} T_f / 2 \tag{4-155}
$$

对于 k_{mm} 和 k_{nn} 的贡献均为

$$
hS_{mn} / 3 \tag{4-156}
$$

对于 k_{mn} 和 k_{nm} 的贡献均为

$$
hS_{mn} / 6 \tag{4-157}
$$

式（4-155）～式（4-157）中，S_{mn} 表示为

$$
S_{mn} = \sqrt{(x_n - x_m)^2 + (y_n - y_m)^2} \tag{4-158}
$$

式（4-153）和式（4-154）是对某个四边形单元的代数方程，把所有节点的代数方程按照规则集成在一起，就能得到所有节点的总体方程，用矩阵表示为

$$
\begin{bmatrix} k_{11} & k_{12} & \cdots & k_{1n} \\ k_{21} & k_{22} & \cdots & k_{2n} \\ \cdots & \cdots & \cdots & \cdots \\ k_{n1} & k_{n2} & \cdots & k_{nn} \end{bmatrix} \begin{bmatrix} T_1 \\ T_2 \\ \cdots \\ T_n \end{bmatrix} + \begin{bmatrix} n_{11} & n_{12} & \cdots & n_{1n} \\ n_{21} & n_{22} & \cdots & n_{2n} \\ \cdots & \cdots & \cdots & \cdots \\ n_{n1} & n_{n2} & \cdots & n_{nn} \end{bmatrix} \begin{bmatrix} \partial T_1 / \partial t \\ \partial T_2 / \partial t \\ \cdots \\ \partial T_n / \partial t \end{bmatrix} = \begin{bmatrix} P_1 \\ P_2 \\ \cdots \\ P_n \end{bmatrix} \tag{4-159}
$$

或简写为

$$
K T_t + N \left(\frac{\partial T}{\partial t} \right)_t = P_t \tag{4-160}
$$

式（4-160）中系数矩阵 K 称为温度刚度矩阵，系数矩阵 N 称为非稳态变温矩阵，T 是未知温度的列向量，P 称为等式右端项组成的列向量，下标 t 表示 t 时刻。

式（4-160）是一个非线性方程组，其中的 K、N、P 均随温度的变化而变化。采用 Crank-Nicolson 格式进行时间上的离散，可得

$$\left(\frac{K}{2}+\frac{N}{\Delta t}\right)T_t = \frac{P_t + P_{t-\Delta t}}{2} - \left(\frac{K}{2}-\frac{N}{\Delta t}\right)T_{t-\Delta t} \tag{4-161}$$

或简写为

$$HT = F \tag{4-162}$$

式（4-162）中 H、F 均随温度的变化而变化，所以式（4-162）是一个非线性方程组。解这种非线性方程组有直接迭代法、牛顿-拉斐逊法、增量法等。其中，直接迭代法的基本原理是用第 n 次迭代的近似值代入 H、F 中，求解得到新的 H、F，再代入方程组（4-162），求解得到第 $n+1$ 次迭代的温度 T^{n+1}，并判断 T^{n+1} 与第 n 次迭代得到的温度 T^n 差值。反复迭代，直至误差 $\Delta T = T^{n+1} - T^n$ 小于允许的值为止。

第5章
淬火过程组织转变的数值模拟

5.1 相变曲线

5.1.1 连续冷却转变曲线

连续冷却转变（continuous cooling transformation，CCT）曲线即过冷奥氏体连续冷却转变曲线，反映了在连续冷却条件下过冷奥氏体的转变规律，是分析转变产物组织与性能的依据，也是制订热处理工艺的重要参考资料。20世纪50年代以后，由于实验技术的发展，才开始精确地测量钢的CCT曲线，并直接用以解决连续冷却时的组织转变问题。

在钢的组织转变数值模拟过程中，CCT曲线首先被选为模拟依据。如图5-1所示，将实验或模拟得到的零件相应位置的冷却曲线（图5-1中的虚线）放入钢的CCT曲线中，可以根据冷却曲线穿越的相变区域判断零件相应位置在冷却过程中可以得到何种组织。但这种判断只能定性，无法定量。

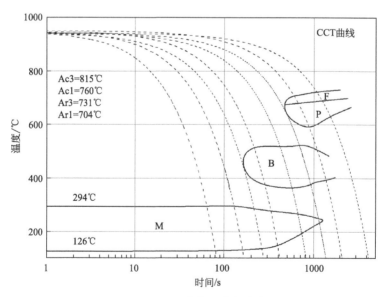

图5-1　CCT曲线及冷却曲线

5.1.2　等温转变曲线

等温转变（time-temperature-transformation，TTT）曲线可综合反映过冷奥氏体在不同过冷度的等温温度、保持时间与转变产物体积分数（转变开始及转变终止）的关系，又称为"C 曲线"。钢的 TTT 曲线应用范围很广，在生产中常利用 TTT 曲线制订等温退火、等温淬火及分级淬火工艺计划。另外，利用 TTT 曲线可以大致估计钢件在某种冷却介质中冷却可得到的组织，还可以估计钢的淬硬性和淬透性。

测定 TTT 曲线常用的方法有硬度及显微组织法、磁性测量法、膨胀测量法等。其中，膨胀测量法是根据奥氏体的比容与其分解产物的比容不同来测定其转变过程。在同一温度时，奥氏体比容最小，其次为珠光体，马氏体比容最大。试验时，把试样装在膨胀仪的试样架上，然后把试样加热到奥氏体化温度，保温一定时间后迅速降温至某一温度并保温。当奥氏体发生转变时，试样膨胀，长度增加，这时会在膨胀仪记录的膨胀曲线上出现拐点。试验后，根据膨胀曲线上的拐点，就可以判断在该温度下奥氏体开始转变和转变终了的时间。

CCT 曲线只说明不同冷速下所得到的相变产物，没有说明相变过程（也就是由开始转变到终止转变之间的过程），而相变过程对数值模拟来说是必不可少的。TTT 曲线与CCT 曲线不同，它的横坐标为转变时间，纵坐标为温度，在温度-时间坐标上标出了不同温度等温保持过程中各种相变开始与终止的时间及转变量，如图 5-2 所示。各种组织转变开始点的连线、转变终止点的连线构成钢的等温转变曲线。从 TTT 曲线上可以看到：

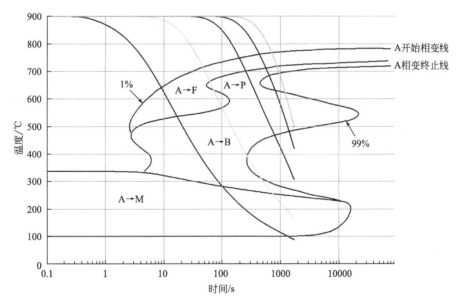

图 5-2　TTT 曲线及冷却曲线

1）钢从奥氏体化温度冷却到不同温度等温所能形成的转变产物——铁素体、珠光体、贝氏体、马氏体；

2）各种转变产物的形成温度区间——组织转变开始与终止温度；

3）不同温度下各种转变产物等温转变开始与终止的时间以及转变终止时的转变量。

TTT 曲线中的数据正是组织转变数值模拟所必需的，但是淬火过程是一个连续冷却过程，而 TTT 曲线描述的是等温转变过程，因此 TTT 曲线不能直接用于组织转变数值模拟。20 世纪 70 年代初，提出组织转变数值模拟时，就有两种描述组织转变的依据：TTT 曲线和 CCT 曲线，而且 CCT 曲线首先被选作模拟依据。直到 20 世纪 70 年代末，Hildenwall 运用 Scheil 叠加原则成功地解决了应用 TTT 曲线进行组织转变模拟的难题，才使 TTT 曲线在热处理数值模拟和热处理生产过程中得到推广应用。

在 20 世纪 80 年代末之前，采用 CCT 曲线和 TTT 曲线模拟组织转变的研究均常见报道。采用 TTT 曲线模拟组织转变，数学模型具有理论基础，而且用 Scheil 叠加原理经过反复校核，可以得到满意结果。采用 CCT 曲线模拟的学者，认为用和实际冷却过程完全一致的 CCT 曲线模拟可以得到更准确的结果，而按 TTT 曲线模拟总有偏差。随着人们对应力/应变影响组织转变的认识，学者们在模拟组织转变时开始考虑应力/应变的影响。基于 TTT 曲线建立的数学模型开始展现出优势，可以基于实验结果对公式进行修正从而考虑应力/应变的影响，使得按 TTT 曲线模拟组织转变的方法具有更广泛的应用前景。

5.2 相变过程的数学模型

5.2.1 扩散型转变

对于扩散型转变，等温转变开始与终止的时间描述了转变的过程，开始时间为孕育期，转变开始到终止为长大过程。扩散型转变的转变量与时间可表达为以下形式

$$f = 1 - \exp(-bt^n) \tag{5-1}$$

式（5-1）中

$$n = \frac{\ln\left[\dfrac{\ln(1-f_1)}{\ln(1-f_2)}\right]}{\ln\left(\dfrac{t_1}{t_2}\right)} \tag{5-2}$$

$$b = -\frac{\ln(1-f_1)}{t_1^n} \tag{5-3}$$

式（5-1）～式（5-3）中，f 为组织转变程度，t 为等温时间，t_1、t_2 及 f_1、f_2 为某一温度 T 的两个等温时间及转变量，如图 5-3 所示。

5.2.2 非扩散型转变

对于非扩散型转变，转变量只取决于温度，与时间没有关系，转变量与温度的关系可表示为

$$V = 1 - \exp[-\alpha(M_s - T)] \tag{5-4}$$

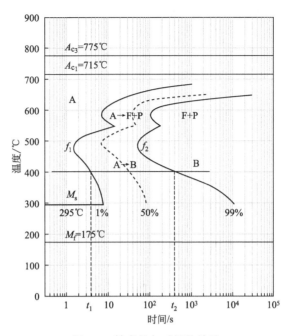

图 5-3 转变量与时间的关系

式（5-4）中，M_s 为奥氏体开始转变成马氏体的温度，α 为常数，反映马氏体的转变速率。α 随钢种不同而变化，可根据钢的 M_s 和 M_f 两个温度值进行计算

$$\alpha=\frac{\ln(1-0.99)}{M_f-M_s} \tag{5-5}$$

式（5-5）中，M_f 是奥氏体完全转变成马氏体的温度（转变量为 99%）。

对于扩散型转变和非扩散型转变，在模拟相变过程时，为避免由于相变潜热引起温度回升而造成转变量降低，可做如下假设

$$V_k(i)=\begin{cases} V_k(i) & V_k(i)\geqslant V_k(i-1) \\ V_k(i-1) & V_k(i)<V_k(i-1) \end{cases} \tag{5-6}$$

式（5-6）中，$V_k(i)$ 代表相变时间步为 i 时 k 相的转变量（$k=$F,P,B,M）。

5.2.3 马氏体相变温度的计算

奥氏体内的含碳量是影响钢的 M_s 温度的主要因素，除了可用磁性测量法、膨胀测量法等测量钢的 M_s 温度，还可以通过经验公式计算钢的 M_s 温度。多数合金元素如 Mn、V、Cr、Ni、Cu、Mo、W 等均会使钢的 M_s 温度降低，而 Co、Al 等则会使 M_s 温度升高，但是与含碳量相比，合金元素均是次要的影响元素。经分别测量后，得到在一定范围内的化学成分和钢的 M_s 温度，用统计方法可求得 M_s 温度的经验公式。

对于 Fe-C 合金，求得 M_s 经验公式为

$$M_s=520-320w_C \tag{5-7}$$

式（5-7）中，M_s 为奥氏体开始转变为马氏体的温度，单位℃。

对于含 0.1%～0.55% C、0.1%～0.35% Si、0.2%～1.7% Mn、0～5.6% Ni、0～

3.5% Cr、0～1.0% Mo 的钢，奥氏体化时碳化物完全溶解，则钢的 M_s 温度可由下列经验公式求得

$$M_s = 561 - 474w_C - 33w_{Mn} - 17w_{Ni} - 17w_{Cr} - 21w_{Mo} \tag{5-8}$$

由（5-8）式所得结果和实验测定相比，可靠性达 90%，误差为 ±20℃。

对于 0.11%～0.6% C、0.04%～4.87% Mn、0.11%～1.89% Si、0～0.046% S、0～0.048% P、0～5.04% Ni、0～4.61% Cr、0～5.4% Mo 的钢，可用下列经验公式求得钢的 M_s 温度

$$M_s = 539 - 423w_C - 30.4w_{Mn} - 17.7w_{Ni} - 12.1w_{Cr} - 7.5w_{Mo} \tag{5-9}$$

式（5-9）对较高合金含量（如 >2% Cr）钢更为可靠，所得结果和实验测定结果相比，误差约为 ±10℃。

5.2.4 贝氏体相变温度的计算

B_s 温度随含碳量的增高而显著降低，一般常用的合金元素均会使 B_s 温度降低，但硅对 B_s 温度没有影响。经分别测量后，得到在一定范围内的化学成分和钢的 B_s 温度，用统计方法可求得 B_s 温度的经验公式。

对于 0.1%～0.55% C、0.2%～1.7% Mn、0.1～3.5% Cr、0～5% Ni、0.1%～1.0% Mo 的钢，Steven 和 Haynes 用下列经验公式以求得钢的 B_s 温度

$$B_s = 830 - 270w_C - 90w_{Mn} - 37w_{Ni} - 70w_{Cr} - 83w_{Mo} \tag{5-10}$$

由式（5-10）计算所得结果与实验测定结果的误差约为 ±20～25℃。

5.2.5 相变潜热的计算与处理

热处理在加热或冷却过程中，当发生组织转变时会吸收（加热过程）或释放（冷却过程）潜热 Q_v。固态组织转变的潜热，虽不像熔化或凝固时潜热那么大，但亦是不可忽略的一个因素。从数学角度看，潜热释放将使温度场控制方程成为高度非线性，给求解带来一定的困难。在模拟计算中，可将每个有限元单元内部产生的相变潜热作为此单元的内热源进行处理，并迭代求解至收敛。

在淬火过程中，内热源项 Q_v 是由相变（A→F，A→P，A→B，A→M）潜热产生，奥氏体分解时的相变潜热如表 5-1 所示。

表 5-1 奥氏体分解时的相变潜热

生成组织	铁素体(F)	珠光体(P)	贝氏体(B)	马氏体(M)
$\Delta H / (J/m^3)$	5.9×10^8	6.0×10^8	6.2×10^8	6.5×10^8

由于奥氏体的转变与温度有关，因此相变潜热也是与温度有关的线性函数，单个有限元单元中相变潜热的计算公式为

$$Q_v^e = \Delta H (f_{n+1}^e - f_n^e) V^e = \Delta H \Delta f_{n+1}^e V^e \tag{5-11}$$

式（5-11）中 f_{n+1}^e 是 $n+1$ 时刻的相变程度，f_n^e 是 n 时刻的相变程度，ΔH 是生成

铁素体、珠光体、贝氏体、马氏体时相应的相变潜热，Δf^e_{n+1} 是单元在 $n+1$ 时刻新生相的体积分数，V^e 是单元体积。

另外，也可以采用温度回升法处理相变潜热，也就是把奥氏体转变过程中的潜热折算成温度升高值的办法，将节点温度的升高值与节点的温度相加，对温度场进行修正。

$$\Delta T^e_{n+1} = \frac{\Delta H(f^e_{n+1} - f^e_n)V^e}{\rho c_p V^e} = \frac{\Delta H \Delta f^e_{n+1}}{\rho c_p} \tag{5-12}$$

式（5-12）中，ΔT^e_{n+1} 是同一单元内所有节点因相变潜热产生的温升，ρ 是材料密度，c_p 是材料定压比热容。

5.3 Scheil 叠加法则

零件在热处理冷却过程中的组织转变与温度变化有密切的联系，为准确地描述零件在冷却过程中的相变行为，必须确定零件相应位置的冷却曲线。零件相应位置的冷却曲线可通过实验或数值模拟的方法获取，若通过实验方法获取，需要为数据采集模块设置采样频率（或采样时间步长）；若通过数值模拟方法获取，通过第 3 章和第 4 章的内容可知，需要选择模拟时间步长。由此可以看出，零件的冷却曲线实际是由采样时间步长或模拟时间步长决定的一系列折线，而且步长越小，冷却曲线越趋向于光滑的连续冷却曲线。基于这个原因，在用 TTT 曲线进行组织转变模拟过程中，可以把连续冷却曲线离散成一系列的折线，每段折线时间轴的长度与时间步长相等。在每一个时间步长内，是一个等温过程，如图 5-4 所示。

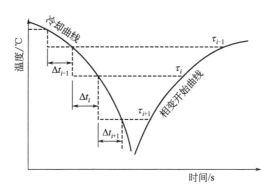

图 5-4　连续冷却曲线的离散示意图

对于式（5-1）所描述的等温转变过程，将加热后的零件快速降温至相应温度，并在该温度下保温一定的时间后奥氏体才开始转变为其他组织，这个保温时间称为孕育时间。孕育时间也就是沿着相应温度画水平线，水平线与相变开始线的交点所对应的时间，如图 5-4 中的 τ_{i-1}、τ_i 和 τ_{i+1}。

扩散型转变数学模型式（5-1）描述的是等温条件下的转变过程，对于连续冷却的淬火过程不能直接使用。在使用的时候，要通过时间离散，将每一个时间段近似为等温转变过程，并叠加计算孕育率。Scheil 运用叠加法则解决了孕育率的计算，叠加法则示意图如图 5-4 所示。其方法是：将每一温度下所消耗的时间 Δt_i 除以该温度下的孕育时间 τ_i，并

将此值定义为孕育率；不同时间段（或不同温度下）的孕育率累加到 1 时，即

$$\sum_{i=1}^{n} \frac{\Delta t_i}{\tau_{t_i}} \geqslant 1 \tag{5-13}$$

孕育期结束，开始相应的组织转变过程。式（5-13）中，Δt_i 为时间步长，τ_i 为 Δt_i 所对应的温度在 TTT 曲线中的孕育时间。

假设在第 $i-1$ 时间步，孕育率恰好累加到 1，则在第 i 时间步时组织将开始转变。设第 i 时间步时对应的温度为 T_i，时间步长为 Δt_i，温度 T_i 在相变开始线（1%）对应的时间为 t_i^s，在相变终止线（99%）对应的时间为 t_i^f，如图 5-5 所示。

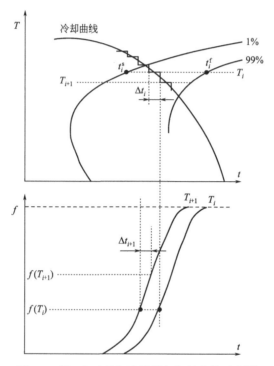

图 5-5 用 Scheil 叠加法计算组织转变量示意图

根据式（5-2）和式（5-3）可得

$$n(T_i) = \ln\left[\frac{\ln(1-f_1)}{\ln(1-f_2)}\right] / \ln\left(\frac{t_i^s}{t_i^f}\right) \tag{5-14}$$

$$b(T_i) = -\frac{\ln(1-f_1)}{(t_i^s)^{n(T_i)}} \tag{5-15}$$

把式（5-14）和式（5-15）代入式（5-1）可得第 i 时间步的组织转变量

$$f(T_i) = 1 - \exp\left[-b(T_i) \times \Delta t_i^{n(T_i)}\right] \tag{5-16}$$

设第 $i+1$ 时间步时对应的温度为 T_{i+1}，时间步长为 Δt_{i+1}，温度 T_{i+1} 在相变开始线（1%）对应的时间为 t_{i+1}^s，在相变终止线（99%）对应的时间为 t_{i+1}^f。根据式（5-2）和式（5-3）可得

$$n(T_{i+1}) = \ln\left[\frac{\ln(1-f_1)}{\ln(1-f_2)}\right] / \ln\left(\frac{t_{i+1}^s}{t_{i+1}^f}\right) \tag{5-17}$$

$$b(T_{i+1}) = -\frac{\ln(1-f_1)}{(t_{i+1}^s)^{n(T_{i+1})}} \qquad (5\text{-}18)$$

当扩散型相变开始后，假设在 T_i 温度下保持 Δt_i 时间后转变量 $f(T_i)$ 相当于 T_{i+1} 温度下的转变量，可以同 T_{i+1} 温度下保持 Δt_{i+1} 时间的转变量相加，这样，在计算 T_{i+1} 温度下的转变量时，须将前一阶段温度下的转变量 $f(T_i)$ 折算成 T_{i+1} 温度下所需时间 t_{i+1}^*，这一时间称为虚拟时间

$$t_{i+1}^* = \left[\frac{-\ln[1-f(T_i)]}{b(T_{i+1})} \right]^{\frac{1}{n(T_{i+1})}} \qquad (5\text{-}19)$$

由式（5-1）计算 T_{i+1} 温度下保持 $t_{i+1}^* + \Delta t_{i+1}$ 时刻的转变量为

$$f(T_{i+1}) = 1 - \exp\left[-b(T_{i+1}) \times (t_{i+1}^* + \Delta t_{i+1}) \right]^{n(T_{i+1})} \qquad (5\text{-}20)$$

对于以后的各个时间步所对应温度下组织转变量，重复以上过程。

5.4 杠杆定律

对于亚共析钢，在模拟先共析铁素体及珠光体的转变量时，可以完全按珠光体转变进行，然后根据铁碳相图及杠杆定律将转变的组织分成铁素体及珠光体。图 5-6 示意了先共析铁素体和珠光体的计算方法。在铁碳合金相图中，MZ 线代表亚共析钢的碳当量，S 点是共析点。SZ 线是 ES 线的延长线，即伪共析体析出线。在共析温度和图 5-6 中 $T_{\min}$ 温度之间的 T_i 温度时，先共析铁素体析出的最大量和珠光体析出的最小量可由杠杆定律求得，即

$$\xi_{\text{Fmax}} = \frac{OM}{OR} \qquad (5\text{-}21)$$

$$\xi_{\text{Pmin}} = \frac{RM}{RO}$$

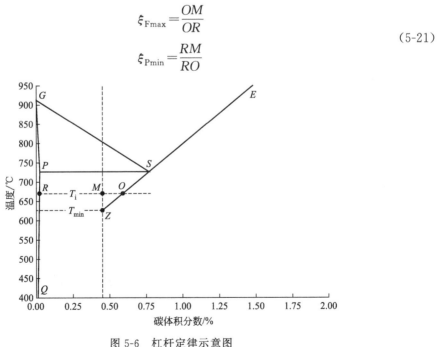

图 5-6 杠杆定律示意图

式（5-21）中，ξ_{Fmax} 和 ξ_{Pmin} 为 T_{min} 温度下先共析铁素体的最大含量及珠光体的最小含量。

若 $\xi_i \leqslant \xi_{Fmax}$，则

$$\xi_F = \xi_i, \quad \xi_P = 0 \tag{5-22}$$

若 $\xi_i \geqslant \xi_{Fmax}$，则

$$\xi_F = \xi_{Fmax}, \quad \xi_P = \xi_i - \xi_{Fmax} \tag{5-23}$$

式（5-22）、式（5-23）中，ξ_i 是 T_i 温度下奥氏体分解的体积分数，ξ_F 和 ξ_P 分别是先共析铁素体及珠光体的转变体积分数。当 $T_i < T_{min}$ 时，将不会再析出先共析铁素体。

5.5　淬火过程的相变塑性

相变塑性是一种不可逆转的塑性变形，这种变形与经典的塑性变形不同，其最明显的特征有两个：一是相变塑性伴随组织转变而产生；二是产生相变塑性时，并不跟经典塑性变形那样要求应力达到屈服极限，而且这种变形是不可逆的。对于相变塑性，许多学者都进行了实验研究，并提出了 Greenwood-Johnson 模型、蠕变模型、Leblond 模型等数学模型来描述它。

Greenwood-Johnson 模型最早是由 Greenwood-Johnson 提出，它考虑了组织转变过程中的比容变化和弱相的屈服应力，其表达式为

$$\varepsilon^{tp} = \frac{5}{6} \frac{\sigma}{\sigma_1^y} \left(\frac{\Delta V}{V} \right) \tag{5-24}$$

式（5-24）中，σ 为外加应力（单轴应力）；σ_1^y 为弱相的屈服极限；$\Delta V/V$ 为体积膨胀变化率。

Greenwood-Johnson 模型中，只考虑组织转变 100% 完成后相变塑性与应力的关系。Abrassart 等对上述模型进行了修正，考虑了奥氏体分解产物的多少与相变塑性的关系，给出表达式

$$\varepsilon^{tp} = \frac{3}{4} \frac{\sigma}{\sigma_1^y} \left(\frac{\Delta V}{V} \right) \left(m - \frac{2}{3} m^{3/2} \right) \tag{5-25}$$

式（5-25）中，m 为奥氏体分解产物的质量分数。

Leblond 经理论推导建议采用

$$\varepsilon^{tp} = \frac{2}{3} \frac{\sigma}{\sigma_1^y} \left(\frac{\Delta V}{V} \right) \left[m(1 - \ln m) \right] \tag{5-26}$$

Desalos 等认为相变塑性与应力成正比，并考虑了复杂应力的作用，给出以张量增量的形式表达相变塑性与应力和组织转变量的关系式为

$$\dot{\varepsilon}_{ij}^{tp} = 3K(1-m)\dot{m}S_{ij} \tag{5-27}$$

式（5-27）中，$\dot{\varepsilon}_{ij}^{tp}$ 为相变塑性张量增量；S_{ij} 为应力偏量张量；$\dot{m}$ 为新相生成的速

率；K 为相变塑性常数。

目前，采用式（5-27）的研究报道较多，较通用的形式为

$$\varepsilon^{tp} = K\sigma m(2-m) \tag{5-28}$$

其增量形式为

$$\dot{\varepsilon}^{tp} = 2K\sigma m(1-m)\dot{m} \tag{5-29}$$

用于多轴应力时，根据流动法则取

$$\dot{\varepsilon}^{tp}_{ij} = 3KS_{ij}(1-m)\dot{m} \tag{5-30}$$

5.6 淬火力学性能计算

梅尼尔等经大量实验研究指出，各相的硬度值是钢的成分与冷却速率的函数，并建立了马氏体、贝氏体和铁素体-珠光体硬度的计算模型。

对于马氏体，其计算模型为

$$HV_M = 127 + 949w_C + 27w_{Si} + 11w_{Mn} + 8w_{Ni} + 16w_{Cr} + 21\lg V_r \tag{5-31}$$

式（5-31）中，V_r 为冷却速度，w_C、w_{Si}、w_{Mn}、w_{Ni}、w_{Cr} 等为各元素的质量分数。式（5-31）是通过 62 种工业用钢的 103 次试验获得的，由此可见，马氏体硬度同各元素的含量成线性关系，而且碳的作用是最重要的。

对于贝氏体，其计算模型为

$$HV_B = 323 + 185w_C + 330w_{Si} + 153w_{Mn} + 65w_{Ni} + 144w_{Cr} + 191w_{Mo}$$
$$+ (89 + 53w_C - 55w_{Si} - 22w_{Mn} - 10w_{Ni} - 20w_{Cr} - 33w_{Mo})\lg V_r \tag{5-32}$$

式（5-32）是通过 75 种工业用钢 107 次试验获得的。从式（5-32）中可以看出，钒对淬火贝氏体没有硬化效果。

对于铁素体和珠光体，其计算模型为

$$HV_{F-P} = 42 + 223w_C + 53w_{Si} + 30w_{Mn} + 12.6w_{Ni} + 7w_{Cr} + 19w_{Mo}$$
$$+ (10 - 19w_{Si} + 4w_{Ni} + 8w_{Cr} + 130w_V)\lg V_r \tag{5-33}$$

式（5-33）是通过 40 种工业用钢的 107 次试验获得的。钒在奥氏体化中溶解时产生明显作用。

混合组织的硬度是按照各相的硬度加权平均得到的，即

$$Hv = \xi_M Hv_M + \xi_B Hv_B + (\xi_F + \xi_P)Hv_{F+P} \tag{5-34}$$

式（5-34）中，ξ_M、ξ_B、ξ_F 和 ξ_P 分别是某个单元中所含的马氏体、贝氏体、铁素体及珠光体的体积分数。

5.7 组织场模拟流程框图

计算淬火过程组织转变和硬度场的流程图如图 5-7 所示。

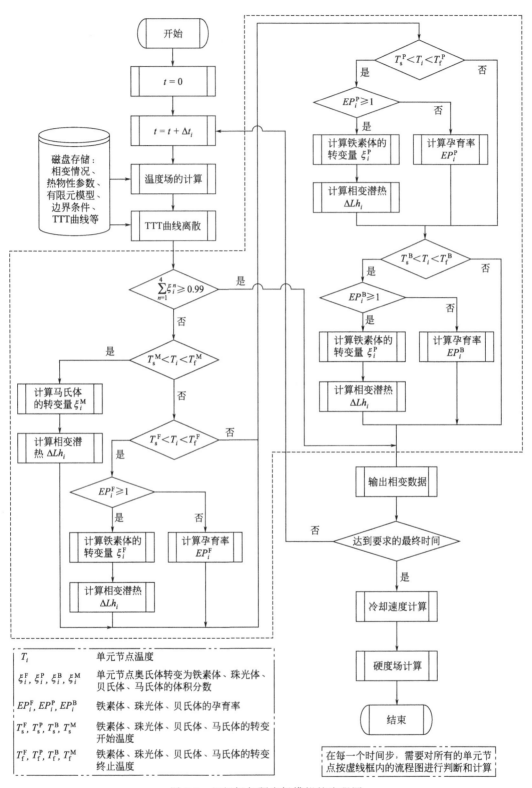

图 5-7 组织场与硬度场模拟的流程图

5.8 端淬工艺模拟与实验

端部淬火也称Jomimy法，是研究钢的淬透性的主要方法。该方法的要点是：将圆柱形试样加热奥氏体化后，对试样的一端进行水冷，淬火完成后，每隔一定的距离检测试样的金相及硬度，根据结果评价钢的淬透性能。

为了研究试样各部分的冷却速度及钢的淬透性，检验模拟结果的可靠性，在实验时，对传统的端部淬火工艺进行如下改进：①让试样只在端部与介质换热，其余部分包裹与试样同材料的保护钢套，在保护钢套外包裹硅酸铝耐火纤维毡；②将喷水淬火改为浸水淬火，淬火时对淬火介质搅拌，以保证试样端部的淬火介质保持在相应温度；③试样长度为200mm，半径5mm，材料为预硬塑胶模具钢P20；④保护钢套的长度为200mm，半径30mm，钢套的材料为预硬塑胶模具钢P20，将保护钢套分为两半，以便于试样的装夹；⑤在860℃保温30min至全部奥氏体化。

试样的化学成分如表5-2所示。

表5-2 AISI P20 钢的化学成分

元素	C	Si	Mn	S	P	Cu	Cr	Ni	Mo
质量分数/%	0.28	0.20	0.60	0.03	0.03	0.25	1.40	0.25	0.3

5.8.1 端淬工艺模拟

（1）模拟模型的建立

在模拟时，由于只有端部与淬火介质发生换热，而且淬火端与淬火介质的热交换剧烈、冷却速度快，只要10s左右试样的温度便从860℃骤降到200℃以下。为了保证端部温度及组织变化的模拟精度，需要把试样端部的有限元网格划分得细一些，另外为了节约模拟时间，需要把网格划分得粗一些。综合考虑这两方面的因素，在划分有限元网格时，通过网格划分参数控制网格从端部开始逐渐变粗。由于试样是圆柱形，属于轴对称问题，模拟时按轴对称问题处理并只取试样的一半作为模拟对象。

模拟时，假设只有端部跟淬火介质换热，因而把试样淬火端面设置成第三类边界条件。其余包裹硅酸铝耐火纤维毡的面，由于耐火纤维的隔热性能很好，试样与之接触部分的热损失可以忽略，因此在计算中按绝热处理，假定$h_0=0$。模拟试样的尺寸为$\phi 60 \times 200$mm（由于热电偶是安装在保护套中，所以模拟时包括保护套在内，其中保护套的壁厚为25mm）。

试样的有限元网格模型及边界条件的施加情况如图5-8所示。

（2）热物性参数的选择

对于20℃水，其与淬火零件之间的换热系数随着淬火零件表面温度的变化而变化。在模拟淬火过程温度场和组织场时，所采用的换热系数随温度变化的趋势如图5-9所示。

在淬火过程中，奥氏体转变为铁素体、珠光体、贝氏体、马氏体时产生的相变潜热数据如表5-1所示。在淬火过程中，材料的热物性参数随着淬火零件温度的变化而变化，在模拟温度场和组织场时所用P20钢的定压比热容密度及热导率随温度变化的数据如图5-10（a）、（b）及（c）所示。

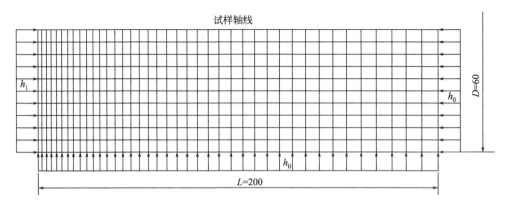

图 5-8　试样的有限元模型及边界条件

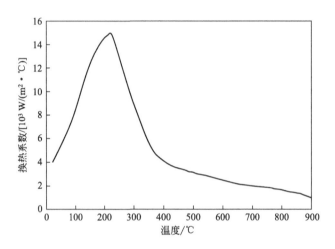

图 5-9　20℃水与淬火零件之间的换热系数

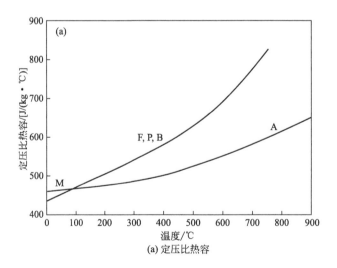

(a) 定压比热容

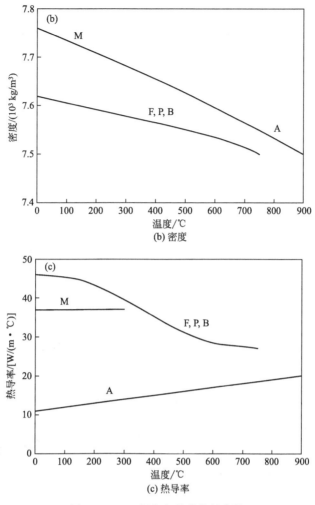

图 5-10　P20 钢各相的热物性参数

5.8.2　端淬实验

用有限元分析程序计算得到的距离淬火端不同距离处的铁素体、珠光体、贝氏体、马氏体含量如彩色插页图 5-11 所示。将端淬实验后的试样按每段 15mm 用线切割机床剖开，分别对每段试样制作金相试样，剖开的试样如图 5-12 所示。用金相显微镜拍摄的相应位置的金相照片如图 5-13 所示。

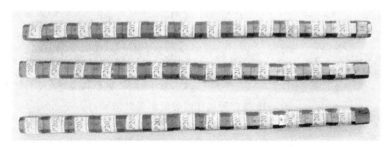

图 5-12　剖开的试样相片

将试样在端淬条件下完全冷却至室温，取剖开的三根试样作为研究对象，对每一个小试样的端部不同位置进行三次洛氏硬度检测，检测的结果如表 5-3 所示。试验得到的洛氏硬度值与数值模拟得到的硬度值的对比结果如表 5-3 和图 5-14 所示（数值模拟得到的硬度值是由有限元模拟程序计算得到试样的维氏硬度，再根据维氏硬度与洛氏硬度的对照表用插值的方法转换而成的）。

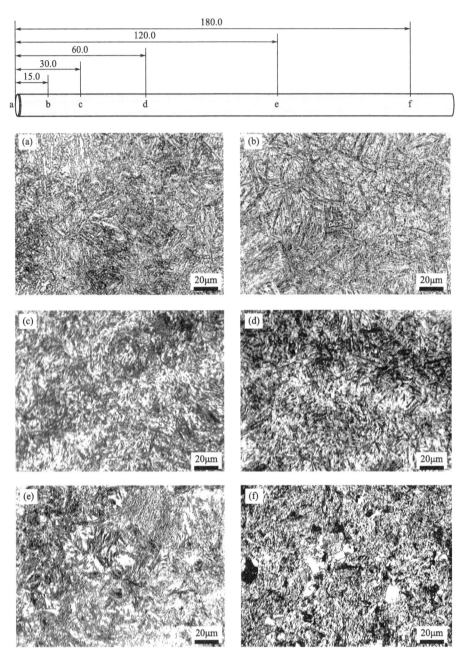

图 5-13 端淬后试样内的组织观察结果

(a) a 处的组织（M）；(b) b 处的组织（M+B）；(c) c 处的组织（B）；(d) d 处的组织（B+少量 P）；
(e) e 处的组织（B+P+少量 F）；(f) f 处的组织（P+F）

表 5-3　P20 端淬试样相应位置的洛氏硬度值

端淬距离 （mm）	试样（一）			试样（二）			试样（三）			平均值	模拟值
	位置一	位置二	位置三	位置一	位置二	位置三	位置一	位置二	位置三		
0	55.5	54.5	55.0	55.5	56.5	56.0	55.0	54.5	56.5	55.44	58.605
15	52.5	53.0	52.0	52.5	52.0	52.5	53.5	54.5	53.5	52.89	56.286
30	49.0	50.0	49.5	49.5	49.0	50.0	49.5	51.0	51.5	49.89	52.082
45	49.5	50.0	49.0	48.0	48.5	48.0	49.0	48.0	48.5	48.72	50.265
60	47.0	46.5	47.5	46.5	47.5	47.0	48.0	47.5	48.0	47.28	48.831
75	46.0	45.5	46.0	46.0	47.0	45.0	45.5	47.0	47.5	46.17	47.380
90	44.5	43.5	44.0	45.0	46.0	44.5	44.5	45.0	45.5	44.72	45.439
105	41.5	40.5	40.0	41.5	41.0	39.5	39.0	39.5	38.5	40.11	42.304
120	39.0	40.0	40.5	39.5	38.5	37.0	37.5	37.5	36.0	38.39	37.812
135	38.5	38.0	38.0	37.0	35.5	36.0	34.0	36.0	36.5	36.61	34.167
150	38.0	37.0	37.5	36.5	36.5	35.5	35.5	36.5	35.0	36.44	31.717
165	37.5	37.0	38.0	34.5	35.5	34.5	34.5	35.0	35.5	35.78	30.019
180	35.0	36.0	35.5	33.5	34.5	33.0	34.0	35.0	34.5	34.56	29.351
195	34.5	35.0	34.5	35.0	34.5	34.0	33.5	35.5	33.5	34.44	29.176

注：位置一、位置二、位置三分别为试样相应截面上的三个不同的测量点。

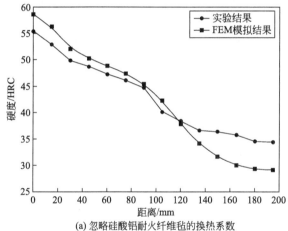

(a) 忽略硅酸铝耐火纤维毡的换热系数

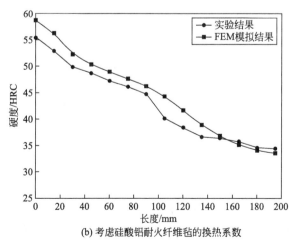

(b) 考虑硅酸铝耐火纤维毡的换热系数

图 5-14　端淬试样的硬度分布

从表 5-3 和图 5-14 （a） 中可以看出，试样距离淬火端 110mm 之内的部分，模拟值与实验值较为接近，而其余部分，随着离淬火端距离的增大，误差逐渐变大。出现这种情况的原因在于：

1） 从图 5-9 中可以看出，试样与淬火介质之间的换热系数比试样与硅酸铝耐火纤维毡之间的换热系数 $[0.036W/(m^2 \cdot ℃)]$ 大得多，离淬火端距离较近处（小于 110mm），试样冷却速度较快，材料的热量多数通过试样本身传导、传递到淬火介质中，硅酸铝耐火纤维毡对这部分的影响与之相比可以忽略，这种热传导方式与有限元模型的假设比较一致，所以这部分材料的模拟值与实验值较为接近。热量主要通试样本身传递到淬火介质中，由于这种热量传递方式比较慢，从而造成这部分的冷却速度比较慢。在这种情况下，硅酸铝耐火纤维毡的影响变得比较明显，若忽略硅酸铝耐火纤维毡的影响，就会造成模拟值与实验值之间存在较大的误差，如图 5-14 （a） 所示。

2） 对于超过 110mm 部分，这部分材料距离淬火端比较远，其热量主要通过试样本身传递到淬火介质中，这种热量传递方式的冷却速度非常慢。这部分材料的冷却速度与离淬火端较近处的冷却速度相比，差距非常大。离淬火端距离较远处（大于 110mm），虽然硅酸铝耐火纤维毡的热导率非常小，但是由于离淬火端较远的试样通过试样内部传热的速度也非常缓慢，所以使得这部分试样的热量并不是只通过试样传递给淬火介质，而是有相当大一部分热量通过硅酸铝耐火纤维毡传递出去，造成这部分试样的冷却形式与有限元模型中的假设不一样，使得模拟所得到的这部分试样的冷却速度比实验中的冷却速度小，而且离淬火端距离愈远，这种模拟与实验之间的冷速差异愈明显，造成模拟硬度与实验硬度之间的误差越大，如图 5-14 （a） 所示。

3） 离淬火端越远的材料，其冷却速度越慢，冷却时间也越长，因而实验装置中的硅酸铝耐火纤维毡对这部分试样的影响不能忽略。在模拟时，若考虑硅酸铝耐火纤维毡的导热系数 ［考虑到淬火时间较长、试样长时间在高温状态，而且硅酸铝耐火纤维毡压得较紧，因而硅酸铝耐火纤维毡无法达到其理想的热导率，在模拟时取 $2W/(m^2 \cdot ℃)$］，对同样的试样进行模拟，模拟结果与实验值之间的关系如图 5-14 （b） 所示。

5.8.3 相变潜热对温度场和组织场的影响

在模拟过程中对比了相变潜热对试样冷却曲线及试样相变的影响，考虑相变潜热所得到的试样冷却曲线如图 5-15 （a） 所示，不考虑相变潜热所得到的试样冷却曲线如图 5-15 （b） 所示；考虑相变潜热所得到的各相含量沿轴向分布曲线如图 5-15 （c） 所示，不考虑相变潜热所得到的各相含量沿轴向分布曲线如图 5-15 （d） 所示。

从图 5-15 （a） 及 （b） 的对比中可以看出，由于奥氏体发生相变产生大量的相变潜热，使相变时的冷却速度降低。由于距离端部较近的位置（0、10mm、30mm、60mm）与淬火介质换热剧烈，相变潜热对冷却速度的影响不很明显；在距离端部较远处（100mm、150mm、200mm），热传导速度慢，冷却速度受相变潜热影响较大，由于相变产生的潜热大于试样内部的热传导速度，使试样的局部（150～200mm）温度在某段时间内升高，当相变过程完成后，试样温度随时间继续下降。

从图 5-15 （c） 及 （d） 的对比中可以看出，相变潜热对距离淬火端部 100～200mm 之间的试样的珠光体及贝氏体转变量影响较大，而对 0～100mm 之间的马氏体、贝氏体及

100～200mm 之间的铁素体基本上没有影响。这是由于不考虑相变潜热时，100～200mm 之间的试样在等温转变曲线的珠光体转变区停留时间短，可使没有转变的奥氏体全部转变成贝氏体；对于 100～200mm 之间的铁素体，从图 5-6 杠杆定律示意图中可以看出，P20 的碳当量在很大程度上决定了试样中所含的铁素体的最大量，冷却速度及试样在珠光体转变区停留的时间对铁素体的含量影响较小；对于 0～100mm 之间的马氏体及贝氏体，从 5-15（a）及图 5-15（b）中的冷却曲线与 TTT 曲线的关系可以看出，由于这部分试样与淬火介质之间换热快，相变潜热对冷却曲线的影响较小，对孕育率的叠加影响不大，也就是无论是否考虑相变潜热，对马氏体、贝氏体转变时间影响均较小，从而使转变数学模型计算出的数据没有较大的变化。

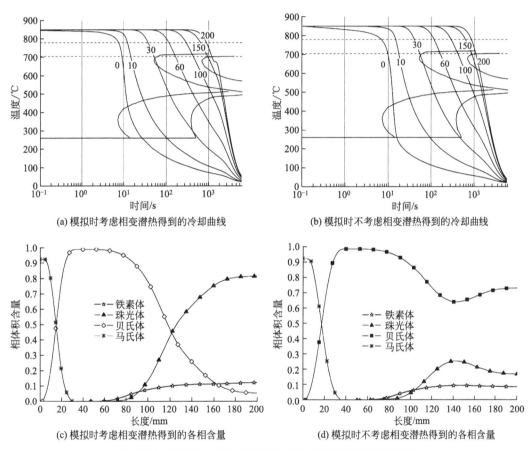

图 5-15　相变潜热对冷却曲线和各相含量分布曲线的影响

第6章
再结晶及晶粒长大过程数值模拟

6.1　晶粒形核和长大

6.1.1　金属凝固过程

（1）形核

当液相金属过冷至实际结晶温度后，经过一段孕育期，在液相内部开始出现许多有序排列的小原子团，称之为晶胚。当晶胚达到某一临界尺寸后，就成为可以稳定存在并自发长大的晶核，这一过程称为形核。当临界晶核形成后，母相中的原子逐步扩散到核胚上，使其成为稳定晶核并长大。晶核的形成方式有两种：均匀形核（homogeneous nucleation）和非均匀形核（heterogeneous nucleation）。均匀形核（均质形核或自发形核）是指在均匀的单相体系中，晶核的形成概率处处相同的形核方式。非均匀形核（异质形核或非自发形核）是指借助于界面、微粒、裂纹及各种催化位置而形成晶核的方式。

（2）晶粒长大

高温液态金属产生核化中心后，核化中心周围的液体开始围绕着核化中心逐渐凝固和生长，称为晶粒长大。晶粒长大的驱动力是总的晶界能的降低，从热力学条件来看，在一定体积的金属中，其晶粒愈粗，总的晶界表面积就愈小，总的表面能也就愈低。由于晶粒粗化可以减少表面能，使金属或合金处于较稳定的、自由能较低的状态，因此，晶粒长大是一种自发的变化趋势。晶粒长大过程需要原子有较强的扩散能力，以完成晶粒长大时晶界的迁移运动。较高的加热温度是实现晶粒长大的条件之一。

在晶粒长大初期，在液态环境下围绕晶核向四周无限制等速生长，直到碰到另一个生长的晶粒，二者中间形成晶界，此时停止生长。生长出的晶粒多不规则，晶界也没有特定的形态。后期，以牺牲小晶粒为代价，晶粒通过吞食的形式逐渐长大，这种吞食是通过晶界的逐渐移动而进行的，即某些晶粒的晶界向其周围的其他晶粒推进，从而把别的晶粒吞并过来。晶界的移动与其曲率有关，晶界的曲率愈大，则其表面积也愈大，因此，一个弯曲的晶界有向其曲率中心移动而使其变得平直的趋势，这一过程称为晶界的平直化。因为小晶粒的晶界一般具有凸面，而大晶粒的晶界一般具有凹面，因此晶界移动的结果是小晶粒易为相邻的大晶粒所吞并。随着时间的推移，晶粒的晶界不断变化，当时间足够长时，晶界多呈直线，晶界的边点多呈三叉状。

6.1.2　再结晶退火

在金属冷塑性变形（冷锻、冷挤压、冷冲压等）过程中，外力所做的功大部分转化为热能，还有一部分（约占总变形功的 10%）以畸变能（宏观残余应力、微观残余应力和点阵畸变）的形式储存在形变金属内部，这部分能量叫储存能。冷变形后的金属在热力学上处于非稳定的亚稳状态，在随后的再加热过程中，金属原子可获得足够的活动能力，克服亚稳态和稳态之间的位垒，在冷变形金属基体的晶界处形成无畸变的再结晶晶核和可移动的大角度晶界。通过无畸变晶核和可移动的大角度晶界的形成，及随后晶界的移动，形成无畸变的新晶粒组织。将冷变形金属加热至再结晶温度以上，保温一定时间后冷却，使形变晶粒重新结晶成均匀的等轴晶粒，以消除形变强化和残余应力的热处理工艺称为再结晶退火（recrystallization annealing）。再结晶退火依次发生回复、静态再结晶（static recrystallization，SRX）与晶粒长大三个阶段，如图 6-1 所示。

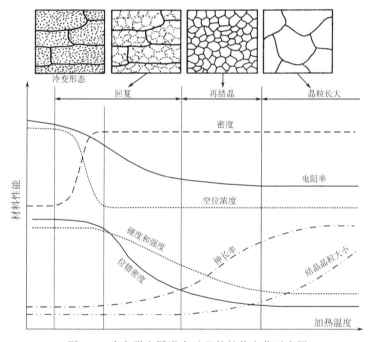

图 6-1　冷变形金属退火过程的性能变化示意图

回复是指加热时在再结晶之前组织的亚结构和性能的变化阶段，不发生大角度晶界的迁移。回复包括低温回复、中温回复和高温回复三个阶段，不同温度对组织内部作用的机理不同。低温回复时，组织变化主要表现为点缺陷的运动，即空位或间隙原子移动到晶界或位错处消失，空位与间隙原子的相遇复合，空位集结形成空位对或空位片，使点缺陷密度大大下降。中温回复时，原子活动能力增强，位错可以在滑移面上滑移或交滑移，使异号位错相消，位错密度下降。高温回复时，原子活动能力进一步增强，不但同一滑移面上的异号位错相消，而且不同滑移面上的位错还可攀移和交滑移，从而互相抵消或重新排列成一种能量较低的状态。

静态再结晶是指再结晶核心的形成及随后的生长，直到变形基体全部被消耗完毕，新晶粒互相接触为止的阶段。完成再结晶后的晶粒继续长大，此时称为晶粒长大阶段。静态再结晶有以下规律：

1）加热温度越高，再结晶速度越快。

2）变形程度越大，再结晶所需要的温度越低。

3）变形程度越大，再结晶完成后晶粒尺寸越小。

4）在其他条件相同时，变形前晶粒越细小，冷变形后的储存能越大，对应于相同再结晶时间，再结晶需要的温度越低。

5）在其他条件相同时，变形前晶粒越细小，再结晶的形核率大，再结晶速度快，形成的晶粒越小。

6）新晶粒不能向取向完全相同或仅轻微偏移的形变晶粒内生长，也不能向接近孪晶取向的晶粒生长。

7）静态再结晶完成后继续加热会导致晶粒尺寸长大。

8）再结晶核心是在塑性变形引起的最大畸变处形成，主要是在那些相对于周围位向有明显差别的局部区域。

9）较小的熔融杂质和高度分散的不溶夹杂物常常抑制形核和长大，在某些情况下可使再结晶温度提升。

6.1.3　金属热塑性变形过程

金属材料的回复及再结晶均为热激活过程，其发生速率 v 与温度 T 满足关系式

$$v \propto \exp(-Q/RT) \tag{6-1}$$

式（6-1）中，Q 为材料的热激活能，R 为气体常数。由式（6-1）可以看出，温度的线性变化将引起回复及再结晶速率产生指数变化。也就是说，随着温度的升高，回复及再结晶的发生速率会快速提高，当温度升高到某一临界值时，金属材料再结晶会在较短时间内完成。而这一临界温度通常被称为再结晶温度，工业上一般认为是 $0.4T_m$，T_m 为金属材料的熔点温度。在再结晶温度以上进行的材料成形一般称为热加工。在热加工过程中，回复和再结晶会在变形过程中发生，这种回复与再结晶行为分别被称为动态回复（dynamic recovery，DRV）和动态再结晶（dynamic recrystallization，DRX）。

（1）动态回复

在金属材料的塑性变形过程中，位错的产生会引起材料的加工硬化，使得变形时的流动应力迅速增加。从理论上来说，变形过程中的流动应力 σ 与材料内的位错密度 ρ 密切相关，其通常满足关系式：$\sigma \propto \sqrt{\rho}$）。但是在实际变形过程中，流动应力并不会随着变形持续增加，这一现象主要是由动态回复现象造成的。动态回复会通过位错的湮灭和位错重排成低能组态两种不同的方式来降低材料内自由位错的密度，而这两种方式的发生都需要通过位错的运动来实现。

在金属材料塑性变形过程中，多种不同伯氏矢量的位错会形成复杂的位错网络结构。在随后的变形过程中，位错会在热激活的条件下相互缠结，形成较为复杂的胞状结构。随着变形的继续进行，这些由位错缠结形成的胞壁会逐渐演化为能量更低的规则位错网络结构或者小角度晶界，胞内的冗余自由位错则会通过位错湮灭或者重新排列进入周围的小角

度晶界而进一步减少，由此，胞状结构转变为亚晶结构。

在金属材料热加工过程中，动态回复过程会受到诸多因素的影响，如材料的层错能、材料内的溶质含量、热变形参数，等等。一般来说，当金属材料具有高层错能以及低溶质含量时，其动态回复速率通常会更快，亚晶结构容易形成；材料具有中低层错能或高溶质含量时，其动态回复速率一般都较低，在其变形过程中通常看不到发育良好的亚晶结构。许多研究发现，在层错能较低的金属中，动态回复还未充分进行时，其动态再结晶可能已经发生。

（2）非连续动态再结晶

具有中低层错能的金属材料（例如奥氏体状态的钢、铜合金及镍合金等）的位错运动通常需要较高的激活能，其动态回复速率受到明显抑制。因此，在热加工过程中，塑性变形引入的位错会随着变形量的增大而不断累积。当位错密度或形变储能达到某一临界值时，动态回复晶核就会形成。在随后的变形过程中，动态再结晶晶核会通过大角度晶界的长程迁移而逐渐长大。在长大的过程中，晶核不断地消耗周围的变形晶粒，最终新的再结晶晶粒完全取代初始变形晶粒组织。这种动态再结晶过程包含了形核和长大两个不同的过程，因此被称为非连续动态再结晶（discontinuous dynamic recrystallization，DDRX）。

动态再结晶形核出现后，由于晶核与周围变形基体间存在较为明显的位错密度差，动态再结晶晶核会通过大角度晶界的向外迁移而迅速生长。而大角度晶界的迁移过程会不断消耗变形基体内的位错，这会引起材料的快速软化。当不同的动态再结晶晶粒相互接触或材料中应变储能降至较低的水平时，动态再结晶晶粒的生长就会停滞。随着变形的继续进行，新一轮的动态再结晶晶核可能又会在变形后的动态再结晶晶粒中形成。因此，非连续动态再结晶过程中，材料内可能会同时出现各种不同状态的动态再结晶晶粒，如动态再结晶晶核、正在长大的动态再结晶晶粒以及变形态的动态再结晶晶粒。

（3）连续动态再结晶

具有高层错能的金属（如铁素体不锈钢、铝合金等）通常具有较强的回复能力。因此，在热变形的早期，这类材料内会形成大量的小角度晶界。在随后的变形过程中，这些小角度晶界会通过增加其取向差角度而逐渐转变为大角度晶界。当变形量达到较大值时，材料内可以形成一种较为规则的细晶结构，这些细小的晶粒主要由大角度晶界和部分小角度晶界共同包围形成。热变形产生的位错首先会通过相互缠结形成胞状结构；随后，通过位错的湮灭和重排，组成胞壁的稠密位错墙逐渐转变为小角度晶界，胞状结构转变为亚晶结构。随着变形的继续进行，亚晶界的取向差角度不断增加，当应变量增加到足够大时，亚晶界的角度会增加到大角度晶界的临界值（通常为15°），亚晶粒开始转变为新的再结晶晶粒。在这个过程中，新晶粒的形成没有明显的"形核"和"生长"阶段的划分，微观结构在整个材料中的演化相对均匀，因此，这种再结晶方式也被称为连续动态再结晶（continuous dynamic recrystallization，CDRX）。

6.2 模拟方法

晶粒长大现象普遍存在于纯金属、合金、陶瓷等多晶材料中，并直接影响材料的韧性、强度、表面活性等性能。在实际生产中，可对材料晶粒长大过程中的成核及晶粒生长进行设计，并用人工干预的方法（如控制炉温、加热时间、烧制方式及过程、控制变形温度及变形程度等）对材料进行性能上的改善，使其可以满足使用要求。近年来，晶粒生长模拟开始广泛利用计算机系统来进行大量的计算和图形显示，并展现出速度快、数据准确、成本低和直观简便等一系列优点。晶粒生长数值模拟已成为除实验和理论外的第三种关于晶体生长的研究手段，有着无可比拟的优越性。目前，较常用的晶粒尺寸数值模拟方法有蒙特卡罗法、元胞自动机法和相场法等。

6.2.1　蒙特卡罗法

蒙特卡罗（Monte Carlo，MC）法最早出现于 20 世纪 40 年代中期，是研制核武器时首先提出的，但是受限于其技术不完全性和工具的落后性，一直未得到大范围推广。随着科学技术的发展和计算机的广泛应用，MC 法逐渐成为一种非常重要的数值计算方法。近年来，MC 法已被广泛应用于非平衡态统计物理、大型系统可靠性分析、中子输送、多元统计分析等方面。

MC 法建立于界面能最小原理，以概率统计为主要思路，以随机抽样为主要手段。该方法将模拟域划分成细小的网格，并赋予每个网格单元一个正整数，通过网格单元数值的随机变化来模拟组织演变。图 6-2 为采用 MC 法模拟的晶粒结构示意图。从图 6-2 可知，微观结构被映射到离散的晶格上，且每个晶格位置被分配了一个代表其取向状态的数字，晶界段被隐式地定义为位于取向不同的两个晶粒之间。在模拟晶粒长大时，应选择足够多的晶粒取向 Q，以使相似取向的晶粒难以发生碰撞。

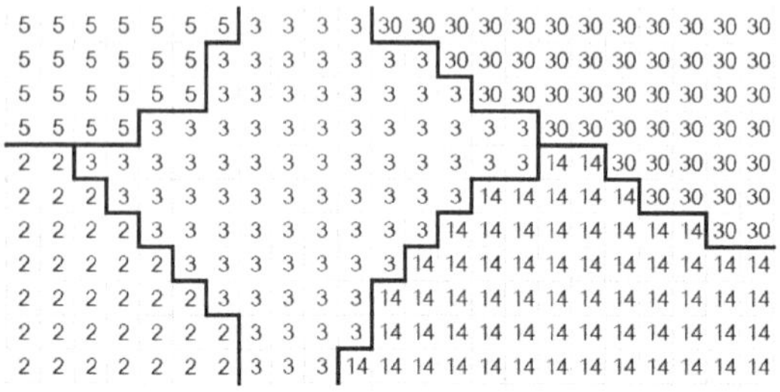

图 6-2　MC 法模拟得到的二维晶粒结构示意图

随机选择一个晶格单元，并将该单元节点的自旋状态重新定向为 Q 个可能的晶粒取向之一。由于晶粒取向的改变，改变前后的晶界能差值 ΔE 会发生相应的变化，若 $\Delta E \leqslant 0$，则接受重新定向，否则该位置将保持其原有的取向。晶界位点的重新定向可导致晶界迁移，即晶粒长大。

6.2.2　元胞自动机法

元胞自动机（cellular automata，CA）法定义于二维或三维分析域内，可模拟微观结构在时间和空间上的演化过程。与 MC 法相似，CA 法也将微观结构离散到时空网格中，并给网格中每个单元都分配一组状态变量，这些变量定义了单元表示的物理状态，如是否再结晶。CA 法模拟过程中，每个网格单元的状态由其最近邻的状态和转换规则来确定。最近邻可通过多种方式定义，取决于网格的维度和协调性。图 6-3 为常见的 CA 法模拟中两种邻居构型。Von Neumann 构型中有 4 个最近邻晶胞；Moore 构型中除了 4 个最近邻晶胞，对角线上还有 4 个次近邻晶胞。不同的邻居构型对应不同的转化规则，单胞 i 依据邻居状态以及转化规则不断更新，从而实现微观结构的演变。由于 CA 法不求解动力学方程就能获得组织演变状况，从而缩短了计算时间，大大提高模拟效率。

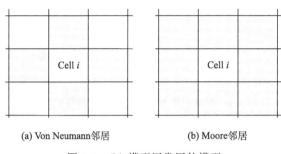

(a) Von Neumann邻居　　　　　(b) Moore邻居

图 6-3　CA 模型用常用的模型

CA 法与 MC 法有许多相似之处，均是基于概率理论，且都将模拟域进行网格离散分解，以离散方向和能量项来描述网格单元的状态。但是，两种方法的转换规则差异很大：在 MC 法中，模型的转换函数由局部自由能的减少决定；在 CA 法中，模型的转换函数能更灵活地进行调整。此外，两个模型的网格单元状态变化规律不相同：在 CA 法中，模型是同时更新所有网格单元的状态；在 MC 法中，模型是随机选择网格单元进行更新。

6.2.3　相场法

相场法（phase field method）是建立在吉布斯自由能最低的基础上，以 Ginzburg-Landau 理论为指导，通过微分方程来体现特定物理机制的扩散、有序化势和热力学驱动的综合作用，通过计算机编程求解微分方程，从而获取研究体系在时间和空间上的瞬时状态。

采用相场法模拟时，材料的微观结构以相场变量来描述，这些变量在时间和空间中是连续的。在晶粒长大模拟中，通过空间和时间连续的取向场变量来描述晶粒的形状和分布。图 6-4 为两种典型的界面特征，其中，图 6-4（a）为相场法所描述的界面变化，可以看到，相场模型中的界面被定义为具有一定厚度的微区，在该区域，相场变量连续变化，从而形成连续扩散界面。MC 法和 CA 法的界面特征如图 6-4（b）所示，变量在界面处发生突变，形成了尖锐界面，模拟过程中需要跟踪界面的演化。相场法模拟的一个重要特征是额外引入了一个场变量——序参量，用来描述空间不同点的相。对于不同的相，序参量是不同的常数值，如：对于液相，序参量是 0；对于固相，序参量是 1。对于界面区域，则用 0 和 1 之间的小数来表示。在界面区域，小数的物理意义可以翻译为原子有序程度或者无序程度。因此，相场法不必显式跟踪界面变化，无需对晶粒形态作任何先验假设，即可用于预测工业合金中复杂的晶粒形态变化。

与 MC 法和 CA 法等基于概率统计理论的方法相比，相场法基于热动力学原理，通过求解微分方程来表征组织的演变，其计算量相对较大，求解时间较长。但在模拟时，采用连续扩散的界面代替尖锐界面，无需追踪相界面，提高了模拟计算的准确性，而且适用性较强，可采用同一套动力学方程来描述形核、长大和粗化等组织演变过程。

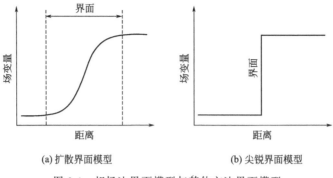

(a) 扩散界面模型　　　　　　　　(b) 尖锐界面模型

图 6-4　相场法界面模型与其他方法界面模型

6.3　基于 MC 法的晶粒长大过程模拟

MC 法可以结合图像技术对模拟过程的物理状态进行描述，能直观地反映模拟结果和演变过程，因此被广泛应用于不同研究领域。在 MC 法的众多模型中，Ising 模型和 Potts 模型是最常见的两种模型。

6.3.1　MC Ising 模型

MC Ising 模型能很好地描述各向异性很强的磁性晶体，且有助于解释量子理论的一些根本问题。在统计物理领域，Ising 模型常用来计算一些物理量的平均值，如铁磁体系统的平均磁化强度和平均磁化率等，以及其他系统的内能和定压比热容等。一维和二维 Ising 模型可以利用解析方法求解，但对三维模型的尝试求解都以失败告终。

Ising 模型存在一定的局限性，以晶体的微观组织模拟为例，由于晶体材料微观组织取向的多样性，在模拟过程中会导致结点表现为两种状态的 Ising 模型，因而该模型不太适用于多晶体微观组织的模拟。为了提高多晶体微观组织模拟的准确性，只能扩大 Ising 模型的取向范围，此研究方向为 Potts 模型的出现奠定了基础。

6.3.2　MC Potts 模型

MC Potts 模型可以看作是铁磁体 Ising 模型的扩展，其物理模型简洁，算法容易实现，方法灵活多变，可以根据不同的研究对象制定相应的研究和计算方法。在晶粒长大方面，Potts 模型已经发展成为相对成熟的模拟方法，并在材料微观组织模拟方面发挥了巨大潜力。

传统的 Potts 模型被广泛应用于晶粒长大和再结晶的数值模拟方向，因为 Potts 模型将材料连续的微观组织离散为规则的点阵，每个结点代表一定体积的单元，因此可以利用结点的形式表示晶体材料微观组织的多取向性。在用 Potts 模型模拟晶粒长大和再结晶过程中，可以在微观组织变化过程中随时控制结点的能量值，从而根据能量的变化确定结点状态和取向，实现微观组织的等效替代。

晶粒长大和再结晶的判据是根据结点的最终状态确定的，因此结点的取向变化成为晶粒是否长大和再结晶的依据。取向的判定依据是结点的能量值变化。在模拟初期，赋予每个结点相对的能量值，在假设性条件下对结点转变前后的能量值进行比较，符合能量转化规律的结点有一定概率转化成为新的取向。模拟结束之后得到的最终数据为各个结点的取向状态，通过图像处理，将相同取向的结点划分为一个晶粒。利用此方法可实现晶粒长大和再结晶过程中微观组织演变的模拟。

6.3.3 传统 MC Potts 晶粒长大模型

MC Potts 晶粒长大模型的通用路径为：生成点阵→根据模拟初始条件建立初始组织→为结点赋予能量→再取向尝试→晶粒长大→数据处理。

6.3.3.1 模拟假设

（1）单一驱动力假设

晶粒长大过程中的驱动力有多种形式，如再结晶后残余应变能、表面能和晶界能。再结晶后残余应变能和表面能相对于晶界能而言比较小，因此可以假设晶界能是晶粒长大过程的唯一驱动力。

（2）晶界迁移率和晶界能假设

假设晶界迁移率不随方位变化而变化，即 m 为一常数，计算公式如下

$$m = \frac{b^2 D_0}{f k T} \exp\left(-\frac{Q_m}{k T}\right) \tag{6-2}$$

式（6-2）中，b 为伯氏矢量，f 为原子定向跳跃的概率因子，与晶体结构有关，k 为玻尔兹曼常数，D_0 为扩散常数，Q_m 为晶界自扩散激活能，T 为加热温度。从式（6-2）可以看出，计算 m 用的是实际温度，具备明确的物理意义。

（3）线性迁移速度假设

假设局部晶界迁移速度 v 与驱动力 p 成线性关系

$$v = mp \tag{6-3}$$

式（6-3）中，m 为晶界迁移率。

（4）局部晶界平衡假设

假设晶粒长大过程中，局部晶界能各项同性，三晶界之间夹角互为 120°。

6.3.3.2 点阵生成

传统模型中采用的是四边形点阵，相邻的四个结点呈正四边形布置的点阵，生成方法如下：首先，确定点阵的大小，100×100×100（三维）、200×200（二维）是目前常用的点阵尺度；然后，确定合适的结点常数，即点阵常数 d，它表示相邻结点之间的长度，点阵常数的选择对于模拟尺度起着决定性作用。四边形点阵示意如图 6-5 所示，每个结点周围有四个最近邻结点，如图 6-5 中的结点 1、2、3 和 4。另外，还有四个次近邻结点，如

图 6-5 中的结点 5、6、7 和 8。

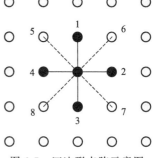

6.3.3.3 边界条件

采用周期性边界条件，即认为点阵状态做周期性重复。当选取的结点位于边界位置时，认为其临近结点为点阵做周期重复排列的结点，即点阵最左侧结点和最右侧结点相邻，最上层结点和最下层结点相邻。

图 6-5　四边形点阵示意图

6.3.3.4 初始组织生成方法

晶粒长大的初始组织为形核或再结晶完成后的组织，当单独研究晶粒长大过程时，MC 方法允许建立符合需要的初始组织。为了简化模拟过程，采取随机赋予结点取向数的方法来构建初始组织，构建方法为：依次选取各结点并随机赋予一个随机选取的取向数，以此作为该结点的初始状态。

假设取向值定为 180，在二维模拟中每一个取向数便可对应于一个晶粒取向。在二维平面内，晶粒取向和其反向取向为相同取向，这样就可以用 1°～180° 来描述所有的晶粒取向。将 1°～180° 均匀离散成 180 个晶粒取向，用 180 个取向数来代表相应的晶粒取向，其中，1 表示 1°，2 表示 2°，…，180 表示 180° 等，这样将晶粒取向均匀地划分为 180 种情况，如图 6-6 所示。

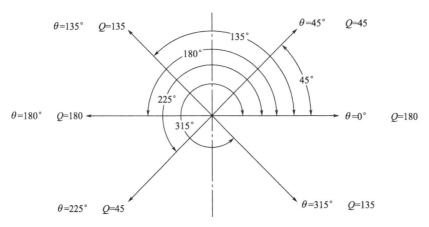

图 6-6　MC Potts 模型中取向数与二维晶粒取向对应关系示意图

6.3.3.5 能量赋值

由于 MC Potts 法利用结点代替组织，因此连续的晶界能只能离散到各个结点。根据关于取向的规定，若取其中的一个结点为 i，它的取向定为 S_i，那么它的能量值可以根据哈密顿能量公式确定

$$E_i = J_i^k \sum_{k=1}^{nn} (1 - \delta_{S_i S_i^k}) + E_H f(S_i) \tag{6-4}$$

式（6-4）中，J_i^k 表示结点 i 和它的第 k 个邻近结点之间的晶界能量度；nn 表示邻近结点的数量；S_i^k 表示结点 i 与第 k 个邻近结点的取向；E_H 表示储存能，在晶粒长大过程中该项为 0，但在结晶过程中不为 0。

6.3.3.6 可视化技术

利用 MC Potts 模型模拟组织演变过程，最终输出的只是结点位置和结点取向信息，要实现可视化，必须对模拟数据进行处理。可将最终结果另存为 CAD 软件中的 DXF 格式来实现计算结果的可视化。在点阵中依次选取各个结点，判断每个结点与邻近结点的取向是否相同，注意当结点位于点阵网格的边界时，要遵循周期性边界条件。若结点与某临近结点取向相同，则不做处理；若取向不同，则选取此节点与邻近结点的中点，将所有选取的中点相连构成晶界。当把系统中所有结点都判断一遍后，所有的中点间相互连接，就显示出了整个晶粒组织，如图 6-7 所示。

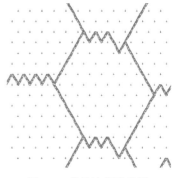

图 6-7　晶界连接示意图

6.3.4　改进的 Exxon MC Potts 晶粒长大模型

6.3.4.1　点阵形式

将微观组织离散成点阵结构是 MC Potts 模型模拟的前提，因此采用什么样的点阵以及点阵的生成方法对于模拟过程和结果有非常重要的影响。目前，关于 MC Potts 模型的点阵结构有四边形和三角形两种形式。相关学者研究表明，四边形点阵在模拟过程中容易发生"冻结现象"，即晶界趋于平直，晶界之间夹角为 90°或 180°。为了避免晶界趋于平直，可对点阵形式进行改进，在四边形点阵基础上，通过"抽点法"生成三角形点阵模型进行模拟，具体步骤如下：

1）建立 800×800 或 400×400 四边形点阵，采用逐行顺序布置法，结点坐标为（i_x, i_y）。其中，i_x 和 i_y 分别为结点 i 的横坐标和纵坐标，两者均为整数，取值范围为 $1 \leqslant i_x \leqslant 800$ 和 $1 \leqslant i_y \leqslant 800$，或 $1 \leqslant i_x \leqslant 400$ 和 $1 \leqslant i_y \leqslant 400$，结点常数（点阵常数）为 d。

2）选取 $i_x + i_y$ 为偶数值的结点，随机赋予一个取向数，选取 $i_x + i_y$ 为奇数值的结点不予赋值。

3）如图 6-8（a）所示，在模拟过程中，只抽取了实心点阵，每个结点有六个临近结点，将结点与周围的六个临近结点连线组成六个三角形。由于该"抽点法"是在建立四边形点阵的基础上抽取得到，所以抽点法得到的三角形点阵不是正三角形，因此要在最终图像处理环节进行处理，将点阵图像沿着 Y 向拉伸 $\sqrt{3}$ 倍，以形成正三角形点阵，如图 6-8（b）所示。

6.3.4.2　结点的选取范围

传统 MC Potts 模型在选择结点时，选取范围为整个点阵体系的任意结点。而实验结论表明，只有取向发生改变的位置在晶粒的晶界部位时，晶粒长大才会发生。随机在整个模拟区域内选取时，当选取点在晶粒内部且取向发生改变时，就有可能会导致晶粒内部出现重形核现象，这在正常晶粒长大过程中是不可能发生的。此外，晶粒内部重形核使模拟

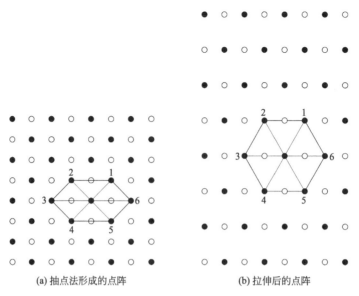

(a) 抽点法形成的点阵　　　　　　(b) 拉伸后的点阵

图 6-8　抽点法形成三角形点阵

过程更加复杂，也严重降低了计算机模拟速度和模拟结果的准确性。

对结点选取方法的改进思路是：随机选取某结点，判断此结点是否位于晶粒内部，即判断此结点临近结点中与该结点取向相同的结点个数，如果相同结点数目为 6，则为晶粒内部结点，反之则为晶界处结点。若结点位于晶粒内部，则放弃此次选择，进行下一次随机选取；若为晶界处结点，则继续能量赋值和再取向尝试步骤。

6.3.4.3　转换概率

如果判断出结点为晶界处结点，则继续进行结点取向转换的概率计算，分别计算出此结点取向转换前后的能量值 E_1 和 E_2，并计算转变前后的能量变化 $\Delta E = E_2 - E_1$。结点从当前的取向状态转变成新的取向状态的概率由以下规律决定：

若 $\Delta E > 0$，则转变无法完成，新取向被拒绝，此次再取向尝试失败。

若 $\Delta E \leqslant 0$，则转变的概率 P 由式（6-5）决定

$$P = \exp(-\Delta E / kT) \tag{6-5}$$

式（6-5）中，k 为玻尔兹曼常数，T 为绝对温度。

在 0~1 范围内随机选取一个实数 W，若 $P > W$，则新取向被接受，反之，新取向被拒绝，此次再取向尝试失败，选取点取向不发生变化，状态不变。

6.3.4.4　晶粒长大过程模拟

（1）模拟流程

选择的模型参数为：点阵大小为 200×200，结点选取方式为随机选取，能量值的考虑范围是只考虑最邻近结点，而取向转变时要同时考虑最近邻结点和次近邻结点。晶粒长大的模拟流程如下：

1）输入初值，包括总的取向数目 Q，点阵常数 d，玻尔兹曼常数 k，晶界迁移率 m，单位面积晶界能 γ 或晶界能尺度 J；

2）形成点阵，建立 200×200 三角形点阵网格体系，结点总数为 N；

3）赋予取向，依次为每一结点随机赋予取向 S_j，$1\leqslant S_j\leqslant Q$（$j=1,2,3,\cdots,N$），建立模拟的初始组织；

4）赋予能量，根据哈密顿能量公式，依次计算体系中所有结点的能量值，并将能量值赋予该结点；

5）结点取向转换概率，在体系中随机选取一个结点 j，其取向为 S_j，依次尝试将 S_j 转换为其近邻六个结点的取向，并计算能量变化 ΔE_j，注意，若选择的结点在点阵体系的边界上，则采用周期性边界条件进行转换；

6）根据 ΔE_j 的正负，计算 S_j 取向转换为邻近结点取向的概率 P；

7）在 0-1 之间随机产生一个实数 ω，比较 ω 和 P，如果 $P>\omega$，则新取向被接受，否则，结点取向不发生变化；

8）再随机选取另外一个结点，重复步骤（5）至步骤（7），直至随机选取结点的次数达到 N 次，此时理论上每个结点平均被选取了一次，定义这样的 N 次取样为一个 MCS 模拟步，模拟时间为 1MCS；

9）重复步骤（4）至步骤（8）的模拟过程，直至完成 i 次 MCS，模拟计算结束；

10）进行后期组织图像处理，计算晶粒平均直径，模拟过程结束。

（2）模拟结果

图 6-9 所示为在 MC Potts 传统模型基础上，改进参数之后的晶粒长大模拟结果。从图 6-9 中可以看出，在 MCS=125 时，晶粒分布密集且存在大量小尺寸晶粒，说明此时正处于晶粒开始长大的阶段。当 MCS=250 时，部分小尺寸晶粒已经消失，局部仍然分布着

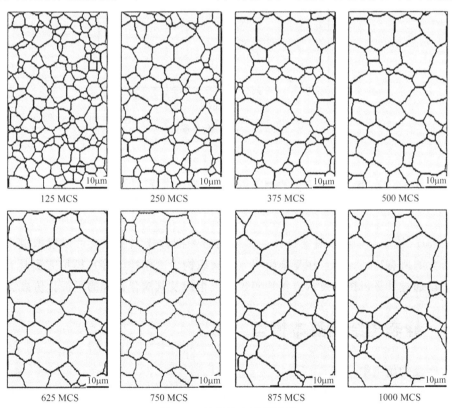

图 6-9　晶粒长大模拟结果

些许小晶粒，与 MCS＝125 时相比，大尺寸晶粒继续长大，且整体上晶粒数目明显减少。这是因为在晶粒长大的过程中，系统为降低整体的自由能，会促使大晶粒吞噬小晶粒逐渐长大，以降低系统的界面能。随着时间的增长，当 MCS＝375 和 MCS＝500 时，晶粒分布整体上趋于均匀化，小尺寸晶粒明显减少，总体晶粒数目减少，与 MCS＝250 时相比平均晶粒尺寸明显增大。当模拟时间达到 MCS＝625 时，小尺寸晶粒基本消失，此时系统处于相对较为稳定的状态，大尺寸晶粒继续长大效果不明显，大尺寸晶粒附近的小晶粒逐渐消失，限制了大晶粒逐渐长大的空间，晶粒想要继续长大就需要强大的驱动力。当 MCS＝875 和 MCS＝1000 时，整体的系统趋于稳定，晶粒状态基本不发生变化，大尺寸晶粒的晶界趋于平直化，且晶界的夹角约为 120°。

如图 6-10 所示为晶粒长大过程中，平均晶粒尺寸随模拟时间变化情况，根据晶粒长大动力学方程，理论值的晶粒长大系数为 0.5。根据模拟结果得到的平均晶粒尺寸进行线性拟合，得到数值关系为

$$\ln D = 0.5074 \times \ln \text{MCS} - 0.35825 \tag{6-6}$$

根据式（6-6）可知，模拟结果最终得到的晶粒长大系数为 0.5074，非常接近理论值，说明模拟结果符合实际的实验理论，能够较为准确地模拟晶粒长大过程。

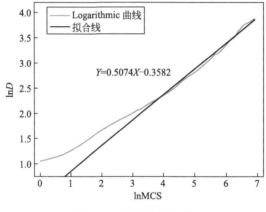

图 6-10　晶粒长大系数

6.4　基于 MC 法的静态再结晶模拟

MC Potts 模型是一种以概率统计为基础的组织图像模拟模型，可以模拟退火再结晶和晶粒长大的所有特征，而且在复杂组织（具有织构、二相粒子等）模拟方面具有一定的优势，可以通过计算机图形技术方便地实现退火组织及其演化过程的可视化仿真。

6.4.1　静态再结晶基本模型

（1）生成初始组织

退火晶粒长大初始组织来自于再结晶后的组织，应该按照再结晶后的组织特征布置点阵并赋予代表组织晶粒取向的取向数。为了简化模拟过程，采取随机赋予结点取向数的方

法来构建初始组织，构建方法为：依次选取各结点并随机赋予一个随机选取的取向数，以此作为该结点的初始状态。假设取向值定为 180，在二维模拟中每一个取向数便可对应于一个晶粒取向。在二维平面内，晶粒取向和其反向取向为相同取向，这样就可以用 $1°\sim 180°$ 来描述所有的晶粒取向，将晶粒取向均匀划分为 180 种情况，如图 6-6 所示。

（2）赋予能量

再结晶过程的节点能量赋予方式和晶粒长大过程是一样的，两者都满足哈密顿能量公式。不同之处在于，晶粒长大过程中忽略了结点的储存能，只考虑界面能；而在再结晶过程中不仅要考虑晶界能，同时还要考虑结点的储存能。在再结晶过程中，如果结点出现再结晶或者结点被再结晶晶核吞并，就认为该结点的储存能消失。

考虑到实际的冷变形组织中储存能分布主要与晶粒尺寸、晶界影响有关，假设：组织内各晶粒间的储存能分布取决于晶粒大小，晶粒愈小则储存能愈大；晶界阻碍位错的移动，造成晶界附近的位错塞积，因而晶界附近的结点储存能较晶内结点储存能大。基于以上假设，构建一个非均匀能量场

$$E_j = KE_m \exp\left(1 - \frac{d_j}{d_m}\right) \tag{6-7}$$

式（6-7）中，E_j 为结点 j 的储存能；E_m 为组织内平均储存能；d_j 为结点 j 所在晶粒的直径；d_m 为组织内平均晶粒直径；K 为描述结点 j 在晶粒内位置的常数。当结点 j 处于晶粒内部时，$K=1$；当结点 j 处于晶界附近时

$$K = 1 + \frac{1}{n}\sum_{k=1}^{n}(1 - \delta_{S_j S_j^k}) \tag{6-8}$$

式（6-8）中，n 为结点 j 邻近结点个数；S_j 和 S_j^k 为结点 j 及其第 k 个邻近结点的取向数；$\delta_{S_j S_j^k}$ 为 Kronecker delta 函数。由式（6-8）可知，储存能由大到小的顺序为小晶粒边界＞小晶粒内部＞大晶粒边界＞大晶粒内部。

（3）再结晶形核

在再结晶形核过程中，采用的形核方式一般是恒定形核率形核和点饱和形核。这两种方式是人为设定的、随机的形核模型，缺乏实际物理基础，对过程描述也不清晰。鉴于此，张继祥等在 Hugers 和 Humphryes 给出的亚晶异常长大实验结果的基础上，提出了亚晶异常长大形核模型

$$\frac{\mathrm{d}D_j^{\mathrm{abn}}}{\mathrm{d}t} = m\left(\frac{4\bar{\gamma}_j}{\bar{D}_j} - \frac{4\gamma}{D_j^{\mathrm{abn}}}\right) \tag{6-9}$$

式（6-9）中，D_j^{abn} 为结点 j 异常长大的亚晶直径，m 为大角度晶界的迁移率，t 为时间，γ 为大角度晶界的晶界能，$\bar{\gamma}_j$ 为结点 j 所占面积内亚晶晶界的平均晶界能，$\bar{D}_j$ 为结点 j 所占面积内亚晶的平均直径。

结点 j 晶核的形成需要具备 2 个条件：拥有大角度晶界；结点 j 异常长大的亚晶直径大于结点 j 临界形核直径。如果某一结点 j 达到形核条件，则该结点转换为新取向，新取向与原始取向呈现不小于 $15°$ 的取向差，同时该结点的储存能变为 0，这样在该结点处就会形成一个新的晶粒。

判断形核是否成功时，需要对最终形成的晶核尺寸 D_j^{abn} 与临界晶核尺寸 D_k 进行比较，如果 $D_j^{\mathrm{abn}} > D_k$，则认为形成新晶核，反之再结晶失败。计算结点出现新晶核时的能

量变化，需要假设新出现的晶核为规则的球形，且半径为 r，能量可以表示为

$$\Delta G = -V\Delta G_B + \sigma S \tag{6-10}$$

式（6-10）中，V 表示新晶核的体积，S 表示新晶核的表面积，ΔG_B 表示结晶前后的储存能之差，σ 表示单位面积界面能，式（6-10）可以进一步表示为

$$\Delta G = -\frac{4}{3}\pi r^3 \Delta G_B + 4\pi r^2 \sigma \tag{6-11}$$

两边分别对晶核半径 r 求偏导可得

$$r_k = \frac{2\sigma}{\Delta G_B} = \frac{2\gamma}{\Delta G_B} \tag{6-12}$$

从式（6-12）中可以看出，临界晶核半径与形核时的界面能呈正比，与形核前后储存能的差值呈反比。

（4）静态再结晶初始条件

模拟开始阶段要对模拟过程中的参数进行设定，具体参数为：高纯铝板冷轧工艺，冷轧压下率为 50%，弹性模量为 69GPa，屈服应力为 55.7MPa，退火温度 $T = 523\text{K}$，玻尔兹曼常数 $k = 1.38 \times 10^{-23}$，伯式矢量 $b = 1.65 \times 10^{-10}\text{m}$，界面扩散系数 $D_0 = 1.71 \times 10^{-4}\text{m}^2/\text{s}$，晶界自扩散激活能 $Q_m = 1.089 \times 10^{-19}\text{J}$，大角度晶界界面能 $\gamma = 0.324\text{J/m}^2$，点阵常数 $d = 5 \times 10^{-7}\text{m}$，结点数为 $200 \times 200/2 = 20000$，总取向 $Q = 180$。采用各向异性晶界能和晶界迁移率。

6.4.2 再结晶模拟方法

静态再结晶组织模拟方法的具体步骤如下：

1）输入初始参数值、加热温度、玻尔兹曼常数、网格常数、总取向和恒定形核率等数据；

2）根据 Taylor 多晶体形变模型，采用网格变换的方法建立一个近似冷轧状态的组织作为再结晶模拟的初始组织；

3）在原来界面能的基础上，按式（6-7）为结点赋予储存能；

4）随机选取结点 i，其结点取向为 S_i，按照再结晶形核判据判断该结点处是否发生再结晶现象，如果产生形核，其储存能变为 0，取向变为 $S_i + Q$，如果不产生形核，其储存能和取向不发生变化；

5）根据恒定形核率计算能够产生形核的结点数目 N_0，重复步骤（4）直到随机选取的结点数目达到 N_0，并分别记录再结晶之后的结点取向；

6）从发生形核的 N_0 个结点中随机选取一个结点 j，利用哈密顿能量公式分别计算发生再结晶前后，即结点取向发生转变前后该结点的能量值 E_j^{before} 和 E_j^{after}；

7）计算结点取向转变前后的能量值差 $\Delta E_j = E_j^{\text{before}} - E_j^{\text{after}}$；

8）根据公式计算转变的成功率 ω

$$\omega = \begin{cases} 1 & (\Delta E_j \leqslant 0) \\ \exp\left(-\dfrac{\Delta E_j}{kT}\right) & (\Delta E_j > 0) \end{cases} \tag{6-13}$$

9）在 0-1 范围内随机生成一个实数 R，通过判断 ω 和 R 的大小来决定再结晶晶核能否最终形成，若 $\omega > R$ 则可以实现，反之，该转变不能实现；

10）如果转变成功，记录转变后的取向值，如果转变失败，取向不发生变化；

11）将上述 N_0 个点依次随机选取和判断一遍之后结束该次循环，记为 1 MCS；

12）重复步骤（4）至步骤（11），直至完成 n 次循环，并分别记录每次结束得到的结点取向，得到 2 MCS、3 MCS、4 MCS、……、n MCS 的微观组织状态；

13）利用图像处理技术，生成再结晶微观组织图像。

根据上述模拟步骤，对静态再结晶过程进行模拟，并对原始组织和再结晶区域进行不同的着色处理，效果如图 6-11 所示。

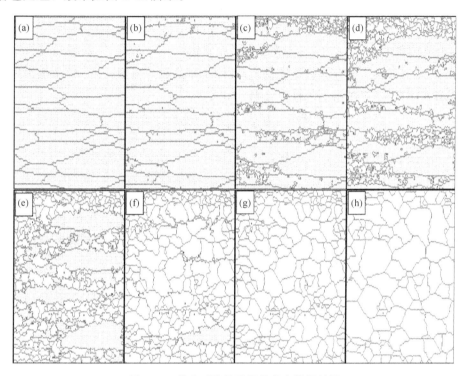

图 6-11　静态再结晶及晶粒长大模拟结果

(a) $t=0$s；(b) $t=8.1\times10^{-3}$s；(c) $t=4.1\times10^{-2}$s；(d) $t=8.4\times10^{-2}$s；(e) $t=0.17$s；
(f) $t=0.59$s；(g) $t=4.66$s；(h) $t=343.17$s

6.5　基于 CA 法的动态再结晶模拟

在加工硬化过程中，流动应力的增加与变形过程中位错的产生和增殖有关。动态回复过程中位错湮灭和变形过程中位错密度的变化可根据 Kocks-Mecking（KM）关系表示如下

$$\frac{\mathrm{d}\rho}{\mathrm{d}\varepsilon} = k_1\sqrt{\rho} - \frac{1}{bd} - k_2\rho \tag{6-14}$$

式（6-14）中，ε 为塑性应变，d 为平均晶粒尺寸，k_1 为硬化参数，k_2 为软化参数，

b 为伯氏矢量。

流动应力与塑性应变的关系式如下

$$\sigma = \alpha \mu b \sqrt{\bar{\rho}} \tag{6-15}$$

式（6-15）中，μ 为剪切模量，α 为常数，$\bar{\rho}$ 为平均位错密度。

形核晶粒进一步生长到变形基体中，而且在整个模拟过程中呈球形。假设第 i 个 DRX 晶粒生长半径为 r_i，净能量变化 $\mathrm{d}W_i$ 是晶界能量变化 $\mathrm{d}W_i^S$ 和位错能量变化 $\mathrm{d}W_i^V$ 之和，可表示如下

$$\mathrm{d}W_i = \mathrm{d}W_i^S + \mathrm{d}W_i^V \tag{6-16}$$

$$\mathrm{d}W_i^S = -\mathrm{d}(4\pi r_i^2 \gamma_i) = -8\pi r_i \gamma_i \mathrm{d}r_i \tag{6-17}$$

$$\mathrm{d}W_i^V = 4\pi r_i^2 \tau(\rho_m - \rho_i)\mathrm{d}r_i \tag{6-18}$$

式（6-17）和式（6-18）中，ρ_m 为基体的位错密度，ρ_i 为第 i^{th} 晶粒的位错密度，γ_i 为第 i^{th} 晶粒的晶界能，τ 为位错线能量。假设 DRX 晶粒为球形，第 i^{th} 晶粒的晶界迁移驱动力或晶界压力 F_i 可由以下关系式计算

$$F_i = \frac{\mathrm{d}W_i}{\mathrm{d}r_i} = 4\pi r_i^2 \tau(\rho_m - \rho_i) - 8\pi r_i \gamma_i \tag{6-19}$$

γ_i 随两晶粒间的取向差 θ_i 而变化，可用 Read-Shockley 关系表示为

$$\gamma_i = \gamma_m \frac{\theta_i}{\theta_m}\left[1 - \ln\left(\frac{\theta_i}{\theta_m}\right)\right] \tag{6-20}$$

式（6-20）中，γ_m 和 θ_m 为晶界达到大角度晶界取向时（$\theta_i \geqslant 15°$）的晶界能和晶界角。在模拟过程中，通过在经典晶界迁移速率中引入一个与温度和应变率相关的晶界迁移率参数 β 来修正晶界迁移速率，修正的晶界迁移速率关系式如下

$$V = \beta_T \beta_{sr} MP = \beta MP \tag{6-21}$$

式（6-21）中，β_T、β_{sr} 和 β 为常数。其中，β_T 用于预测晶粒粗化行为，可以表示为以下形式

$$\beta_T = A_1 \exp\left(-\frac{Q_{bT}}{RT}\right) \tag{6-22}$$

式（6-22）中，A_1 和 Q_{bT} 是常数，T 为温度。

β_{sr} 为储存能修正参数，主要考虑溶质阻力效应、动态迁移率和动态应力引起的应变能等，可表示为以下形式

$$\beta_{sr} = \begin{cases} 1 & if\ \dot{\varepsilon} \leqslant 0.1 \\ \left(\dfrac{\dot{\varepsilon}}{0.1}\right)^{c_1} & if\ \dot{\varepsilon} > 0.1 \end{cases} \tag{6-23}$$

式（6-23）中，$\dot{\varepsilon}$ 为应变速率，c_1 为随温度变化的常数（0.46～0.7）。

晶界迁移率随温度的变化可表示为

$$M = \delta D_{ob} \exp\left(-\frac{Q_b}{RT}\right) \tag{6-24}$$

式（6-24）中，δ 为晶界厚度，D_{ob} 是温度为 0 K 时的晶界自扩散系数，Q_b 是晶界迁移激活能。新的 DRX 晶粒在晶界处形核，其形核和长大过程遵循基于概率的 CA 方法。在 CA 方法中，模拟区域被划分为不同的离散单元，相邻单元的状态决定了模拟过程中每

个单元的状态。基于概率和 Moore 邻域方法对每个 DRX 晶粒的生长进行评估，确保 DRX 晶粒的圆形生长。

由于 DRX 行为强烈依赖于变形和温度，为此，利用 CA 模型在不同温度（1173～1423k）和应变速率（0.001～10s）下预测奥氏体不锈钢的 DRX 行为（等温条件下）。再将 CA 模型获得的 DRX 数据用于训练和测试基于人工神经网络（ANN）的材料本构模型，并在有限元（FEM）模型中基于人工神经网络的本构模型来模拟奥氏体不锈钢的非等温行为。另外，在不同应变速率和温度下进行的变形实验，通过实验结果验证模拟结果。基于 CA、ANN 和 FEM 方法，获得奥氏体不锈钢的 DRX 行为，数值分析的方案如彩色插页图 6-12（a）所示。有限元模拟在 ABAQUS 6.14 中进行，采用考虑热耦合的 8 个节点 C3D8RT 型网格。假设试样和模具之间的摩擦系数为 0.2，变形前后试样的示意图如图 6-12（b）～（d）所示，模拟得到的微观组织如彩色插页图 6-13 所示。

(a) $T=1273\text{K}$，$\varepsilon=0.01$ (b) $T=1323\text{K}$，$\varepsilon=1$ (c) $T=1373\text{K}$，$\varepsilon=0.01$

(d) $T=1423\text{K}$，$\varepsilon=10$ (e) $T=1273\text{K}$，$\varepsilon=1$ (f) $T=1423\text{K}$，$\varepsilon=0.001$

第7章
快速加热奥氏体化过程的数值模拟

对于常规的淬火工艺，零件一般会被放入加热炉中加热并保温足够长时间，保证零件完全奥氏体化，因此在常规淬火工艺的数值模拟过程中一般不关注零件加热过程的奥氏体化情况。但是，快速加热后的淬火工艺，如：感应淬火，零件表层区域是在极短的时间内加热至奥氏体化温度进行奥氏体化，加热过程中的奥氏体化程度直接决定淬火后零件的原始组织能否完全转变为马氏体组织，而且加热速度也会影响材料的奥氏体化温度 A_{c_1} 和 A_{c_3}。对于快速加热后的淬火工艺，为了保证模拟结果的准确性，必须要考虑表层区域在快速加热过程中的奥氏体化情况。在模拟冷却过程的组织转变情况之前，需要先通过数值模拟得到表层区域在快速加热过程中准确的奥氏体化信息，如：奥氏体体积分数、完全奥氏体化深度等。

7.1 叠加法则

在固态相变过程中，材料的物理性能（如：硬度、体积、长度、电阻率、热焓、磁性能等）会在相变过程中随着时间和温度发生变化，也就是说，材料的物理性能是与温度和时间相关的函数。因此，相变程度或相变的体积分数 f 可以表示为

$$f = \frac{p - p_0}{p_1 - p_0} \qquad (0 \leqslant f \leqslant 1) \tag{7-1}$$

式（7-1）中，p 是相变过程中材料的物理性能，p_0 和 p_1 分别是相变开始和相变结束时材料的物理性能。对于等温相变，p_0 和 p_1 可以看作为常数，但是对于非等温相变，p_0 和 p_1 不是常数。

对于热激活相变，试样的加热过程决定其相变过程，如图 7-1 所示，试样经历了自状态 1（t_1，T_1）至状态 2（t_2，T_2）的热激活相变。从状态 1 至状态 2，可以有无数条路径，每条路径自（t_1，T_1）至（t_2，T_2）的时间 t 和温度 T 变化相同。由于路径 b 的相变温度高于路径 a 的相变温度，沿着路径 b 的相变速度比沿着路径 a 的相变速度更快。一般来说，在状态（t_2，T_2）时的相变程度依赖于路径，而不是依赖于 t 和 T。也就是说，对于非等温相变，t 和 T 不是相变程度的状态变量。为了描述材料的相变程度，引入与相变路径有关的变量 β。

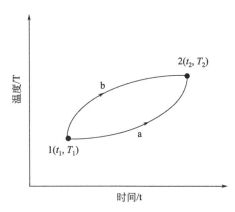

图 7-1　试样相变过程示意图

相变体积分数可由 β 表示为

$$f = F(\beta) \tag{7-2}$$

固态相变通常在等温和非等温条件下进行，一般将以恒定速率升温或降温的非等温转变过程称为等时退火，将等温转变过程称为等温退火。如果自 (t_1, T_1) 至 (t_2, T_2) 的相变机制没有改变，因为 T 决定了原子的跃迁率，而且 t 决定了这一过程所持续的时间，所以 β 可解释为与原子跃迁的数量成比例。综上，对于等温退火过程，可表示为

$$\beta = k(T)t \tag{7-3}$$

对于等时退火过程，可表示为

$$\beta = \int k(T)\mathrm{d}t \tag{7-4}$$

式（7-3）和式（7-4）中，k 为速率函数，而且式（7-4）中的函数 k 依赖于时间 t。

对于函数 k，可用 Arrhenius 方程表示为

$$k = k_0 \exp(-Q/RT) \tag{7-5}$$

也就是说，依赖于温度的相变体积分数可以表示为与相变激活能 Q 相关的函数。k_0 为指前因子，R 为气体常数。

根据式（7-2），相变速率可以表示为

$$\frac{\mathrm{d}f}{\mathrm{d}t} = \frac{\mathrm{d}F(\beta)}{\mathrm{d}\beta} \times \frac{\mathrm{d}\beta}{\mathrm{d}t} \tag{7-6}$$

对于等温退火和等时退火过程，根据式（7-3）和式（7-4），式（7-6）可表示为

$$\frac{\mathrm{d}f}{\mathrm{d}t} = k(T)\frac{\mathrm{d}F(\beta)}{\mathrm{d}\beta} \tag{7-7}$$

因此，f、β 和 T 是相变速率的状态变量。

假设 $l(\beta) = \dfrac{\mathrm{d}F(\beta)}{\mathrm{d}\beta}$，则式（7-7）可表示为

$$\frac{\mathrm{d}f}{\mathrm{d}t} = k(T)l(\beta) \tag{7-8}$$

整理后可得

$$\frac{1}{l(\beta)}\mathrm{d}f = k(T)\mathrm{d}t \tag{7-9}$$

如图 7-2 所示，当加热温度为 T 时，在相变量 f 从 0 至 f' 范围内（相当于状态变量 β 从 0 至 β' 范围内），对式（7-9）进行积分

$$\int_0^{f'} \frac{1}{l(\beta)}\mathrm{d}f = \int_{t_0}^{t_{f'}^{\mathrm{iso}}(T)} k(T)\mathrm{d}t \tag{7-10}$$

对于等温退火过程，由于温度与时间无关，式（7-10）可写为

$$\int_0^{f'} \frac{1}{l(\beta)}\mathrm{d}f = k(T)\int_{t_0}^{t_{f'}^{\mathrm{iso}}(T)} \mathrm{d}t \tag{7-11}$$

式（7-11）中，$t_{f'}^{\mathrm{iso}}(T')$ 是在温度 T 下等温转变获得相变体积分数 f' 所需要的时间。

根据式（7-2），式（7-11）可表示为

$$\int_0^{\beta'} \frac{1}{l(\beta)}\mathrm{d}F(\beta) = k(T)t_{f'}^{\mathrm{iso}}(T) \tag{7-12}$$

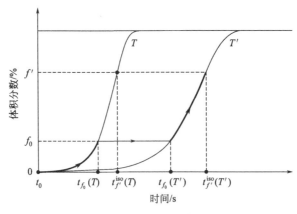

图 7-2 叠加法示意图

假设式（7-12）左端项为 $L(\beta')$，则可得

$$k(T)=L(\beta')/t_{f'}^{\mathrm{iso}}(T) \tag{7-13}$$

等时退火过程可以看作由有限个小的等温退火过程组成，根据式（7-13）和式（7-10）可得到

$$\int_0^{f'}\frac{1}{l(\beta)}\mathrm{d}f=\int_{t_0}^{t_{f'}}\frac{L(\beta')}{t_{f'}^{\mathrm{iso}}(T)}\mathrm{d}t \tag{7-14}$$

假设式（7-14）中时间为开始相变之后的时间，即 $t_0=0$，式（7-14）可表示为

$$\int_0^{f'}\frac{1}{l(\beta)}\mathrm{d}f=\int_0^{t_{f'}}\frac{L(\beta')}{t_{f'}^{\mathrm{iso}}(T)}\mathrm{d}t \tag{7-15}$$

整理可得

$$\frac{1}{L(\beta')}\int_0^{f'}\frac{1}{l(\beta)}\mathrm{d}f=\int_0^{t_{f'}}\frac{1}{t_{f'}^{\mathrm{iso}}(T)}\mathrm{d}t \tag{7-16}$$

根据式（7-2）和式（7-16）可得到

$$
\begin{aligned}
\int_0^{t_{f'}}\frac{1}{t_{f'}^{\mathrm{iso}}(T)}\mathrm{d}t &=\frac{1}{\displaystyle\int_0^{\beta'}\frac{1}{l(\beta)}\mathrm{d}F(\beta)}\int_0^{f'}\frac{1}{l(\beta)}\mathrm{d}f\\[2mm]
&=\frac{1}{\displaystyle\int_0^{\beta'}\frac{1}{l(\beta)}\mathrm{d}F(\beta)}\int_0^{\beta'}\frac{1}{l(\beta)}\mathrm{d}F(\beta)\\[2mm]
&=1
\end{aligned} \tag{7-17}
$$

根据图 7-2 可知，等时退火过程相变体积分数 f' 所对应的总时间 $t_{f'}$ 由两部分组成：首先在温度 T 下保温时间为 $t_{f_0}(T)-t_0$ 或 $t_{f_0}(T)$，然后在温度 T' 下保温时间为 $t_{f'}^{\mathrm{iso}}(T')-t_{f_0}(T')$

$$t_{f'}=t_{f_0}(T)+\left[t_{f'}^{\mathrm{iso}}(T')-t_{f_0}(T')\right] \tag{7-18}$$

根据式（7-17）可得

$$\frac{t_{f_0}(T)}{t_{f'}^{\mathrm{iso}}(T)}+\frac{t_{f'}^{\mathrm{iso}}(T')-t_{f_0}(T')}{t_{f'}^{\mathrm{iso}}(T')}=1 \tag{7-19}$$

根据式（7-18）和式（7-19）可得

$$\frac{t_{f_0}(T)}{t_{f'}^{\text{iso}}(T)} + \frac{t_{f'} - t_{f_0}(T)}{t_{f'}^{\text{iso}}(T')} = 1 \tag{7-20}$$

式（7-20）表明，若将等时退火过程看作一系列小的等温退火过程，每段等温退火的持续时间之和为 1。

7.2 相变机制

在加热过程中，描述新生成相体积分数的非等温相变动力学模型为

$$f = \xi(T, t) = 1 - \exp\left\{-g\int_0^{t'} I(T(t)) \times \left[\int_{t'}^{t} G(T(\tau))\mathrm{d}\tau\right]^n \mathrm{d}t\right\} \tag{7-21}$$

式（7-21）中，$I(T(t))$ 为随温度变化而快速变化的形核率函数，$G(T(\tau))$ 为新生相的长大速率函数，温度 T 和几何因子 g 取决于生长的维度或方向数。对于界面控制生长，n 是一个整数；对于扩散控制生长，n 取整数或半整数。对于位置饱和形核，成核率为零，也就是晶核在转变初期（$\tau = t'$）就已经存在，而且在随后的转变过程中不再形核，只存在已有晶核的长大。式（7-21）可简化为

$$f = 1 - \exp\left\{-gN_0\left[\int_{t'}^{t} G(T(\tau))\mathrm{d}\tau\right]^n\right\} \tag{7-22}$$

对于界面控制生长和扩散控制生长，可统一描述为在 t' 时刻形核的晶粒在 t 时刻的体积为

$$Y(t', t) = g\left[\int_{t'}^{t} v\mathrm{d}t\right]^{\frac{d}{m}} \tag{7-23}$$

式（7-23）中，g 为晶核形状因子，例如球形为 $4\pi/3$；d 为生长的维度或方向数；m 为生长模式（$m=1$ 时为界面控制生长，$m=2$ 时为扩散控制生长）。

式（7-23）中，v 为相界面移动速率或生长速率，若 $m=1$，则

$$v = v_0\exp\left(-\frac{Q_{\text{G}}}{RT}\right) \tag{7-24}$$

式（7-24）中，Q_{G} 为生长激活能，v_0 为生长速率指前因子。

若 $m=2$，则

$$v = D_0\exp\left(-\frac{Q_{\text{D}}}{RT}\right) \tag{7-25}$$

式（7-25）中，D_0 为与温度无关的扩散系数，Q_{D} 为扩散激活能。

假设每个新相形核均发生于无限大的母相中，每个形核粒子生长不受其他晶粒影响，在此假设下根据式（7-23），这些晶粒体积从时刻 t' 生长到当前时刻 t，所有新相粒子在时刻 t 的总体积称为扩展转变体积，可表示为

$$V^e = V\int_{t'}^{t} \dot{N}(t')Y(t', t)\mathrm{d}t \tag{7-26}$$

式（7-26）中，$\dot{N}(t')$ 为时刻 t' 时的形核率；V 为试样体积，在转变过程是常量。

完全转变意味着全部试样体积 V 被新相代替，则扩展转变分数定义为

$$x_e = \frac{V^e}{V} = \int_{t'}^{t} \dot{N}(t')Y(t', t)\mathrm{d}t \tag{7-27}$$

通过替换式（7-27）中 $\dot{N}(t')$ 和 $Y(t', t)$，对于等温退火过程经推导可得 x_e 的表达式为

$$x_e = K(t)^{n(t)} \exp\left[-\frac{n(t)Q(t)}{RT}\right] t^{n(t)} \tag{7-28}$$

对于等时退火过程，经推导可得 x_e 的表达式为

$$x_e = K(T)^{n(T)} \exp\left[-\frac{n(T)Q(T)}{RT}\right] \left(\frac{RT^2}{\alpha}\right)^{n(T)} \tag{7-29}$$

式（7-28）和式（7-29）中，K 为速率常数指前因子，α 为加热或冷却速率。$n(t)$、$Q(t)$ 和 $K(t)$（等温退火）以及 $n(T)$、$Q(T)$ 和 $K(T)$（等时退火）为随转变分数变化的动力学参数。只有在某些极端形核方式（位置饱和或连续形核），这些参量的时间或温度相关性才会消失，从模型退化为经典理论。也就是，生长指数 n、总有效激活能 Q 以及速率常数 K 都是恒定的，这三个动力学参数只取决于相变过程中的形核和生长模型。

由式（7-28）和式（7-29）可知，等温退火过程和等时退火过程的数学描述非常相似。对于热激活的相变过程，试样所经历的热历史直接决定了它的转变状态。根据图 7-1 所描绘的 T-t 关系示意图，经历热激活相变的试样，通过途径 a 或途径 b 由状态 1（t_1，T_1）到达状态 2（t_2，T_2）。显然，尽管从状态 1 到达状态 2 两种途径下时间相等，但沿着温度比较高的途径 b 到达状态 2 时的组织转变要比沿着途径 a 到达状态 2 时的转变速率更快一些，或者说，状态 2 的转变程度由所经历的路径决定。

根据 Liu、Sommer 和 Mittemeijer 的研究结果，可以引入一个完全由 T-t 图中的路径所决定的"路径变量" β，β 取决于 $T(t)$。根据式（7-4）和式（7-5）可得

$$\beta = \int k_0 \exp\left[-\frac{Q}{RT(t)}\right] \mathrm{d}t \tag{7-30}$$

式（7-30）表示，在 T-t 图中所考察的温度时间区域内，若相变机制不变，T 决定了原子迁移速率，t 给出了该相变过程持续时间，可认为 β 与原子跃迁数目成正比。在引入路径变量之后，经推导可知，式（7-28）描述的等温退火过程、式（7-29）描述的等时退火过程都可描述为统一形式

$$x_e = \beta^n \tag{7-31}$$

在扩展转变分数推导过程中，假设每个超临界晶粒的形核和生长不受已经存在晶粒的影响和约束。在真实空间中，已转变区域不可能再发生形核，而且生长着的新相晶粒边界发生接触后便会停止，这一过程叫硬碰撞。对于扩散控制转变过程，在一般的析出反应中，长大后的粒子周围会形成溶质贫化区，由于该区域过饱和度大大降低，形核过程将变得非常困难，甚至在整个转变过程中，这些区域将不会产生新的晶核。当两个粒子周围的溶质贫化区发生重叠，生长过程会受到影响，甚至停止，这一过程称为软碰撞。

若只考虑硬碰撞情形，假设晶核随机分布且各向同性生长，在 $\mathrm{d}t$ 时间内，扩展转变体积增加和真实转变体积增加分别为 $\mathrm{d}V^e$ 和 $\mathrm{d}V^t$。在扩展体积变化量中，只有一部分对实际转变体积的变化起作用，这一部分与未转变的体积分数相等，因此可得

$$\mathrm{d}V^t = \frac{V - V^t}{V} \mathrm{d}V^e \tag{7-32}$$

根据式（7-27），式（7-32）可写为

$$\frac{\mathrm{d}f}{\mathrm{d}x_e} = 1 - f \tag{7-33}$$

式（7-32）中，V^e 为扩展转变分数（或扩展转变体积），V^t 为实际转变分数（或实际转变体积）。

根据式（7-31），将式（7-33）积分可得

$$f = 1 - \exp(-\beta^n) \tag{7-34}$$

$$\beta = k_0 \times \exp\left(-\frac{Q}{RT}\right) \times t \qquad \text{（等温退火）} \tag{7-35}$$

$$\beta = \int_{t_0}^{t} k_0 \times \exp\left(-\frac{Q}{RT(t)}\right) dt \qquad \text{（等时退火）} \tag{7-36}$$

式（7-34）为描述相变动力学过程的经典 Johnson-Mehl-Avrami（JMA）方程或 Kolmogorov-Johnson-Mehl-Avrami（KJMA）方程，可准确描述相变参数、相变时间或相变温度之间的关系，是最常用的相变模型之一。式（7-34）~式（7-36）中，Q 为相变激活能（单位：J/mol）；n 为 JMA 指数；k_0 为由材料及相变类型决定的指前因子；T 为温度（单位：K）；t 为相变时间（单位：s）；t_0 为开始相变时间（单位：s）；f 为新相的体积分数；R 为气体常数（$8.314 \text{ J} \cdot \text{mol}^{-1} \cdot \text{K}^{-1}$）。

对于等时退火过程，根据式（7-34）~式（7-36），式（7-22）可表示为

$$f = 1 - \exp\left\{-gN_0\left[\int_{t_0}^{t} k_0 \exp\left(-\frac{Q}{RT(t)}\right) dt\right]^n\right\}$$

$$= 1 - \exp\left\{-\frac{gN_0 k_0^n}{\alpha^n}\left[\int_{t_0}^{t} \exp\left(-\frac{Q}{RT}\right) dT\right]^n\right\} \tag{7-37}$$

式（7-37）中，g 为晶核形状因子，N_0 为与形核率相关的常数，α 为加热速率（恒定速率）（单位：K/s）；t_0 为开始相变时间（单位：s）。

对于等时退火过程，式（7-36）可通过对相变时间积分的方法得到，也可以将非等温过程看成很多个等温过程，通过对离散时间步求和的方式得到

$$\beta \approx \sum_{i=1}^{m} \Delta t k_0 \exp\left(-\frac{Q}{RT_i}\right) \tag{7-38}$$

基于 JMA 方程式（7-34），相变速率可表示为

$$\frac{df}{dt} = n\beta^{n-1}\frac{d\beta}{dt}\exp(-\beta^n)$$

$$= nk(T)\beta^{n-1}\exp(-\beta^n) \tag{7-39}$$

由式（7-34）分别可得到

$$\exp(-\beta^n) = 1 - f \tag{7-40}$$

$$\beta^{n-1} = \left[\ln(1-f)^{-1}\right]^{\frac{n-1}{n}} \tag{7-41}$$

把式（7-41）代入式（7-39）可得

$$\frac{df}{dt} = nk(T)\left[\ln(1-f)^{-1}\right]^{\frac{n-1}{n}}\exp(-\beta^n) \tag{7-42}$$

7.3 奥氏体化相变激活能

钢的奥氏体化过程属于非均匀相变，其相变速率由多个激活能控制。在这种情况下，虽然式（7-3）和式（7-4）中 β 先决条件的适用性会存在一定的问题，但是，只要把起决

定作用的激活能假定成整个相变过程中各个小分段激活能的加权平均值（或称等效激活能），式（7-3）和式（7-4）还是可适用于钢的奥氏体化过程。

7.3.1　等温分析法

不依赖于任何动力学模型［如：不必知道 F（β）具体形式］，等温分析法可通过两个相变量（f_1 和 f_2）之间的时间间隔（$\Delta t = t_2 - t_1$）计算出激活能，如图 7-3 所示。

根据式（7-3）可得

$$\begin{cases} \beta_1 = kt_1 \\ \beta_2 = kt_2 \end{cases} \tag{7-43}$$

由式（7-43）可得

$$\ln(\beta_2 - \beta_1) = \ln k + \ln(t_2 - t_1) \tag{7-44}$$

由式（7-5）可得

$$\ln k = \ln k_0 - \frac{Q}{RT} \tag{7-45}$$

将式（7-45）代入式（7-44），整理后可得

$$\ln(t_2 - t_1) = \frac{Q}{RT} - \ln k_0 + \ln(\beta_2 - \beta_1) \tag{7-46}$$

在不同的等温温度下，达到同一转变分数 f 所需要的转变时间不同，由式（7-46）可得

$$\ln(\Delta t) = \frac{Q}{R} \times \frac{1}{T} + b \tag{7-47}$$

式（7-47）中，b 为常数，Δt 为某一温度下等温转变得到转分数 f 所需要的时间。

由式（7-46）和式（7-47）可知，根据不同等温转变过程 $\ln(t_2 - t_1)$ 和 $1/T$ 的数据，可以通过数据拟合得到拟合直线的斜率和截距。如图 7-3 所示，在三个温度 T_1、T_2 和 T_3 下进行等温转变，得到相变量 f_1 和 f_2 的时间间隔分别为 Δt_1、Δt_2 和 Δt_3，通过数据拟合可得到拟合直线 $\ln(\Delta t) - 1/T$ 的斜率，并根据斜率计算得到相变激活能 Q 的数值，如图 7-4 所示。如果想通过该方法得到 k_0 的数值，就必须要知道确切的动力学模型 $F(\beta)$，即必须知道 β_1 和 β_2 的具体数值。

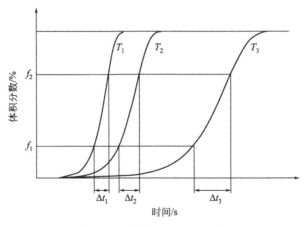

图 7-3　等温分析法示意图

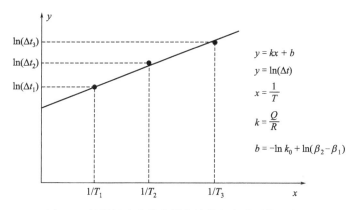

图 7-4　根据拟合直线的斜率计算相变激活能示意图

7.3.2　等时分析法

对于常规的非等温过程，这里只考虑具有恒定加热速度的等时退火过程，也就是在实验过程中加热速度 $\alpha = \mathrm{d}T/\mathrm{d}t$ 是常数，等时退火过程对于 β 的描述如式（7-36）和式（7-38）所示。从式（7-36）中，无法得到关于温度的解析表达式，在已有的文献中，多采用一些近似计算方法。这里简单介绍换元积分法近似求解温度积分。假设 $x = Q/RT$，积分上下限换为 x 和无穷大（假设 $T_0 \ll T$），则式（7-36）可表示为

$$\beta = \frac{k_0}{\alpha} \int_{T_0}^{T} \exp\left(-\frac{Q}{RT}\right) \mathrm{d}T$$
$$= \frac{k_0 Q}{\alpha R} \int_{x}^{\infty} x^{-2} \exp(-x) \mathrm{d}x$$
$$= \frac{k_0 Q}{\alpha R} p(x) \tag{7-48}$$

式（7-48）中，$p(x)$ 为指数积分。$p(x)$ 的渐近线展开可表示为

$$p(x) = \frac{\exp(-x)}{x^2} \left[1 - \frac{2!}{x} + \frac{3!}{x^2} - \frac{4!}{x^3} + \cdots + (-1)^n \frac{(n+1)!}{x^n} + \cdots \right] \tag{7-49}$$

把式（7-49）代入式（7-48）可得到

$$\beta = \frac{T^2}{\alpha} \times \frac{R}{Q} k_0 \exp\left(-\frac{Q}{RT}\right) \left(1 - 2\frac{RT}{Q} + 6\frac{R^2 T^2}{Q^2} - \cdots \right) \tag{7-50}$$

对于钢的奥氏体化过程，由于 $RT/Q \ll 1$，则式（7-50）可表示为

$$\beta = \frac{T^2}{\alpha} \frac{R}{Q} k_0 \exp\left(-\frac{Q}{RT}\right) \tag{7-51}$$

对式（7-51）两边分别取自然对数，并移项、变形可得

$$\ln \frac{T^2}{\alpha} = \frac{Q}{RT} + \ln \frac{Q}{Rk_0} + \ln\beta \tag{7-52}$$

通过式（7-52）可知，对于某个固定的相变量 f'，不依赖于任何动力学模型（如：不必知道 $F(\beta)$ 具体形式），恒加热速度时的等时分析法可根据不同加热速度时 $\ln(T_{f'}^2/\alpha)$ 和 $1/T_{f'}$ 的数据，通过数据拟合得到 $\ln(T_{f'}^2/\alpha)$-$1/T_{f'}$ 斜线的斜率，根据斜率可计算得到激活能 Q 的数值，如图 7-5 所示。

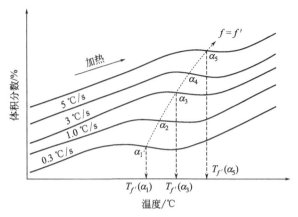

图 7-5　等时分析法示意图

7.3.3　Doyle 方法

除了等温分析法和 7.3.2 中的渐近线展开逼近法，文献中还提出了许多指数积分的数值逼近方法，其中应用比较广泛的一种方法是 Doyle 方法

$$\int_x^\infty x^{-2}\exp(-x)\mathrm{d}x = \exp(-5.33-1.052x) \tag{7-53}$$

把式（7-53）代入式（7-37）可得到

$$
\begin{aligned}
f &= 1-\exp\left\{-\frac{gN_0k_0^n}{\alpha^n}\left[\int_{t_0}^t \exp\left(-\frac{Q}{RT}\right)\mathrm{d}T\right]^n\right\}\\
&= 1-\exp\left\{-\frac{gN_0k_0^n}{\alpha^n}\left[\exp(-5.33)\times\exp\left(-1.052\frac{Q}{RT}\right)\right]^n\right\}\\
&= 1-\exp\left[-\frac{C}{\alpha^n}\exp\left(-1.052\frac{nQ}{RT}\right)\right]
\end{aligned}
\tag{7-54}
$$

式（7-54）中，$C=gN_0k_0^n\exp(-5.33n)$

对式（7-54）取一次导数，由式（7-54）可得

$$
\begin{aligned}
\frac{\mathrm{d}f}{\mathrm{d}t} &= (1-f)\frac{C}{\alpha^n}\times\exp\left(-1.052\frac{nQ}{RT}\right)\times 1.052\frac{nQ}{RT^2}\times\alpha\\
&= (1-f)\frac{C_1}{\alpha^{n-1}}\times\exp\left(-1.052\frac{nQ}{RT}\right)\times\frac{1}{T^2}
\end{aligned}
\tag{7-55}
$$

式（7-55）中，$C_1=gN_0k_0^n\exp(-5.33n)\times 1.052\frac{nQ}{R}$

对式（7-55）取二次导数，由式（7-55）可得

$$
\begin{aligned}
\frac{\mathrm{d}}{\mathrm{d}t}\left(\frac{\mathrm{d}f}{\mathrm{d}t}\right) ={}& (1-f)\frac{C_1}{\alpha^{n-1}}\times\exp\left(-1.052\frac{nQ}{RT}\right)\times\frac{1}{T^2}\times\left(-\frac{C}{\alpha^n}\right)\times\exp\left(-1.052\frac{nQ}{RT}\right)\times 1.052\frac{nQ}{RT^2}\times\alpha\\
&+ (1-f)\frac{C_1}{\alpha^{n-1}}\times\frac{1}{T^2}\times\exp\left(-1.052\frac{nQ}{RT}\right)\times 1.052\frac{nQ}{RT^2}\times\alpha\\
&+ (1-f)\frac{C_1}{\alpha^{n-1}}\times\exp\left(-1.052\frac{nQ}{RT}\right)\times(-2)\frac{1}{T^3}\times\alpha
\end{aligned}
$$

$$= (1-f)\frac{C_1}{\alpha^{n-1}} \times \exp\left(-1.052\frac{nQ}{RT}\right)$$

$$\times \frac{1}{T^3}\left\{-\frac{C_1}{\alpha^{n-1}} \times \exp\left(-1.052\frac{nQ}{RT}\right) \times \frac{1}{T} + 1.052\frac{nQ\alpha}{RT} - 2\alpha\right\} \quad (7\text{-}56)$$

式 (7-56) 等于 0 时相变速率最大，假设此时的温度为 T_m，则可得

$$\left(1.052\frac{nQ}{RT_m} - 2\right)\alpha = \frac{C_1}{\alpha^{n-1}} \times \frac{1}{T_m} \times \exp\left(-1.052\frac{nQ}{RT_m}\right) \quad (7\text{-}57)$$

对于钢的奥氏体化过程，$1.052 \times nQ/RT_m \geqslant 2$，则式 (7-57) 可简化为

$$\frac{1.052}{C_1} \times \frac{nQ}{R}\alpha^n = \exp\left(-1.052\frac{nQ}{RT_m}\right) \quad (7\text{-}58)$$

对式 (7-58) 两边取自然对数可得

$$\frac{1}{n} \times \ln\left(\frac{1.052}{C_1}\frac{nQ}{R}\right) + \ln\alpha = -1.052\frac{Q}{RT_m} \quad (7\text{-}59)$$

或

$$\ln\alpha + C_2 = -1.052\frac{Q}{R} \times \frac{1}{T_m} \quad (7\text{-}60)$$

式 (7-60) 中，$C_2 = \frac{1}{n} \times \ln\left(\frac{1.052}{C_1} \times \frac{nQ}{R}\right)$

通过式 (7-60) 可知，不依赖于任何动力学模型，例如不必知道 $F(\beta)$ 具体形式，根据不同加热速度时 $\ln(\alpha)$ 和转变速率最大时 $1/T_m$ 的数据，可通过数据拟合得到 $\ln(\alpha)-1/T_m$ 斜线的斜率，再根据斜率计算得到激活能 Q 的数值，如图 7-6 所示。

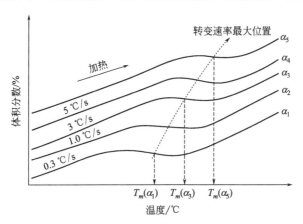

图 7-6　Doyle 方法示意图

7.3.4　Murray-White 方法

Murray 和 White 提出的指数积分数值逼近方法（简称为 MW 法）为

$$\int_{t'}^{t} \exp\left(-\frac{Q}{RT}\right)\mathrm{d}T = \frac{R^3 T^2}{Q^3}\exp\left(-\frac{Q}{RT}\right) \quad (7\text{-}61)$$

把式 (7-61) 代入式 (7-37) 可得到

$$f = 1 - \exp\left\{-\frac{gN_0 k_0^n}{\alpha^n}\left[\int_{t_0}^t \exp\left(-\frac{Q}{RT}\right)\mathrm{d}T\right]^n\right\}$$

$$= 1 - \exp\left\{-\frac{gN_0 k_0^n}{\alpha^n}\left[\frac{R^3 T^2}{Q^3}\exp\left(-\frac{Q}{RT}\right)\right]^n\right\}$$

$$= 1 - \exp\left\{-\frac{gN_0 k_0^n R^{3n} T^{2n}}{\alpha^n Q^{3n}}\exp\left(-\frac{nQ}{RT}\right)\right\} \tag{7-62}$$

对式 (7-62) 取一次导数，可得相变速率为

$$\frac{\mathrm{d}f}{\mathrm{d}t} = \frac{\mathrm{d}f}{\mathrm{d}T}\times\frac{\mathrm{d}T}{\mathrm{d}t}$$

$$= \exp\left[-gN_0\frac{k_0^n}{\alpha^n}\frac{R^{3n} T^{2n}}{Q^{3n}}\exp\left(-\frac{nQ}{RT}\right)\right]\left[2n\times gN_0\frac{k_0^n}{\alpha^n}\frac{R^{3n} T^{2n-1}}{Q^{3n}}\times\alpha\times\exp\left(-\frac{nQ}{RT}\right)\right.$$

$$\left. + gN_0\frac{k_0^n}{\alpha^n}\frac{R^{3n} T^{2n}}{Q^{3n}}\exp\left(-\frac{nQ}{RT}\right)\times\frac{nQ}{RT^2}\times\alpha\right]$$

$$= gN_0\frac{k_0^n}{\alpha^n}\frac{R^{3n} T^{2n}}{Q^{3n}}\exp\left[-gN_0\frac{k_0^n}{\alpha^n}\frac{R^{3n} T^{2n}}{Q^{3n}}\exp\left(-\frac{nQ}{RT}\right)\right]\left(\frac{2n\alpha}{T}+\frac{nQ\alpha}{RT^2}\right)\exp\left(-\frac{nQ}{RT}\right) \tag{7-63}$$

对式 (7-63) 取二次导数，并让其等于 0，也就是此时相变速率最大，假设此时的温度为 T_m，则可得

$$\frac{ngN_0 k_0^n R^{3n}}{\alpha^n Q^{3n}}T_m^{2n-2}\left(2-\frac{\alpha Q}{RT_m}\right)\left(2+\frac{\alpha Q}{RT_m}\right)\exp\left(-\frac{nQ}{RT_m}\right) = \frac{\alpha}{T_m^2}\left(\frac{2nQ}{RT_m}-2+\frac{\alpha Q}{RT_m}\right)\left(\frac{nQ}{T_m}-2\right) \tag{7-64}$$

式 (7-64) 中，T_m 为最大相变速率时的温度。

在钢的奥氏体化过程中，可进行以下假定

$$\frac{\alpha Q}{RT_m}\gg 2,\ \frac{nQ}{T_m}\gg 2,\ \frac{2nQ}{RT_m}\gg 2,\ \frac{\alpha Q}{T_m}\gg 2 \tag{7-65}$$

把式 (7-65) 代入式 (7-64)，对两边取自然对数可得

$$\ln\left(\frac{\beta}{T_m^2}\right) = -\frac{Q}{R}\times\frac{1}{T_m}+\ln C \tag{7-66}$$

式 (7-66) 中，$C = \left(\dfrac{ngN_0 k_0^n R^{3n}}{Q^{3n}}\right)^{-1}$。

7.4　钢的奥氏体化相变动力学参数求解

7.4.1　实验方案

实验所用材料为 55CrMo 钢，其成分 [%（质量）]：0.59 C、0.24 Si、0.84 Mn、0.79 Cr、0.23 Mo、0.012 P、0.012 S，余量为 Fe。

为了了解加热速度对于 55CrMo 钢膨胀曲线的影响，利用 Gleeble 1500D 热模拟试验机，分别以 0.05K/s、0.3K/s、1.0K/s、3.0K/s、5.0K/s、10K/s、20K/s、30K/s、50K/s 的加热速度将 φ6×10mm 的 55CrMo 钢试样加热至 1000K，保温 8s 后，再以 50K/s 的冷却速率将试样冷却至室温。记录得到升温过程中的膨胀曲线如图 7-7 所示。

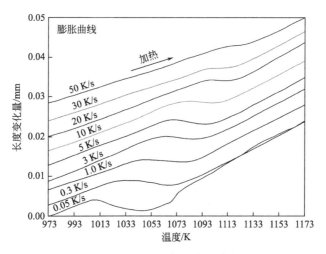

图 7-7　55CrMo 钢的膨胀曲线

7.4.2　膨胀曲线的分析

（1）杠杆定律

如图 7-8 所示，55CrMo 钢的膨胀曲线分为三个阶段：第一阶段是珠光体（α-Fe）升温膨胀阶段；第二阶段是珠光体转变为奥氏体的相变阶段（α-Fe→γ-Fe）；第三阶段是奥氏体化完成后由升温导致的奥氏体（γ-Fe）膨胀阶段。由于面心立方晶格的 γ-Fe 的比容小于体心立方晶格的 α-Fe 的比容，α-Fe 转变为 γ-Fe 过程中试样的体积要发生收缩，导致第二阶段膨胀曲线的趋势发生变化。

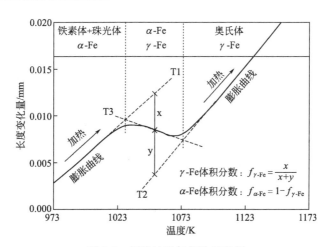

图 7-8　切线法及杠杆法示意图

取试样内一个微小正方体区域，假定试样在相变过程中尺寸变化是各向同性的，则膨胀后的试样体积可表示为

$$(l_0 + \Delta l)^3 = l_0^3 + 3l_0^2 \Delta l + 3l_0 \Delta l^2 + \Delta l_0^3 \tag{7-67}$$

在热膨胀和相变膨胀过程中，Δl 值较小，为此可以忽略公式（7-67）中 Δl 的二次项和三次项，公式（7-67）可简化为

$$(l_0 + \Delta l)^3 - l_0^3 = 3l_0^2 \Delta l \tag{7-68}$$

$$V - V_0 = 3l_0^2 \Delta l \tag{7-69}$$

式（7-69）中，V 是膨胀后试样体积，V_0 是膨胀前试样体积。

在相转变中相对体积变化 $\Delta V/V_0$ 与相对长度变化 $\Delta l/l_0$ 的关系可以表示为

$$\frac{\Delta V}{V_0} = \frac{3l_0^2 \Delta l}{V_0} = \frac{3l_0^2 \Delta l}{l_0^3} = 3\frac{\Delta l}{l_0} \tag{7-70}$$

式（7-68）～式（7-70）中，l_0 为初始长度，Δl 为线膨胀的长度变化量，ΔV 为膨胀后的体积变化量。

式（7-70）表明，试样的体积变化 ΔV 与线膨胀的长度变化 Δl 成正比。因此，根据试样的膨胀曲线，可以利用杠杆定律计算得到 55CrMo 钢在奥氏体化过程中奥氏体体积分数随加热温度的变化情况。利用杠杆定律计算奥氏体化程度的示意图如图 7-8 所示。

根据杠杆定律，在奥氏体化阶段 α-Fe 和 γ-Fe 的体积分数可表示为

$$f_{\gamma\text{-Fe}} = \frac{x}{x+y} = \frac{(k_1 T + p_1) - f_1(T)}{(k_1 T + p_1) - (k_2 T + p_2)} \tag{7-71}$$

$$f_{\alpha\text{-Fe}} = 1 - \frac{(k_1 T + p_1) - f_1(T)}{(k_1 T + p_1) - (k_2 T + p_2)} \tag{7-72}$$

式（7-71）和式（7-72）中，$f_{\gamma\text{-Fe}}$ 为 γ-Fe 的体积含量，$f_{\alpha\text{-Fe}}$ 为 α-Fe 的体积分数，k_1 和 k_2 分别为切线 T1 和 T2 的斜率，p_1 和 p_2 分别为切线 T1 和 T2 的截距，$f_1(T)$ 是表示膨胀曲线的函数，T 是温度。

（2）奥氏体化温度

借助图 7-7 所示的试样膨胀曲线，利用切线法可以获得奥氏体的转变温度 A_{c_1} 和 A_{c_3}。在加热速度为 0.05K/s、0.3K/s、1.0K/s、3.0K/s、5.0K/s、10K/s、20K/s、30K/s 和 50K/s 时，A_{c_1} 分别约为 736K、758K、771K、789K、798K、802K、820K、822K 和 841K，A_{c_3} 分别约为 779K、800K、813K、821K、823K、831K、842K、845K 和 856K。

根据 55CrMo 钢在相应加热速度下的奥氏体转变开始温度和结束温度，绘制加热速度 α 与 A_{c_1}、A_{c_3} 的关系图，如图 7-9 所示。在奥氏体化过程中，55CrMo 钢的奥氏体相变开始温度、结束温度与加热速度基本成线性关系，而且 A_{c_1}-α 曲线的斜率大于 A_{c_3}-α 曲线的斜率，这种趋势也表明，随着加热速度的升高，奥氏体完全转变所需的时间越来越短。

奥氏体化开始温度及结束温度的拟合公式可以表示为

$$A_{c_1} = 33.8021 \times \log\alpha + 715.0573 \tag{7-73}$$

$$A_{c_3} = 24.2118 \times \log\alpha + 767.4800 \tag{7-74}$$

式（7-73）和式（7-74）中，α 是加热速度（单位：K/min）。

针对奥氏体化开始温度及结束温度的拟合公式（7-73）和式（7-74）进行方差分析（ANOVA），结果表明：拟合公式（7-73），F=347.1056＞F0.005(1,7)=16.24，（P＝

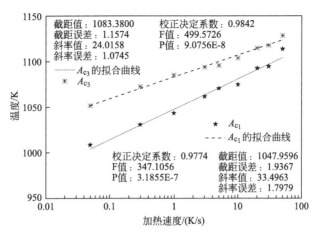

图 7-9 奥氏体相变温度与加热速度的关系

3.1855E-7)＜0.005；拟合公式（7-74），F＝499.5726＞F0.005(1，7)＝16.24，（P＝9.0756E-8)＜0.005；回归方程的显著性检验结果良好。线性模型的调整决定系数（Adj. R-Square）分别为 0.9774 和 0.9842，表明式（7-73）和式（7-74）分别能预测响应变量 97.74％和 98.42％的变化，只有约 2％的变化超出预测范围。因此，拟合方程（7-73）和式（7-74）适用于 55CrMo 钢的快速加热过程中温度 A_{c_1} 和 A_{c_3} 的计算。

在加热速度为 0.05K/s、0.3K/s、1.0K/s、3.0K/s、5.0K/s、10K/s、20K/s、30K/s 和 50K/s 时，对完全奥氏体化时间与加热速度进行了非线性回归分析，拟合曲线如图 7-10 所示。拟合曲线的方差分析表明，回归方程的显著性检验结果良好。

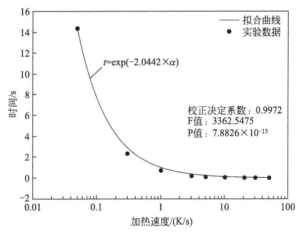

图 7-10 完全奥氏体化时间与加热速度的关系

$$t = \exp(-2.0442 \times \alpha) \tag{7-75}$$

式（7-75）中，α 为加热速度，K/s；t 为完全奥氏体化所需要的时间，s。

7.4.3 相变激活能的计算

利用式（7-71）和式（7-72），根据图 7-7 中 55CrMo 钢的膨胀曲线，可以得到 55CrMo 钢在不同加热速度下奥氏体转变量与温度的关系曲线，如图 7-11 所示。

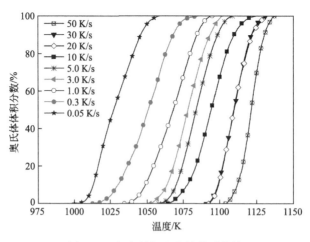

图 7-11 相变量与温度的关系曲线

（1）等时分析法

根据图 7-11 所示的不同加热速度下奥氏体转变量与温度的关系，可以得到相应加热速度下奥氏体转变量为 25%、50% 和 75% 时所对应的温度值，如表 7-1 所示。

表 7-1 奥氏体转变量为 25%、50% 和 75% 时的温度

$\alpha/(\mathrm{K/s})$	0.05	0.3	1.0	3.0	5.0	10	20	30	50
$T_{25\%}/\mathrm{K}$	1018	1039	1057	1070	1076	1085	1103	1103	1116
$T_{50\%}/\mathrm{K}$	1027	1051	1068	1078	1084	1094	1109	1109	1121
$T_{75\%}/\mathrm{K}$	1038	1061	1078	1086	1092	1102	1116	1116	1126

根据公式（7-52）分别做 $\ln(T_{f'}^2/\alpha)$-$1/T_{f'}$ 的关系图，并进行线性回归分析，得到的拟合线如图 7-12 所示。

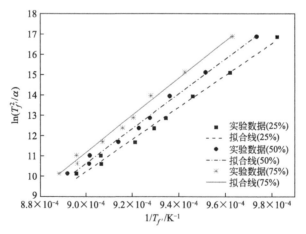

图 7-12 $\ln(T_{f'}^2/\alpha)-1/T_{f'}$ 的关系

根据拟合直线的斜率 k，利用公式（7-52）可以计算 55CrMo 钢的奥氏体化激活能

$$Q=kR \tag{7-76}$$

式（7-76）中，k 为拟合直线的斜率。根据公式（7-76）计算得到的直线斜率、奥氏体化激活能如表 7-2 所示。

表 7-2 拟合直线的斜率及奥氏体化激活能

项目	$T_{25\%}$	$T_{50\%}$	$T_{75\%}$	平均值
斜率	78681.4	84700.3	91723	85034.9
校正决定系数	0.9922	0.9928	0.9926	
$Q/(\mathrm{J/mol})$	6.542×10^5	7.042×10^5	7.626×10^5	7.070×10^5

利用等时分析法计算得到 55CrMo 钢的相变激活能为 $7.070\times10^5\mathrm{J/mol}$。

（2）Doyle 方法

对表 7-1 所示的数据，根据公式（7-60）分别做 $\ln(\alpha)$-$1/T_m$ 的关系图，并进行线性回归分析，得到的拟合线如图 7-13 所示。

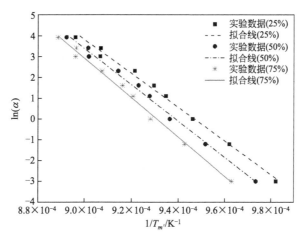

图 7-13 $\ln(\alpha)$ 与 $1/T_m$ 的关系

根据拟合直线的斜率 k，利用公式（7-60）可以计算 55CrMo 钢的奥氏体化激活能

$$Q=-kR/1.052 \tag{7-77}$$

式（7-77）中，k 为拟合直线的斜率。根据公式（7-77）计算得到的直线斜率、奥氏体化激活能如表 7-3 所示。

表 7-3 拟合直线的斜率及奥氏体化激活能

项目	$T_{25\%}$	$T_{50\%}$	$T_{75\%}$	平均值
斜率	-80818.4	-86850.9	-93896.4	-87188.6
校正决定系数	0.9927	0.9931	0.9930	
$Q/(\mathrm{J/mol})$	6.387×10^5	6.864×10^5	7.421×10^5	6.891×10^5

在钢的奥氏体化过程中，一般相变体积分数为 50％时相变速率最快，根据 Doyle 方法和表 7-3 中的数据可得 55CrMo 钢的相变激活能为 $6.864\times10^5\mathrm{J/mol}$。

（3）MW 方法

对表 7-1 所示的数据，根据公式（7-66）分别做 $\ln(\alpha/T_m^2)$-$1/T_m$ 的关系图，并进行线性回归分析，得到的拟合线如图 7-14 所示。

根据拟合直线的斜率 k，利用公式（7-66）可以计算 55CrMo 钢的奥氏体化激活能

$$Q=-kR \tag{7-78}$$

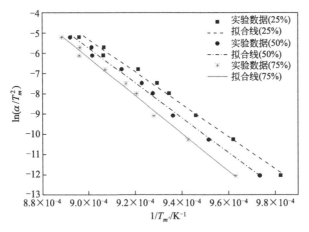

图 7-14 $\ln(\alpha/T_m^2)$ 与 $1/T_m$ 的关系

式 （7-78）中，k 为拟合直线的斜率。根据公式 （7-78）计算得到的直线斜率、奥氏体化激活能如表 7-4 所示。

表 7-4 拟合直线的斜率及奥氏体化激活能

项目	$T_{25\%}$	$T_{50\%}$	$T_{75\%}$	平均值
斜率	−79751.9	−87577.1	−92814.3	−87381.1
校正决定系数	0.9924	0.9929	0.9929	
$Q/(\mathrm{J/mol})$	6.631×10^5	7.281×10^5	7.717×10^5	7.210×10^5

根据 MW 方法和表 7-4 中的数据可得 55CrMo 钢的相变激活能为 $7.281\times10^5\,\mathrm{J/mol}$。

对比等时分析法、Doyle 方法和 MW 方法的计算结果可知：不同的方法计算出来数值不一致，相变激活能的数值在 $6.864\times10^5 \sim 7.281\times10^5\,\mathrm{J/mol}$ 之间。

7.4.4 相变动力学参数 n 与 k_0 的计算

将式 （7-34）进行移项并在两边取自然对数，则式 （7-34）可转换为

$$\ln\left[\ln\left(\frac{1}{1-f}\right)\right]=n\ln k_0+n\ln\left(\frac{\beta}{k_0}\right) \tag{7-79}$$

式 （7-79）中的奥氏体相变量 f 可以利用杠杆定律根据相变膨胀曲线得到，如图 7-11 所示。β/k_0 可通过式 （7-36）对相变时间积分的方法得到，也可以将非等温过程看成很多个等温过程，利用式 （7-38）通过对离散时间步求和的方式得到。

$$\begin{aligned}\frac{\beta}{k_0} &\approx \Delta t\sum_{i=1}^{m}\exp\left(-\frac{Q}{\mathrm{R}T_i}\right)\\ &=\frac{\Delta T}{\alpha}\sum_{i=1}^{m}\exp\left(-\frac{Q}{\mathrm{R}T_i}\right)\end{aligned} \tag{7-80}$$

式 （7-80）中，Δt 是时间步长；α 是加热速率；T_i 是第 i 个等温过程的温度；ΔT 是温度步长，其数值越小，计算精度越高。当 ΔT 分别为 0.001K、0.01K、0.05K、0.5K、1.0K 和 2.0K 时，$\ln(\beta/k_0)$ 与温度的关系曲线如图 7-15 所示。图 7-15 中的曲线表明：当 ΔT 分别为 0.001K、0.01K 和 0.05K 时，曲线基本上重合；当温度步长 $\Delta T\leqslant0.05$K 时，可以得到较高的计算精度。

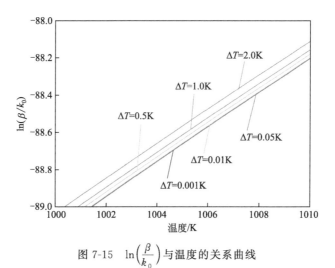

图 7-15 $\ln\left(\dfrac{\beta}{k_0}\right)$ 与温度的关系曲线

将式（7-79）中的 $\ln\{\ln[1/(1-f)]\}$ 作为函数的因变量，$\ln(\beta/k_0)$ 作为函数的自变量，通过做 $\ln\{\ln[1/(1-f)]\}$-$\ln(\beta/k_0)$ 的关系图，用线性拟合的方法可以得到不同加热速度下拟合直线的斜率和截距，如图 7-16 所示。

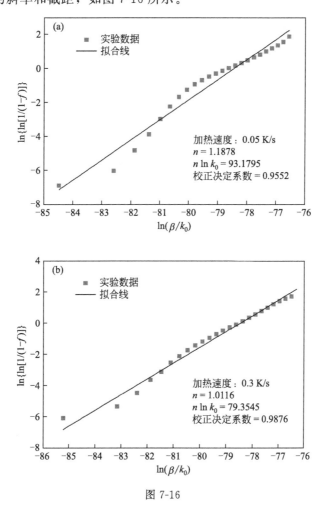

图 7-16

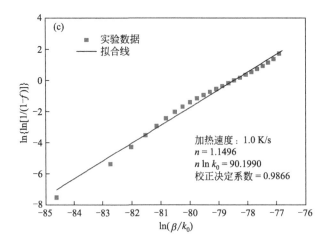

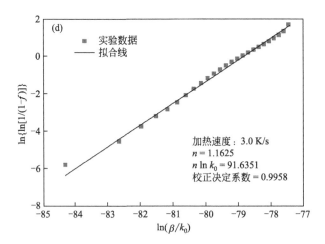

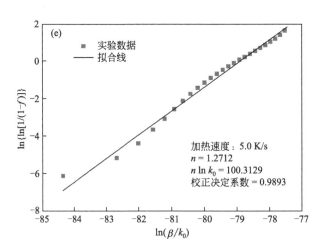

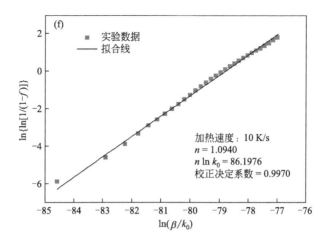

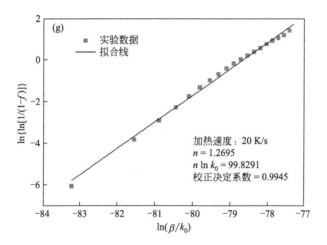

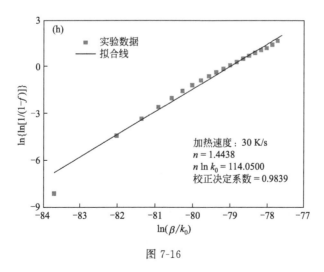

图 7-16

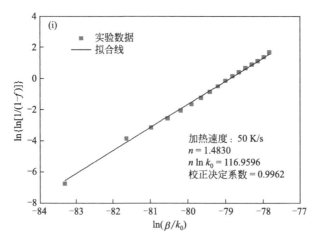

图 7-16 $\ln\{\ln[1/(1-f)]\}$ 和 $\ln(\beta/k_0)$ 的关系曲线

(a) 0.05K/s；(b) 0.3K/s；(c) 1.0K/s；(d) 3.0K/s；(e) 5.0K/s；

(f) 10K/s；(g) 20K/s；(h) 30K/s；(i) 50K/s

根据图 7-16 中数据拟合得到的直线斜率和截距，利用式（7-79）可以得到 55CrMo 钢奥氏体化相变动力学参数 $n=1.2303$ 与 $\ln k_0=78.7087$，如表 7-5 所示。

表 7-5 线性回归分析得到的不同加热速度下的 JMA 相变动力学参数

α/(K/s)	0.05	0.3	1.0	3.0	5.0	10	20	30	50	平均值
斜率 k	1.1878	1.0116	1.1496	1.1625	1.2712	1.0940	1.2695	1.4438	1.4830	1.2303
截距 p	93.1795	79.3545	90.1990	91.6351	100.3129	86.1976	99.8291	114.0500	116.9596	96.8575
n	1.1878	1.0116	1.1496	1.1625	1.2712	1.0940	1.2695	1.4438	1.4830	1.2303
$\ln k_0$	78.4471	78.4445	78.4612	78.8259	78.9120	78.7912	78.6365	78.9929	78.8669	78.7087

7.4.5 奥氏体化动力学公式的验证

利用 55CrMo 钢的相变激活能 Q、相变动力学参数 n 与 k_0、相变动力学方程（7-34）、对离散时间步求和的公式（7-38），计算得到了不同加热速度下 55CrMo 钢的奥氏体化程度与加热时间的关系曲线，并将计算值与根据膨胀曲线得到的实验值进行了对比，如图 7-17 所示。可以看出计算值与实验值吻合得较好，表明通过回归分析得到的 JMA 方程能较好地描述 55CrMo 钢的奥氏体化相变过程。

根据 55CrMo 钢回归分析得到的 JMA 方程，可以计算出奥氏体在不同温度下的等温相变动力学曲线，如图 7-18（a）所示，也可以得到奥氏体转变的时间-温度（TTT）曲线，如图 7-18（b）所示。

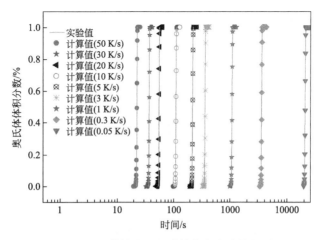

图 7-17 奥氏体转变量的计算值与实验值的对比

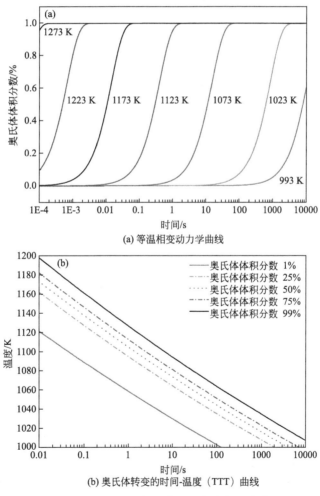

(a) 等温相变动力学曲线

(b) 奥氏体转变的时间-温度（TTT）曲线

图 7-18 55CrMo 钢的等温相变动力学曲线

7.5 奥氏体化数值模拟实例

对于 5010 型 55CrMo 钢丝杠的单匝感应器感应淬火工艺，在生产过程中采用的感应淬火工艺参数如下：单匝感应器的尺寸为 20×10mm，移动速度为 240mm/min，内径为 60mm；喷水圈离感应器的距离为 10mm；电压 660V，电流 100A，频率 8000Hz，功率约为 54kW。

生产过程中得到的丝杠表层淬硬层分布如图 7-19 所示。感应淬火后，丝杠表层区域的淬硬层硬度分布如图 7-20 中的数据点所示。由图 7-19 和图 7-20 中的结果可知，丝杠沟道部位的淬硬层分布不合理，沟道底部基本没有淬硬层、硬度较低，沟道顶部淬硬层较深、硬度较高。沟道区域不均匀的淬硬层是导致丝杠耐磨性差、使用寿命短等问题的主要原因。

根据丝杠的实际生产工艺，构建的有限元模型如图 7-21 所示。利用回归分析得到的 JMA 方程（7-34）、式（7-73）和式（7-74），开发用于奥氏体化计算的用户子程序。对于丝杠的感应加热过程，通过 Marc 软件包和用户子程序模拟得到的温度分布情况如彩色插页图 7-22 所示；丝杠表层区域生成的奥氏体的体积分数分布如彩色插页图 7-23 所示。

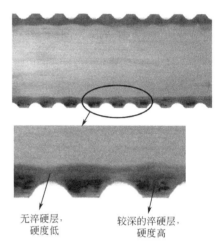

无淬硬层，硬度低　　　较深的淬硬层，硬度高

图 7-19　丝杠表层的淬硬层分布

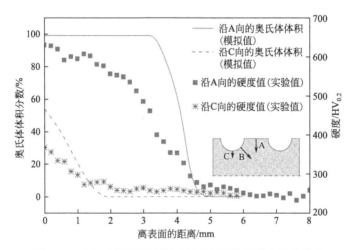

图 7-20　丝杠表层区域的硬度值及奥氏体体积分数的分布

对比图 7-19 和图 7-23 可以看出，丝杠感应淬火后的淬硬层分布与感应加热过程中奥氏体的分布情况基本一致。图 7-20 中的数据点和曲线表明，由数值模拟得到的丝杠表层区域硬度值与生产过程中得到丝杠表层硬度曲线的分布趋势基本一致；计算值与实验值吻合得较好，通过回归分析得到的 JMA 方程能较好地描述 55CrMo 钢的奥氏体化相变过程；

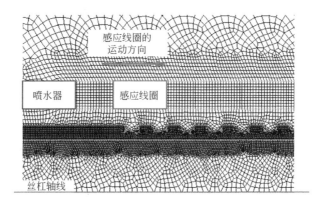

图 7-21 感应淬火工艺的有限元模型

丝杠表层区域奥氏体化程度的计算，可为制订和优化丝杠的感应淬火工艺参数提供一定的理论依据和指导。

7.6 奥氏体体积分数计算子程序

对于 55CrMo 钢的奥氏体化相变过程，利用 Marc 软件进行计算的子程序如下

```
subroutine plotv(v,s,sp,etot,eplas,ecreep,t,mon,nno,layer,ndi,nshear,jpltcd)
c     select a variable contour plotting(user subroutine).
c     v             variable
c     s(idss)       stress array
c     sp            stresses in preferred direction
c     etot          total strain(generalized)
c     eplas         total plastic strain
c     ecreep        total creep strain
c     t             current temperature
c     m             element number
c     nn            integration point number
c     layer         layer number
c     ndi(3)        number of direct stress components
c     nshear(3)     number of shear stress components
      implicit real * 8(a-h,o-z)
      dimension s(1),etot(1),eplas(1),ecreep(1),sp(1)
      parameter(numele=32717)
      parameter(numint=10)
      COMMON/MYCO/tempbegin(numele,numint),tempend(numele,numint),
     $ tempbegintime(numele,numint),tempendtime(numele,numint),
     $ acompose(numele,numint),pcompose(numele,numint),
     $ tbcompose(numele,numint),tecompose(numele,numint),
```

```
     $   heatvelocity(numele,numint),ppcompose(numele,numint),
     $   pmcompose(numele,numint),hvcompose(numele,numint)
     COMMON/HEATSP/temp400(numele,numint),temp700(numele,numint),
     $             temp400time(numele,numint),temp700time(numele,numint)
     COMMON/COOLSP/cool650(numele,numint),cool750(numele,numint),
     $             cool650time(numele,numint),cool750time(numele,numint),
     $             coolvelocity(numele,numint)
     include ´C:\MSC.Software\Marc_Classic\2011\marc2011\common\creeps´
     include ´C:\MSC.Software\Marc_Classic\2011\marc2011\common\dimen´
     include ´C:\MSC.Software\Marc_Classic\2011\marc2011\common\lass´
     include ´C:\MSC.Software\Marc_Classic\2011\marc2011\common\concom´
     include ´C:\MSC.Software\Marc_Classic\2011\marc2011\common\far´
cc    integretion point number--------NN
cc    timestep--------TIMINC
cc    element number--------NUMELc
     dimension hsrange(10),Ac1range(10)
       data hsrange/0.05,0.3,1,3,5,10,20,30,50,300/
       data Ac1range/736,758,771,789,798,809,820,825,841,843/
       If((M.GE.2121).and.(M.LE.26629))then
       KCUS=1
       mon=M
       nno=NN
       Iflag=0
       tt1=tempbegin(M,NN)
       tt2=tempend(M,NN)
       CALL ELMVAR(9,mon,nno,KCUS,tt3)
       if(tt3.NE.tt2)then
           tempbegin(M,NN)=tempend(M,NN)
           tempend(M,NN)=tt3
           Iflag=1
       endif
       ttt1=tempbegintime(M,NN)
       ttt2=tempendtime(M,NN)
       ttt3=cptim
       if(ttt3.ne.ttt2)then
           tempbegintime(M,NN)=tempendtime(M,NN)
           tempendtime(M,NN)=ttt3
       endif
       if(tt3.EQ.tt2)then
           Iflag=0
       endif
       if((M.eq.2360).and.(Iflag.eq.1))then
```

```fortran
          write(6,110)tempbegin(M,NN),tempend(M,NN),
     $              tempbegintime(M,NN),tempendtime(M,NN)
        endif
110   format(4F10.3)
        if((tempbegin(M,NN).le.100).and.(tempend(M,NN).ge.100))then
          temp400(M,NN)=tempend(M,NN)
            temp400time(M,NN)=tempendtime(M,NN)
          endif
          if((tempbegin(M,NN).le.800).and.(tempend(M,NN).ge.800))then
          temp700(M,NN)=tempend(M,NN)
            temp700time(M,NN)=tempendtime(M,NN)
          endif
          if((temp400(M,NN).ge.100).and.(temp700(M,NN).ge.800))then
            heatvelocity(M,NN)=(temp700(M,NN)-temp400(M,NN))/
     $               (temp700time(M,NN)-temp400time(M,NN))
        endif
      if(heatvelocity(M,NN).gt.300)heatvelocity(M,NN)=300
      do 20 i=1,9
        if((heatvelocity(M,NN).GE.hsrange(i)).AND.
     $    (heatvelocity(M,NN).LT.hsrange(i+1)))then
          ac1=Ac1range(i)+
     $        (Ac1range(i+1)-Ac1range(i))/
     $        (hsrange(i+1)-hsrange(i))*
     $        (heatvelocity(M,NN)-hsrange(i))
        end if
20    continue
      ac1=33.8021*log(heatvelocity(M,NN))+715.0573
      if(ac1.le.736)then
          ac1=736
      endif
      if((tempbegin(M,NN).GE.ac1).and.(tempend(M,NN).GE.ac1)
     $                              .and.(Iflag.eq.1))then
          flamda=timinc*exp(78.7087)*exp((0-7.264E5)/
     $                    (8.314*(tempbegin(M,NN)+273-(ac1-800))))
          pcompose(M,NN)=flamda+pcompose(M,NN)
            acompose(M,NN)=1-exp(0-pcompose(M,NN)**1.2303)
            if(acompose(M,NN).ge.1)acompose(M,NN)=0.99
            if(M.eq.2360)write(6,118)M,NN,pcompose(M,NN),
     $                              acompose(M,NN),flamda,ac1
        endif
        ppcompose(M,NN)=1-acompose(M,NN)
        If(tempbegin(M,NN).gt.tempend(M,NN))then
```

```fortran
            if((tempbegin(M,NN).ge.750).and.(tempend(M,NN).le.750))then
                cool750(M,NN)=tempend(M,NN)
                    cool750time(M,NN)=tempendtime(M,NN)
            endif
            if((tempbegin(M,NN).ge.650).and.(tempend(M,NN).le.650))then
                cool650(M,NN)=tempend(M,NN)
                    cool650time(M,NN)=tempendtime(M,NN)
                endif
                if((cool650(M,NN).le.700).and.(cool750(M,NN).le.800).and.
     $              (cool650(M,NN).ge.500).and.
     $              (cool750(M,NN).ge.600))then
                        coolvelocity(M,NN)=0-(cool750(M,NN)-cool650(M,NN))/
     $                                  (cool750time(M,NN)-cool650time(M,NN))
                endif
                hvcompose(M,NN)=239.0
            if(coolvelocity(M,NN).GT.2)then
                hvm=127+949*0.23+27*0.25+11*1.35+16*0.19+
     $                  21*log(3600*coolvelocity(M,NN))
hvcompose(M,NN)=hvm*acompose(M,NN)+239.0*ppcompose(M,NN)
                endif
                if(tempend(M,NN).le.275)then
                    if(tempend(M,NN).ge.100)then
                        fvol=1-exp(-0.02632*(275-tempend(M,NN)))
                        if(fvol.gt.acompose(M,NN))fvol=acompose(M,NN)
                        else if(tempend(M,NN).lt.100)then
                        fvol=0.99
                        if(fvol.gt.acompose(M,NN))fvol=acompose(M,NN)
                    endif
                    if(pmcompose(M,NN).lt.fvol)then
                        pmcompose(M,NN)=fvol
                endif
            endif
        endif
    If((M.eq.2360).and.(Iflag.eq.1))then
        write(6,111)mon,nno,tempbegin(M,NN),
     $                      tempend(M,NN),cptim
        write(6,112)cool750(M,NN),cool650(M,NN),
     $          cool750time(M,NN),cool650time(M,NN),coolvelocity(M,NN)
    endif
111 format(I4,I4,' tempbegin:',F10.3,' tempend:´,F10.3,
     $              ´Time:',F10.2)
118 format(2I6,4F10.5)
```

```
112     format(5F10.2)
        if(jpltcd.eq.1)v=acompose(M,NN)
        if(jpltcd.eq.2)v=ppcompose(M,NN)
        if(jpltcd.eq.3)v=pmcompose(M,NN)
        if(jpltcd.eq.4)v=tempend(M,NN)
        if(jpltcd.eq.5)v=heatvelocity(M,NN)
        if(jpltcd.eq.6)v=hvcompose(M,NN)
        endif
        return
        END
```

第8章
应力/应变场有限元模拟

8.1 弹性力学原理

当材料处于弹性状态时，材料的应力与应变成正比。在单向拉伸或压缩情况下，应力与应变的关系服从虎克定律

$$\sigma = E\varepsilon \tag{8-1}$$

式（8-1）中，E 是材料的弹性模量或杨氏模量。

8.1.1 应力分析

材料热加工一般属于三维问题，在三维直角坐标系下，热加工物体内微元体的应力是一个张量，共有 9 个分量，其中包括 3 个主应力分量和 6 个切应力分量，如图 8-1 所示，可表示为

$$\boldsymbol{\sigma}_{ij} = \begin{bmatrix} \sigma_x & \tau_{xy} & \tau_{xz} \\ \tau_{yx} & \sigma_y & \tau_{yz} \\ \tau_{zx} & \tau_{zy} & \sigma_z \end{bmatrix} \tag{8-2}$$

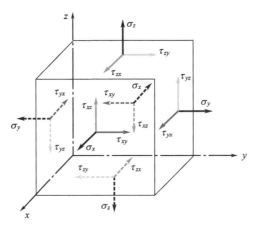

图 8-1　三维直角坐标系下的应力分量

如果微元体处于平衡状态，根据切应力互等定律可知

$$\tau_{xy} = \tau_{yx} \qquad \tau_{xz} = \tau_{zx} \qquad \tau_{yz} = \tau_{zy} \tag{8-3}$$

微元体所受应力可表示为

$$\boldsymbol{\sigma} = \begin{bmatrix} \sigma_x & \sigma_y & \sigma_z & \tau_{xy} & \tau_{yz} & \tau_{zx} \end{bmatrix}^{\mathrm{T}} \tag{8-4}$$

8.1.2 应变分析

跟应力一样，变形物体内微元体的应变也是一个张量，共有 9 个分量，其中包括 3 个主应变分量和 6 个切应变分量，可表示为

$$\boldsymbol{\varepsilon}_{ij} = \begin{bmatrix} \varepsilon_x & \gamma_{xy} & \gamma_{xz} \\ \gamma_{yx} & \varepsilon_y & \gamma_{yz} \\ \gamma_{zx} & \gamma_{zy} & \varepsilon_z \end{bmatrix} \tag{8-5}$$

或

$$\boldsymbol{\varepsilon} = \begin{bmatrix} \varepsilon_x & \varepsilon_y & \varepsilon_z & \gamma_{xy} & \gamma_{yz} & \gamma_{zx} \end{bmatrix}^{\mathrm{T}} \tag{8-6}$$

8.1.3 几何方程

物体发生变形时，其内部的各点会出现位移，从而产生应变。在三维直角坐标系下，位移分量是坐标的函数 $u = u(x, y, z)$，$v = v(x, y, z)$ 和 $w = w(x, y, z)$。变形物体内部一点的位移可表示为

$$\boldsymbol{u} = \begin{bmatrix} u(x, y, z) \\ v(x, y, z) \\ w(x, y, z) \end{bmatrix} = \begin{bmatrix} u & v & w \end{bmatrix}^{\mathrm{T}} \tag{8-7}$$

在小变形条件下，应变分量与位移分量之间存在以下关系

$$\begin{cases} \varepsilon_x = \dfrac{\partial u}{\partial x} & \gamma_{xy} = \gamma_{yx} = \dfrac{\partial u}{\partial y} + \dfrac{\partial v}{\partial x} \\[2mm] \varepsilon_y = \dfrac{\partial v}{\partial y} & \gamma_{yz} = \gamma_{zy} = \dfrac{\partial v}{\partial z} + \dfrac{\partial w}{\partial y} \\[2mm] \varepsilon_z = \dfrac{\partial w}{\partial z} & \gamma_{zx} = \gamma_{xz} = \dfrac{\partial w}{\partial x} + \dfrac{\partial u}{\partial z} \end{cases} \tag{8-8}$$

式（8-8）为小变形几何方程，可简写为

$$\boldsymbol{\varepsilon} = \boldsymbol{L} \boldsymbol{u} \tag{8-9}$$

其中，$\boldsymbol{L}$ 为微分算子矩阵

$$\boldsymbol{L} = \begin{bmatrix} \dfrac{\partial}{\partial x} & 0 & 0 \\[2mm] 0 & \dfrac{\partial}{\partial y} & 0 \\[2mm] 0 & 0 & \dfrac{\partial}{\partial z} \\[2mm] \dfrac{\partial}{\partial y} & \dfrac{\partial}{\partial x} & 0 \\[2mm] 0 & \dfrac{\partial}{\partial z} & \dfrac{\partial}{\partial y} \\[2mm] \dfrac{\partial}{\partial z} & 0 & \dfrac{\partial}{\partial x} \end{bmatrix} \tag{8-10}$$

8.1.4 物理方程

在三维弹性力学问题中，各向同性材料的应力与应变关系服从广义虎克定律

$$
\begin{cases}
\varepsilon_x = \dfrac{1}{E}[\sigma_x - \mu(\sigma_y + \sigma_z)], \ \gamma_{yz} = \dfrac{\tau_{yz}}{G} \\[2mm]
\varepsilon_y = \dfrac{1}{E}[\sigma_y - \mu(\sigma_z + \sigma_x)], \ \gamma_{zx} = \dfrac{\tau_{zx}}{G} \\[2mm]
\varepsilon_z = \dfrac{1}{E}[\sigma_z - \mu(\sigma_x + \sigma_y)], \ \gamma_{xy} = \dfrac{\tau_{xy}}{G}
\end{cases}
\tag{8-11}
$$

式（8-11）中，E 是材料的弹性模量或杨氏模量，μ 为泊松比，G 为剪切模量。

$$
G = \frac{E}{2(1+\mu)}
\tag{8-12}
$$

式（8-11）为物理方程，也可表示为以下形式

$$
\begin{bmatrix}
\sigma_x \\ \sigma_y \\ \sigma_z \\ \tau_{xy} \\ \tau_{yz} \\ \tau_{zx}
\end{bmatrix}
= \frac{E(1-\mu)}{(1+\mu)(1-2\mu)}
\begin{bmatrix}
1 & \dfrac{\mu}{1-\mu} & \dfrac{\mu}{1-\mu} & 0 & 0 & 0 \\[2mm]
\dfrac{\mu}{1-\mu} & 1 & \dfrac{\mu}{1-\mu} & 0 & 0 & 0 \\[2mm]
\dfrac{\mu}{1-\mu} & \dfrac{\mu}{1-\mu} & 1 & 0 & 0 & 0 \\[2mm]
0 & 0 & 0 & \dfrac{1-2\mu}{2(1-\mu)} & 0 & 0 \\[2mm]
0 & 0 & 0 & 0 & \dfrac{1-2\mu}{2(1-\mu)} & 0 \\[2mm]
0 & 0 & 0 & 0 & 0 & \dfrac{1-2\mu}{2(1-\mu)}
\end{bmatrix}
\begin{bmatrix}
\varepsilon_x \\ \varepsilon_y \\ \varepsilon_z \\ \gamma_{xy} \\ \gamma_{yz} \\ \gamma_{zx}
\end{bmatrix}
\tag{8-13}
$$

或

$$
\boldsymbol{\sigma} = \boldsymbol{D}\boldsymbol{\varepsilon}
\tag{8-14}
$$

式（8-14）中，$\boldsymbol{D}$ 称为弹性矩阵。

8.1.5 平衡方程和运动方程

为了研究物体内相邻点应力分量之间的关系，取如图 8-2 所示的单元体。单元体其中三个面相对于另外三个面沿着坐标轴方向有一个微小的位移，由于这个微小位移导致应力分量产生微小的增量。假设单元体受到的体积力分量分别为 F_x、F_y 和 F_z，材料密度为 ρ，单元体的三个边长分别为 dx、dy 和 dz。如果单元体处于平衡状态，则可得以下方程

$$
\begin{cases}
\dfrac{\partial \sigma_x}{\partial x} + \dfrac{\partial \tau_{yx}}{\partial y} + \dfrac{\partial \tau_{zx}}{\partial z} + F_x = 0 \\[2mm]
\dfrac{\partial \tau_{xy}}{\partial x} + \dfrac{\partial \sigma_y}{\partial y} + \dfrac{\partial \tau_{zy}}{\partial z} + F_y = 0 \\[2mm]
\dfrac{\partial \tau_{xz}}{\partial x} + \dfrac{\partial \tau_{yz}}{\partial y} + \dfrac{\partial \sigma_z}{\partial z} + F_z = 0
\end{cases}
\tag{8-15}
$$

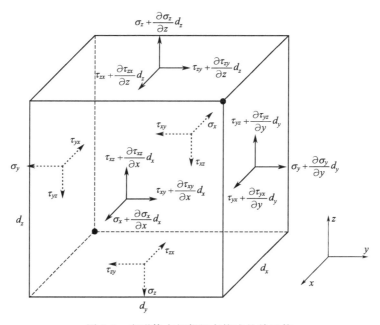

图 8-2 变形体内相邻两点构成的单元体

式（8-15）为平衡方程。

如果单元体在运动，则可得到以下方程

$$\begin{cases} \dfrac{\partial \sigma_x}{\partial x} + \dfrac{\partial \tau_{yx}}{\partial y} + \dfrac{\partial \tau_{zx}}{\partial z} + F_x = \rho\,\dfrac{\partial^2 u}{\partial t^2} \\[3mm] \dfrac{\partial \tau_{xy}}{\partial x} + \dfrac{\partial \sigma_y}{\partial y} + \dfrac{\partial \tau_{zy}}{\partial z} + F_y = \rho\,\dfrac{\partial^2 v}{\partial t^2} \\[3mm] \dfrac{\partial \tau_{xz}}{\partial x} + \dfrac{\partial \tau_{yz}}{\partial y} + \dfrac{\partial \sigma_z}{\partial z} + F_z = \rho\,\dfrac{\partial^2 w}{\partial t^2} \end{cases} \tag{8-16}$$

在三维弹性力学问题中，共有 15 个独立变量：6 个应力分量，6 个应变分量，3 个位移分量。涉及 15 个独立变量的方程也是 15 个：6 个几何方程，6 个物理方程，3 个平衡方程或运动方程。

8.1.6　平面应力问题

对于平面应力问题，假设 z 平面上的各应力分量为 0，则

$$\tau_{zx} = \tau_{xz} = 0,\ \tau_{zy} = \tau_{yz} = 0,\ \sigma_z = 0 \tag{8-17}$$

代入式（8-11）和式（8-12）可得

$$\begin{cases} \varepsilon_x = \dfrac{1}{E}(\sigma_x - \mu \sigma_y) \\[3mm] \varepsilon_y = \dfrac{1}{E}(\sigma_y - \mu \sigma_x) \\[3mm] \varepsilon_z = -\dfrac{\mu}{E}(\sigma_x + \sigma_y) \\[3mm] \gamma_{xy} = \dfrac{2(1+\mu)}{E}\tau_{xy} \end{cases} \tag{8-18}$$

由式（8-18）可得

$$\begin{cases} \sigma_x = \dfrac{E}{1-\mu^2}(\varepsilon_x + \mu\varepsilon_y) \\[2mm] \sigma_y = \dfrac{E}{1-\mu^2}(\varepsilon_y + \mu\varepsilon_x) \\[2mm] \tau_{xy} = \dfrac{E}{2(1+\mu)}\gamma_{xy} \end{cases} \tag{8-19}$$

式（8-19）可表示为矩阵形式

$$\begin{bmatrix} \sigma_x \\ \sigma_y \\ \tau_{xy} \end{bmatrix} = \frac{E}{1-\mu^2} \begin{bmatrix} 1 & \mu & 0 \\ \mu & 1 & 0 \\ 0 & 0 & \dfrac{1-\mu}{2} \end{bmatrix} \begin{bmatrix} \varepsilon_x \\ \varepsilon_y \\ \gamma_{xy} \end{bmatrix} \tag{8-20}$$

8.1.7 平面应变问题

对于平面应变问题，假设 z 平面上的各应变分量为 0，则

$$\gamma_{zx} = \gamma_{xz} = 0, \ \gamma_{zy} = \gamma_{yz} = 0, \ \varepsilon_z = 0 \tag{8-21}$$

代入式（8-11）和式（8-12）可得

$$\begin{cases} \varepsilon_x = \dfrac{1}{E}[\sigma_x - \mu(\sigma_y + \sigma_z)] \\[2mm] \varepsilon_y = \dfrac{1}{E}[\sigma_y - \mu(\sigma_z + \sigma_x)] \\[2mm] \sigma_z = \mu(\sigma_x + \sigma_y) \\[2mm] \gamma_{xy} = \dfrac{2(1+\mu)}{E}\tau_{xy} \end{cases} \tag{8-22}$$

式（8-22）可表示为矩阵形式

$$\begin{bmatrix} \sigma_x \\ \sigma_y \\ \tau_{xy} \end{bmatrix} = \frac{E}{(1+\mu)(1-2\mu)} \begin{bmatrix} 1-\mu & \mu & 0 \\ \mu & 1-\mu & 0 \\ 0 & 0 & \dfrac{1-2\mu}{2} \end{bmatrix} \begin{bmatrix} \varepsilon_x \\ \varepsilon_y \\ \gamma_{xy} \end{bmatrix} \tag{8-23}$$

8.2 弹性力学有限元法

对于弹性力学问题，可采用的单元类型与第四章温度场求解可采用的单元相同。这里以三节点三角形单元为例说明一下弹性力学问题的求解过程。

8.2.1 区域离散

以平面弹性力学问题为例，先取求解区域 D 内任意一个三角形单元进行分析。单元

的三个顶点坐标分别为 (x_i, y_i)、(x_j, y_j) 和 (x_m, y_m)，节点 i 所对应边的长度为 S_i，节点 j 所对应边的长度为 S_j，节点 m 所对应边的长度为 S_m，三角形单元的面积为 Δ，如图 8-3 所示。对于求解区域 D 内的任意单元，只要针对求解区域 D 建立了坐标系，单元的三个顶点坐标、边长和面积就是已知的信息。

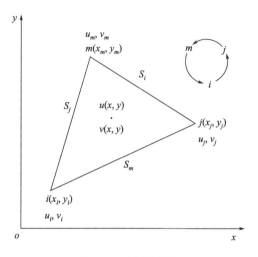

图 8-3　三角形单元

若三个节点的位移分别为 (u_i, v_i)、(u_j, v_j) 和 (u_m, v_m)，假设三角形单元中任意一点的位移 u 和 v 都可以用三个节点位移的函数来表示，这样就可以把三角形单元内部任何一点的位移离散到三个节点上。

$$u = f_1(u_i, u_j, u_m)$$
$$v = f_2(v_i, v_j, v_m) \tag{8-24}$$

只要把单元三个节点上的位移 (u_i, v_i)、(u_j, v_j) 和 (u_m, v_m) 求出来，三角形单元中任意一点的位移就可以求出来。对于三角形单元，只要单元划分得足够小，则在一个单元内任意点的位移可近似地看作与点坐标 (x, y) 相关的线性函数。

$$u(x, y) = p_1 + p_2 x + p_3 y$$
$$v(x, y) = p_4 + p_5 x + p_6 y \tag{8-25}$$

式（8-25）中，$p_1, p_2, p_3, p_4, p_5, p_6$ 是待定系数，可根据单元节点的位移值来确定。

由于函数（8-25）可以表示三角形单元内部任意一点的位移，它必然也可以表示三个节点的位移。为此，把三个节点的坐标和位移值代入（8-25）可得

$$\begin{cases} u_i = p_1 + p_2 x_i + p_3 y_i \\ u_j = p_1 + p_2 x_j + p_3 y_j \\ u_m = p_1 + p_2 x_m + p_3 y_m \end{cases} \tag{8-26}$$

$$\begin{cases} v_i = p_4 + p_5 x_i + p_6 y_i \\ v_j = p_4 + p_5 x_j + p_6 y_j \\ v_m = p_4 + p_5 x_m + p_6 y_m \end{cases} \tag{8-27}$$

将式（8-26）和式（8-27）改为矩阵形式

$$\begin{bmatrix} 1 & x_i & y_i \\ 1 & x_j & y_j \\ 1 & x_m & y_m \end{bmatrix} \begin{bmatrix} p_1 \\ p_2 \\ p_3 \end{bmatrix} = \begin{bmatrix} u_i \\ u_j \\ u_m \end{bmatrix} \tag{8-28}$$

$$\begin{bmatrix} 1 & x_i & y_i \\ 1 & x_j & y_j \\ 1 & x_m & y_m \end{bmatrix} \begin{bmatrix} p_4 \\ p_5 \\ p_6 \end{bmatrix} = \begin{bmatrix} v_i \\ v_j \\ v_m \end{bmatrix} \tag{8-29}$$

通过矩阵求逆，可得待定系数为

$$\begin{bmatrix} p_1 \\ p_2 \\ p_3 \end{bmatrix} = \begin{bmatrix} 1 & x_i & y_i \\ 1 & x_j & y_j \\ 1 & x_m & y_m \end{bmatrix}^{-1} \times \begin{bmatrix} u_i \\ u_j \\ u_m \end{bmatrix} \tag{8-30}$$

$$\begin{bmatrix} p_4 \\ p_5 \\ p_6 \end{bmatrix} = \begin{bmatrix} 1 & x_i & y_i \\ 1 & x_j & y_j \\ 1 & x_m & y_m \end{bmatrix}^{-1} \times \begin{bmatrix} v_i \\ v_j \\ v_m \end{bmatrix} \tag{8-31}$$

由式（8-30）和式（8-31）可得

$$\begin{cases} p_1 = \dfrac{1}{2\Delta}(a_i u_i + a_j u_j + a_m u_m) \\[2mm] p_2 = \dfrac{1}{2\Delta}(b_i u_i + b_j u_j + b_m u_m) \\[2mm] p_3 = \dfrac{1}{2\Delta}(c_i u_i + c_j u_j + c_m u_m) \end{cases} \tag{8-32}$$

$$\begin{cases} p_4 = \dfrac{1}{2\Delta}(a_i v_i + a_j v_j + a_m v_m) \\[2mm] p_5 = \dfrac{1}{2\Delta}(b_i v_i + b_j v_j + b_m v_m) \\[2mm] p_6 = \dfrac{1}{2\Delta}(c_i v_t + c_j v_j + c_m v_m) \end{cases} \tag{8-33}$$

其中

$$\begin{aligned} a_i &= x_j y_m - x_m y_j, & b_i &= y_j - y_m, & c_i &= x_m - x_j \\ a_j &= x_m y_i - x_i y_m, & b_j &= y_m - y_i, & c_j &= x_i - x_m \\ a_m &= x_i y_j - x_j y_i, & b_m &= y_i - y_j, & c_m &= x_j - x_i \end{aligned} \tag{8-34}$$

式（8-32）和式（8-33）中，Δ 为三角形单元的面积

$$2\Delta = \begin{vmatrix} 1 & x_i & y_i \\ 1 & x_j & y_j \\ 1 & x_m & y_m \end{vmatrix} \tag{8-35}$$

将式（8-32）和式（8-33）代入式（8-25），整理后可得

$$u(x,y) = p_1 + p_2 x + p_2 y$$
$$= \frac{1}{2\Delta}\left[(a_i + b_i x + c_i y)u_i + (a_j + b_j x + c_j y)u_j + (a_m + b_m x + c_m y)u_m\right]$$

$$v(x,y) = p_4 + p_5 x + p_6 y$$
$$= \frac{1}{2\Delta}[(a_i + b_i x + c_i y)v_i + (a_j + b_j x + c_j y)v_j + (a_m + b_m x + c_m y)v_m]$$

$$(8\text{-}36)$$

式（8-36）就是以三个节点位移表示的三角形单元内部任意点位移的插值函数，可简写为

$$\begin{cases} u = N_i u_i + N_j u_j + N_m u_m \\ v = N_i v_i + N_j v_j + N_m v_m \end{cases}$$

$$(8\text{-}37)$$

或

$$\begin{bmatrix} u \\ v \end{bmatrix} = \begin{bmatrix} N_i & 0 & N_j & 0 & N_m & 0 \\ 0 & N_i & 0 & N_j & 0 & N_m \end{bmatrix} \begin{bmatrix} u_i \\ u_j \\ u_m \\ v_i \\ v_j \\ v_m \end{bmatrix} = \boldsymbol{NT}$$

$$(8\text{-}38)$$

其中

$$N_k = \frac{1}{2\Delta}(a_k + b_k x + c_k y) \qquad (k = i, j, m)$$

$$(8\text{-}39)$$

由式（8-39）可知，矩阵 $\boldsymbol{N}$ 的元素是三角形单元内点坐标 (x, y) 的函数，此函数仅与单元的形状有关，或者说与三角形单元三个顶点坐标的相对位置有关，称为形函数。经此变化后，三角形单元内部任意点的位移就可用单元三个节点的位移 (u_i, v_i)、(u_j, v_j) 和 (u_m, v_m) 表达，完成了单元位移的离散化。

8.2.2 应变矩阵

确定了每个单元的位移后，便可根据小变形几何方程求得单元的应变。将式（8-38）代入式（8-8）可得

$$\begin{cases} \varepsilon_x = \dfrac{\partial u}{\partial x} = \dfrac{\partial}{\partial x}(N_i u_t + N_j u_j + N_m u_m) = \dfrac{1}{2\Delta}(b_i u_i + b_j u_j + b_m u_m) \\ \varepsilon_x = \dfrac{\partial v}{\partial y} = \dfrac{\partial}{\partial y}(N_i v_i + N_j v_j + N_m v_m) = \dfrac{1}{2\Delta}(c_i v_i + c_j v_j + c_m v_m) \\ \gamma_{xy} = \dfrac{\partial u}{\partial y} + \dfrac{\partial v}{\partial x} = \dfrac{1}{2\Delta}(c_i u_i + b_i v_i + c_j u_j + b_j v_j + c_m u_m + b_m v_m) \end{cases}$$

$$(8\text{-}40)$$

式（8-40）可写为矩阵形式

$$\begin{bmatrix} \varepsilon_x \\ \varepsilon_y \\ \gamma_{xy} \end{bmatrix} = \frac{1}{2\Delta} \begin{bmatrix} b_i & 0 & b_j & 0 & b_m & 0 \\ 0 & c_i & 0 & c_j & 0 & c_m \\ c_i & b_i & c_j & b_j & c_m & b_m \end{bmatrix} \begin{bmatrix} u_i \\ v_i \\ u_j \\ v_j \\ u_m \\ v_m \end{bmatrix}$$

$$(8\text{-}41)$$

或

$$\boldsymbol{\varepsilon} = \boldsymbol{B}\boldsymbol{u} \tag{8-42}$$

其中

$$\boldsymbol{B} = \frac{1}{2\Delta}\begin{bmatrix} b_i & 0 & b_j & 0 & b_m & 0 \\ 0 & c_i & 0 & c_j & 0 & c_m \\ c_i & b_i & c_j & b_j & c_m & b_m \end{bmatrix} \tag{8-43}$$

由式（8-41）求解得到单元应变后，对于平面应力和平面应变问题，根据式（8-20）和式（8-23）可求解得到单元应力。

8.2.3 有限元方程的建立

当外部载荷作用于物体时，物体将产生变形，在变形过程中，外力所做的功将储存在物体内，这一能量称为应变能。对于三角形单元，其所受节点载荷、应力、虚位移和虚应变如图 8-4 所示。在固体力学问题中，建立有限元方程常用的方法是最小位能方法，或虚功原理，也就是外力在虚位移方向所做的虚功等于应力在虚应变方向所做的虚功。

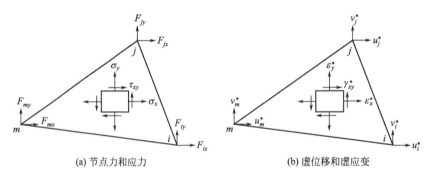

(a) 节点力和应力   (b) 虚位移和虚应变

图 8-4 节点载荷及应力示意图

对于图 8-4 所示的三角形单元，其内部应力在虚应变方向的虚功为

$$W = \int_{V_e} (\sigma_x \varepsilon_x + \sigma_y \varepsilon_y + \tau_{xy} \gamma_{xy}) \mathrm{d}V$$

$$= \int_{V_e} \boldsymbol{\varepsilon}_e^{\mathrm{T}} \boldsymbol{\sigma}_e \mathrm{d}V \tag{8-44}$$

根据广义虎克定律（式 8-14）和小变形几何方程（式 8-42），式（8-44）可改写为

$$W = \int_{V_e} \boldsymbol{\varepsilon}_e^{\mathrm{T}} \boldsymbol{D}\boldsymbol{\varepsilon}_e \mathrm{d}V$$

$$= \int_{V_e} \boldsymbol{U}_e^{\mathrm{T}} \boldsymbol{B}^{\mathrm{T}} \boldsymbol{D}\boldsymbol{B}\boldsymbol{U}_e \mathrm{d}V$$

$$= \boldsymbol{U}_e^{\mathrm{T}} \times \int_{V_e} \boldsymbol{B}^{\mathrm{T}} \boldsymbol{D}\boldsymbol{B} \mathrm{d}V \times \boldsymbol{U}_e \tag{8-45}$$

根据虚功原理可得

$$W = \boldsymbol{U}_e^{\mathrm{T}} \times \int_{T_e} \boldsymbol{B}^{\mathrm{T}} \boldsymbol{D}\boldsymbol{B} \mathrm{d}V \times \boldsymbol{U}_e = \boldsymbol{U}_e^{\mathrm{T}} \boldsymbol{F}_e \tag{8-46}$$

由式（8-46）可得

$$\int_{V_e} \boldsymbol{B}^{\mathrm{T}} \boldsymbol{D} \boldsymbol{B} \, \mathrm{d}V \times \boldsymbol{U}_e = \boldsymbol{F}_e \tag{8-47}$$

对于三角形单元，矩阵 $\boldsymbol{B}$ 和 $\boldsymbol{D}$ 中所有元素均为常数，由此可得

$$\boldsymbol{K}_e = \int_{V_e} \boldsymbol{B}^{\mathrm{T}} \boldsymbol{D} \boldsymbol{B} \, \mathrm{d}V = \boldsymbol{B}^{\mathrm{T}} \boldsymbol{D} \boldsymbol{B} V_e \tag{8-48}$$

式（8-48）中，$\boldsymbol{K}_e$ 为单元刚度矩阵，V_e 是单元体积。

将式（8-48）代入式（8-47）可得

$$\boldsymbol{K}_e \boldsymbol{U}_e = \boldsymbol{F}_e \tag{8-49}$$

或

$$\begin{bmatrix} k_{11} & k_{12} & k_{13} & k_{14} & k_{15} & k_{16} \\ k_{21} & k_{22} & k_{23} & k_{24} & k_{25} & k_{26} \\ k_{31} & k_{32} & k_{33} & k_{34} & k_{35} & k_{36} \\ k_{41} & k_{42} & k_{43} & k_{44} & k_{45} & k_{46} \\ k_{51} & k_{52} & k_{53} & k_{54} & k_{55} & k_{56} \\ k_{61} & k_{62} & k_{63} & k_{64} & k_{65} & k_{66} \end{bmatrix} \begin{bmatrix} u_i \\ v_i \\ u_j \\ v_j \\ u_m \\ v_m \end{bmatrix} = \begin{bmatrix} F_{ix} \\ F_{jy} \\ F_{jx} \\ F_{jy} \\ F_{mx} \\ F_{my} \end{bmatrix} \tag{8-50}$$

单元刚度矩阵是一个对称矩阵，也是奇异矩阵，其中的每个元素都是一个刚度系数，表示单元节点位移分量与所引起的节点力分量之间的关系。当两个单元大小、形状、对应点次序相同且在整体坐标系中方位相同时，它们的单元刚度矩阵也是相同的。单元刚度矩阵的计算流程如图 8-5 所示。

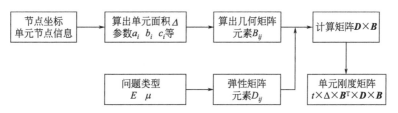

图 8-5　单元刚度矩阵的计算流程

8.2.4　单元节点的等效载荷

单元所承受的载荷主要有集中力、体积力和表面力，在用有限元法计算时需要将这些载荷转化为节点上的等效载荷。

（1）体积力

设单元体积力 $\boldsymbol{F} = \begin{bmatrix} F_x & F_y \end{bmatrix}^{\mathrm{T}}$，单元在体积力方向的虚位移 $\boldsymbol{S} = \begin{bmatrix} S_x & S_y \end{bmatrix}^{\mathrm{T}}$，力在节点上的等效节点力 $\boldsymbol{F}^* = \begin{bmatrix} F_{ix} & F_{iy} & F_{jx} & F_{jy} & F_{mx} & F_{my} \end{bmatrix}^{\mathrm{T}}$

$$\boldsymbol{S} = \begin{bmatrix} S_x \\ S_y \end{bmatrix} = \begin{bmatrix} N_i & 0 & N_j & 0 & N_m & 0 \\ 0 & N_i & 0 & N_j & 0 & N_m \end{bmatrix} \begin{bmatrix} u_i \\ v_i \\ u_j \\ v_j \\ u_m \\ v_m \end{bmatrix} \tag{8-51}$$

体积力在虚位移方向所做虚功为

$$\int_{V_e}(F_x S_x + F_y S_y)\,\mathrm{d}V = \int_{V_e}\boldsymbol{S}^{\mathrm{T}}\boldsymbol{F}\,\mathrm{d}V = \boldsymbol{U}_e^{\mathrm{T}}\int_{V_e}\boldsymbol{N}^{\mathrm{T}}\boldsymbol{F}\,\mathrm{d}V \tag{8-52}$$

等效节点力所做虚功为

$$F_{ix}u_i + F_{iy}v_i + F_{jx}u_j + F_{jy}v_j + F_{mx}u_{mi} + F_{my}v_m = \boldsymbol{U}_e^{\mathrm{T}}\boldsymbol{F}^* \tag{8-53}$$

由式（8-52）和式（8-53）可得

$$\boldsymbol{F}^* = t\iint_e \boldsymbol{N}^{\mathrm{T}}\boldsymbol{F}\,\mathrm{d}x\,\mathrm{d}y = t\iint_e \begin{pmatrix} N_i & 0 & N_j & 0 & N_m & 0 \\ 0 & N_i & 0 & N_j & 0 & N_m \end{pmatrix} \begin{pmatrix} F_x \\ F_y \end{pmatrix}\mathrm{d}x\,\mathrm{d}y \tag{8-54}$$

其中

$$\iint_\Delta N_i^a N_j^b N_m^c \,\mathrm{d}x\,\mathrm{d}y = \frac{a!\,b!\,c!}{(a+b+c+2)!}\times 2\Delta \tag{8-55}$$

单元内部集中力等效节点载荷的离散形式与体积力的离散形式相同。

（2）表面力

设三角形单元的 ij 边所受表面力为 $\boldsymbol{F}=[F_x \quad F_y]^{\mathrm{T}}$，如图 8-6 所示，表面力在节点上的等效节点力为 $\boldsymbol{F}^* = [F_{ix} \quad F_{iy} \quad F_{jx} \quad F_{jy} \quad F_{mx} \quad F_{my}]^{\mathrm{T}}$

$$\boldsymbol{U}_e = \begin{bmatrix} u_e \\ v_e \end{bmatrix} = \begin{bmatrix} N_i & 0 & N_j & 0 & N_m & 0 \\ 0 & N_i & 0 & N_j & 0 & N_m \end{bmatrix}\begin{bmatrix} u_i \\ v_i \\ u_j \\ v_j \\ u_m \\ v_m \end{bmatrix} \tag{8-56}$$

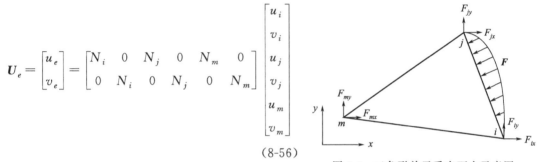

图 8-6 三角形单元受表面力示意图

表面力所做虚功为

$$\int_{l_{ij}}(F_x u_e + F_y v_e)\,\mathrm{d}s = \int_{l_{ij}}\boldsymbol{U}_e^{\mathrm{T}}\boldsymbol{F}\,\mathrm{d}s = \boldsymbol{U}_e^{\mathrm{T}}\int_{l_{ij}}\boldsymbol{N}^{\mathrm{T}}\boldsymbol{F}\,\mathrm{d}s \tag{8-57}$$

等效节点力所做虚功为

$$F_{ix}u_i + F_{iy}v_i + F_{jx}u_j + F_{jy}v_j + F_{mx}u_{mi} + F_{my}v_m = \boldsymbol{U}_e^{\mathrm{T}}\boldsymbol{F}^* \tag{8-58}$$

由式（8-57）和式（8-58）可得

$$\boldsymbol{F}^* = t\iint_e \boldsymbol{N}^{\mathrm{T}}\boldsymbol{F}\,\mathrm{d}x\,\mathrm{d}y = t\int_{l_{ij}} \begin{bmatrix} N_i & 0 & N_j & 0 & N_m & 0 \\ 0 & N_i & 0 & N_j & 0 & N_m \end{bmatrix} \begin{bmatrix} F_x \\ F_y \end{bmatrix}\mathrm{d}s \tag{8-59}$$

8.2.5 总体合成

总体合成过程见"8.3 弹性力学有限元法实例"。

8.2.6 求解方法

单元刚度矩阵是奇异矩阵，由所有单元刚度矩阵合成的整体刚度矩阵也是奇异矩阵，因此，必须考虑边界约束条件，排除物体的刚性位移。消除了整体刚度矩阵的奇异性之后，才能通过方程组 $KU=F$ 的求解得到各节点的位移。

一般情况下，所计算问题有一定的位移约束条件以避免刚体运动；否则，应当适当指定某些节点的位移值，以避免出现刚体运动。引入位移约束的方法包括对角线元素置 1 法、对角线元素乘大数法、删行删列法。根据已知的位移边界条件，采用删行删列法可将整体刚度矩阵 K、位移矩阵 U 和载荷矩阵 F 中已知位移所对应的行和列删除，待求节点未知量的数目和方程的数目便可相应地减少，这种方法适用于单元数目较少的手工计算。但是在编制程序时，为了避免计算机存储出现大的变动，应保持方程原有的数目不变，一般采用的方法为对角线元素置 1 法、对角线元素乘大数法。

对于平面问题，节点 i 有两个位移 u_i 和 v_i，若所计算的区域经离散后形成了 n 个节点，它的整体刚度矩阵 K 为 $2n$ 行 $2n$ 列，位移矩阵 U 为 $2n$ 行 1 列，载荷矩阵 F 为 $2n$ 行 1 列，如图 8-7 所示。

$$
\begin{bmatrix}
k_{11} & k_{12} & k_{13} & k_{14} & k_{15} & k_{16} & \cdots & k_{1,2n-1} & k_{1,2n} \\
k_{21} & k_{22} & k_{23} & k_{24} & k_{25} & k_{26} & \cdots & k_{2,2n-1} & k_{2,2n} \\
k_{31} & k_{32} & k_{33} & k_{34} & k_{35} & k_{36} & \cdots & k_{3,2n-1} & k_{3,2n} \\
k_{41} & k_{42} & k_{43} & k_{44} & k_{45} & k_{46} & \cdots & k_{4,2n-1} & k_{4,2n} \\
k_{51} & k_{52} & k_{53} & k_{54} & k_{55} & k_{56} & \cdots & k_{5,2n-1} & k_{5,2n} \\
k_{61} & k_{62} & k_{63} & k_{64} & k_{65} & k_{66} & \cdots & k_{6,2n-1} & k_{6,2n} \\
\vdots & \vdots & \vdots & \vdots & \vdots & \vdots & & \vdots & \vdots \\
k_{2n-1,1} & k_{2n-1,2} & k_{2n-1,3} & k_{2n-1,4} & k_{2n-1,5} & k_{2n-1,6} & \cdots & k_{2n-1,2n-1} & k_{2n-1,2n} \\
k_{2n,1} & k_{2n,2} & k_{2n,3} & k_{2n,4} & k_{2n,5} & k_{2n,6} & \cdots & k_{2n,2n-1} & k_{2n,2n}
\end{bmatrix}
\begin{bmatrix}
u_1 \\ v_1 \\ u_2 \\ v_2 \\ u_3 \\ v_3 \\ \vdots \\ u_n \\ v_n
\end{bmatrix}
=
\begin{bmatrix}
F_{1x} \\ F_{1y} \\ F_{2x} \\ F_{2y} \\ F_{3x} \\ F_{3y} \\ \vdots \\ F_{nx} \\ F_{ny}
\end{bmatrix}
$$

图 8-7　整体刚度矩阵、位移矩阵及载荷矩阵

根据约束情况，若第一个节点水平位移为 $u_1=\alpha$，第 3 个节点的垂直位移为 $v_3=\beta$，在施加约束时需要把节点 1 所对应整体刚度矩阵的第一行和第一列、节点 3 所对应整体刚度矩阵的第六行和第六列，主对角元素改为 1，其余元素都改成 0。同时，把载荷矩阵 F 中第一行改为已知位移值 α，第六行改为已知位移值 β，其余的行都减去节点位移值与原来整体刚度矩阵该行相应列元素的乘积，如图 8-8 所示。

$$
\begin{bmatrix}
1 & 0 & 0 & 0 & 0 & 0 & \cdots & 0 & 0 \\
0 & k_{22} & k_{23} & k_{24} & k_{25} & 0 & \cdots & k_{2,2n-1} & k_{2,2n} \\
0 & k_{32} & k_{33} & k_{34} & k_{35} & 0 & \cdots & k_{3,2n-1} & k_{3,2n} \\
0 & k_{42} & k_{43} & k_{44} & k_{45} & 0 & \cdots & k_{4,2n-1} & k_{4,2n} \\
0 & k_{52} & k_{53} & k_{54} & k_{55} & 0 & \cdots & k_{5,2n-1} & k_{5,2n} \\
0 & 0 & 0 & 0 & 0 & 1 & \cdots & 0 & 0 \\
\vdots & \vdots & \vdots & \vdots & \vdots & \vdots & & \vdots & \vdots \\
0 & k_{2n-1,2} & k_{2n-1,3} & k_{2n-1,4} & k_{2n-1,5} & 0 & \cdots & k_{2n-1,2n-1} & k_{2n-1,2n} \\
0 & k_{2n,2} & k_{2n,3} & k_{2n,4} & k_{2n,5} & 0 & \cdots & k_{2n,2n-1} & k_{2n,2n}
\end{bmatrix}
\begin{bmatrix}
u_1 \\ v_1 \\ u_2 \\ v_2 \\ u_3 \\ v_3 \\ \vdots \\ u_n \\ v_n
\end{bmatrix}
=
\begin{bmatrix}
\alpha \\
F_{1y}-\alpha k'_{21}-\beta k'_{26} \\
F_{2x}-\alpha k'_{31}-\beta k'_{36} \\
F_{2y}-\alpha k'_{41}-\beta k'_{46} \\
F_{3x}-\alpha k'_{51}-\beta k'_{56} \\
\beta \\
\vdots \\
F_{nx}-\alpha k'_{2n-1,1}-\beta k'_{2n-1,6} \\
F_{ny}-\alpha k'_{2n,1}-\beta k'_{2n,6}
\end{bmatrix}
$$

图 8-8　施加位移边界条件示意图（对角线元素置 1 法）

乘大数的方法是把已知位移所对应的整体刚度矩阵的主对角线元素乘大数，如 10^{15}，对应的载荷列阵 F 中的载荷改为已知的位移值乘对应的主对角元素再乘大数。根据约束情况，若第一个节点水平位移为 $u_1=\alpha$，第 3 个节点的垂直位移为 $v_3=\beta$，乘大数法施加约束的示意图如图 8-9 所示。

采用删行删列法施加约束后，图 8-7 转变为图 8-10 所示的形式。

$$\begin{bmatrix} k_{11}\times10^{15} & k_{12} & k_{13} & k_{14} & k_{15} & k_{16} & \cdots & k_{1,2n-1} & k_{1,2n} \\ k_{21} & k_{22} & k_{23} & k_{24} & k_{25} & k_{26} & \cdots & k_{2,2n-1} & k_{2,2n} \\ k_{31} & k_{32} & k_{33} & k_{34} & k_{35} & k_{36} & \cdots & k_{3,2n-1} & k_{3,2n} \\ k_{41} & k_{42} & k_{43} & k_{44} & k_{45} & k_{46} & \cdots & k_{4,2n-1} & k_{4,2n} \\ k_{51} & k_{52} & k_{53} & k_{54} & k_{55} & k_{56} & \cdots & k_{5,2n-1} & k_{5,2n} \\ k_{61} & k_{62} & k_{63} & k_{64} & k_{65} & k_{66}\times10^{15} & \cdots & k_{6,2n-1} & k_{6,2n} \\ \vdots & \vdots & \vdots & \vdots & \vdots & \vdots & & \vdots & \vdots \\ k_{2n-1,1} & k_{2n-1,2} & k_{2n-1,3} & k_{2n-1,4} & k_{2n-1,5} & k_{2n-1,6} & \cdots & k_{2n-1,2n-1} & k_{2n-1,2n} \\ k_{2n,1} & k_{2n,2} & k_{2n,3} & k_{2n,4} & k_{2n,5} & k_{2n,6} & \cdots & k_{2n,2n-1} & k_{2n,2n} \end{bmatrix}\begin{bmatrix} u_1 \\ v_1 \\ u_2 \\ v_2 \\ u_3 \\ v_3 \\ \vdots \\ u_n \\ v_n \end{bmatrix}=\begin{bmatrix} \alpha k_{11}\times10^{15} \\ F_{1y} \\ F_{2x} \\ F_{2y} \\ F_{3x} \\ \beta k_{66}\times10^{15} \\ \vdots \\ F_{nx} \\ F_{ny} \end{bmatrix}$$

图 8-9　施加位移边界条件示意图（对角线元素乘大数法）

$$\begin{bmatrix} k_{22} & k_{23} & k_{24} & k_{25} & \cdots & k_{2,2n-1} & k_{2,2n} \\ k_{32} & k_{33} & k_{34} & k_{35} & \cdots & k_{3,2n-1} & k_{3,2n} \\ k_{42} & k_{43} & k_{44} & k_{45} & \cdots & k_{4,2n-1} & k_{4,2n} \\ k_{52} & k_{53} & k_{54} & k_{55} & \cdots & k_{5,2n-1} & k_{5,2n} \\ \vdots & \vdots & \vdots & \vdots & & \vdots & \vdots \\ k_{2n-1,2} & k_{2n-1,3} & k_{2n-1,4} & k_{2n-1,5} & \cdots & k_{2n-1,2n-1} & k_{2n-1,2n} \\ k_{2n,2} & k_{2n,3} & k_{2n,4} & k_{2n,5} & \cdots & k_{2n,2n-1} & k_{2n,2n} \end{bmatrix}\begin{bmatrix} v_1 \\ u_2 \\ v_2 \\ u_3 \\ \vdots \\ u_n \\ v_n \end{bmatrix}=\begin{bmatrix} F_{1y} \\ F_{2x} \\ F_{2y} \\ F_{3x} \\ \vdots \\ F_{nx} \\ F_{ny} \end{bmatrix}$$

图 8-10　施加位移边界条件示意图（删行删列法）

8.3　弹性力学有限元法实例

如图 8-11（a）所示的悬臂梁（平面应力问题），长度为 20mm，宽度为 10mm，厚度为 1mm，承受一集中载荷 $P=1000\text{N}$，材料的弹性模量为 $2.1\times10^{5}\text{MPa}$，泊松比为 0.33，利用有限法计算梁内的应力、应变和位移。

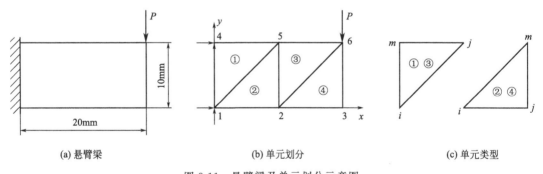

(a) 悬臂梁　　　　　　　　　(b) 单元划分　　　　　　　　(c) 单元类型

图 8-11　悬臂梁及单元划分示意图

利用三节点三角形单元求解图 8-11（a）所示的问题，用三角形单元进行区域划分的结果如图 8-11（b）所示，通过 Excel 软件完成整个求解过程。注意：求解过程量纲要统一。

（1）单元节点及坐标信息

针对悬臂梁进行单元划分，单元和节点编号如图 8-11（b）所示，总共包含 4 个三角形单元和 6 个节点。4 个三角形单元可分为两种，如图 8-11（c）所示，单元 1 和 3 为一种，单元 2 和 4 为一种。为了便于计算，将单元和节点的信息列在表 8-1 中。

表 8-1　单元及节点信息

单元号	i	j	m	i_x	i_y	j_x	j_y	m_x	m_y
1	1	5	4	0	0	10	10	0	10
2	1	2	5	0	0	10	0	10	10
3	2	6	5	10	0	20	10	10	10
4	2	3	6	10	0	20	0	20	10

（2）单元形函数中的参数

根据式（8-34）和式（8-35），利用 Excel 软件对单元形函数中参数的求解示意图如图 8-12 所示。

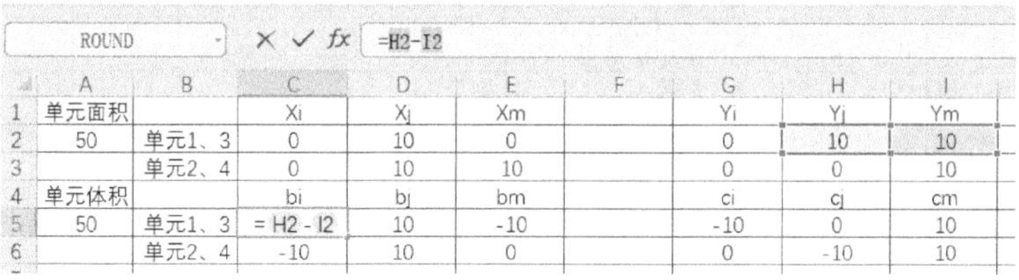

ROUND　fx　=H2-I2

	A	B	C	D	E	F	G	H	I
1	单元面积		Xi	Xj	Xm		Yi	Yj	Ym
2	50	单元1、3	0	10	0		0	10	10
3		单元2、4	0	10	10		0	0	10
4	单元体积		bi	bj	bm		ci	cj	cm
5	50	单元1、3	=H2-I2	10	-10		-10	0	10
6		单元2、4	-10	10	0		0	-10	10

图 8-12　形函数中参数的求解示意图

（3）B 矩阵求解

根据式（8-43），利用 Excel 软件对 B 矩阵求解的示意图如图 8-13 所示。

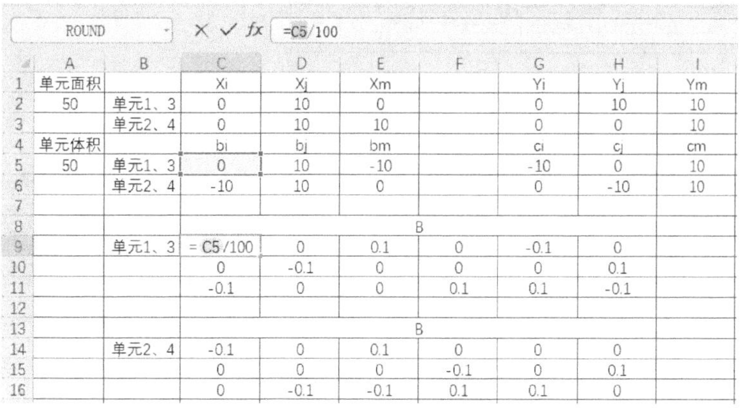

ROUND　fx　=C5/100

	A	B	C	D	E	F	G	H	I
1	单元面积		Xi	Xj	Xm		Yi	Yj	Ym
2	50	单元1、3	0	10	0		0	10	10
3		单元2、4	0	10	10		0	0	10
4	单元体积		bi	bj	bm		ci	cj	cm
5	50	单元1、3	0	10	-10		-10	0	10
6		单元2、4	-10	10	0		0	-10	10
7									
8						B			
9		单元1、3	=C5/100	0	0.1	0	-0.1	0	
10			0	-0.1	0	0	0	0.1	
11			-0.1	0	0	0.1	0.1	-0.1	
12									
13						B			
14		单元2、4	-0.1	0	0.1	0	0	0	
15			0	0	0	-0.1	0	0.1	
16			0	-0.1	-0.1	0.1	0.1	0	

图 8-13　B 矩阵的求解示意图

（4）单元刚度矩阵求解

根据式（8-48），利用 Excel 软件通过矩阵相乘或通过公式引用单元格数据的方式完成单元刚度矩阵求解，通过公式引用求解的示意图如图 8-14 所示。

利用 Excel 软件，通过引用图 8-14 中相应位置单元格的数据，可得到 4 个三角形单元的刚度矩阵，并根据单元节点内部编号所对应的总体编号进行标注，如图 8-15 所示。

（5）总体刚度矩阵求解

为了便于生成总体刚度矩阵，需要根据节点情况将单元刚度矩阵分块，作为总体刚度矩阵生成的依据。每个单元刚度矩阵可分为 9 个子块，每个子块包含 4 元素，如图 8-16 所示。

图 8-14 部分（单元刚度矩阵求解示意图）

行	B	C	D	E	F	G	H	J	K	L	N	O	P
8				B				单元1、3 B矩阵转置			单元2、4 B矩阵转置		
9		0	0	0.1	0	-0.1	0	0	0	-0.1	-0.1	0	0
10	单元1、3	0	-0.1	0	0	0	0.1	0	-0.1	0	0	0	-0.1
11		-0.1	0	0	0.1	0.1	-0.1	0.1	0	0	0.1	0	-0.1
12								0	0	0.1	0	-0.1	0.1
13				B				-0.1	0	0.1	0	0.1	0.1
14		-0.1	0	0.1	0			0	0.1	-0.1			
15	单元2、4	0	0	0	0	-0.1	0.1						
16		0	-0.1	-0.1	0.1	0.1	0		D矩阵				
17								2.36E+05	7.78E+04	0.00E+00			
18								7.78E+04	2.36E+05	0.00E+00			
19	单元1、3	)*50	0.00E+00	-3.95E+05				0.00E+00	0.00E+00	7.89E+04			
20		-3.89E+05	-1.18E+06	0.00E+00									
21	B矩阵转	1.18E+06	3.89E+05	0.00E+00									
22	置×D矩	0.00E+00	0.00E+00	3.95E+05									
23	阵	-1.18E+06	-3.89E+05	3.95E+05									
24		3.89E+05	1.18E+06	-3.95E+05									
26		3.95E+04	0.00E+00	0.00E+00	-3.95E+04	-3.95E+04	3.95E+04						
27	上面矩阵	0.00E+00	1.18E+05	-3.89E+04	0.00E+00	3.89E+04	-1.18E+05						
28	×B矩阵	0.00E+00	-3.89E+04	1.18E+05	0.00E+00	-1.18E+05	3.89E+04						
29	转置	-3.95E+04	0.00E+00	0.00E+00	3.95E+04	3.95E+04	-3.95E+04						
30		-3.95E+04	3.89E+04	-1.18E+05	3.95E+04	1.57E+05	-7.84E+04						
31		3.95E+04	-1.18E+05	3.89E+04	-3.95E+04	-7.84E+04	1.57E+05						
33	单元2、4	-1.18E+06	-3.89E+05	0.00E+00									
34		0.00E+00	0.00E+00	-3.95E+05									
35	B矩阵转	1.18E+06	3.89E+05	-3.95E+05									
36	置×D矩	-3.89E+05	-1.18E+06	3.95E+05									
37	阵	0.00E+00	0.00E+00	3.95E+05									
38		3.89E+05	1.18E+06	0.00E+00									
40		1.18E+05	0.00E+00	-1.18E+05	3.89E+04	0.00E+00	-3.89E+04						
41	上面矩阵	0.00E+00	3.95E+04	3.95E+04	-3.95E+04	-3.95E+04	0.00E+00						
42	×B矩阵	-1.18E+05	3.95E+04	1.57E+05	-7.84E+04	-3.95E+04	3.89E+04						
43	转置	3.89E+04	-3.95E+04	-7.84E+04	1.57E+05	3.95E+04	-1.18E+05						
44		0.00E+00	-3.95E+04	-3.95E+04	3.95E+04	3.95E+04	0.00E+00						
45		-3.89E+04	0.00E+00	3.89E+04	-1.18E+05	0.00E+00	1.18E+05						

图 8-14　单元刚度矩阵求解示意图

单元1

	1 Ui	1 Vi	5 Uj	5 Vj	4 Um	4 Vm		
Ui	3.95E+04	0.00E+00	0.00E+00	-3.95E+04	-3.95E+04	3.95E+04	Ui	1
Vi	0.00E+00	1.18E+05	-3.89E+04	0.00E+00	3.89E+04	-1.18E+05	Vi	1
Uj	0.00E+00	-3.89E+04	1.18E+05	0.00E+00	-1.18E+05	3.89E+04	Uj	5
Vj	-3.95E+04	0.00E+00	0.00E+00	3.95E+04	3.95E+04	-3.95E+04	Vj	5
Um	-3.95E+04	3.89E+04	-1.18E+05	3.95E+04	1.57E+05	-7.84E+04	Um	4
Vm	3.95E+04	-1.18E+05	3.89E+04	-3.95E+04	-7.84E+04	1.57E+05	Vm	4

单元2

	1 Ui	1 Vi	2 Uj	2 Vj	5 Um	5 Vm		
Ui	1.18E+05	0.00E+00	-1.18E+05	3.89E+04	0.00E+00	-3.89E+04	Ui	1
Vi	0.00E+00	3.95E+04	3.95E+04	-3.95E+04	-3.95E+04	0.00E+00	Vi	1
Uj	-1.18E+05	3.95E+04	1.57E+05	-7.84E+04	3.95E+04	-1.18E+05	Uj	2
Vj	3.89E+04	-3.95E+04	-7.84E+04	1.57E+05	3.95E+04	-1.18E+05	Vj	2
Um	0.00E+00	-3.95E+04	-3.95E+04	3.95E+04	3.95E+04	0.00E+00	Um	5
Vm	-3.89E+04	0.00E+00	3.89E+04	-1.18E+05	0.00E+00	1.18E+05	Vm	5

单元3

	2 Ui	2 Vi	6 Uj	6 Vj	5 Um	5 Vm	
3.95E+04	0.00E+00	0.00E+00	-3.95E+04	-3.95E+04	3.95E+04	2
0.00E+00	1.18E+05	-3.89E+04	0.00E+00	3.89E+04	-1.18E+05	
0.00E+00	-3.89E+04	1.18E+05	0.00E+00	-1.18E+05	3.89E+04	6
-3.95E+04	0.00E+00	0.00E+00	3.95E+04	3.95E+04	-3.95E+04	
-3.95E+04	3.89E+04	-1.18E+05	3.95E+04	1.57E+05	-7.84E+04	5
3.95E+04	-1.18E+05	3.89E+04	-3.95E+04	-7.84E+04	1.57E+05	

单元4

	2 Ui	2 Vi	3 Uj	3 Vj	6 Um	6 Vm	
1.18E+05	0.00E+00	-1.18E+05	3.89E+04	0.00E+00	-3.89E+04	2
0.00E+00	3.95E+04	3.95E+04	-3.95E+04	-3.95E+04	0.00E+00	
-1.18E+05	3.95E+04	1.57E+05	-7.84E+04	3.95E+04	-1.18E+05	3
3.89E+04	-3.95E+04	-7.84E+04	1.57E+05	3.95E+04	-1.18E+05	
0.00E+00	-3.95E+04	-3.95E+04	3.95E+04	3.95E+04	0.00E+00	6
-3.89E+04	0.00E+00	3.89E+04	-1.18E+05	0.00E+00	1.18E+05	

图 8-15　单元刚度矩阵

单元1

	1 Ui	1 Vi	5 Uj	5 Vj	4 Um	4 Vm		
Ui	3.95E+04	0.00E+00	0.00E+00	-3.95E+04	-3.95E+04	3.95E+04	Ui	1
Vi	0.00E+00	1.18E+05	-3.89E+04	0.00E+00	3.89E+04	-1.18E+05	Vi	1
Uj	0.00E+00	-3.89E+04	1.18E+05	0.00E+00	-1.18E+05	3.89E+04	Uj	5
Vj	-3.95E+04	0.00E+00	0.00E+00	3.95E+04	3.95E+04	-3.95E+04	Vj	5
Um	-3.95E+04	3.89E+04	-1.18E+05	3.95E+04	1.57E+05	-7.84E+04	Um	4
Vm	3.95E+04	-1.18E+05	3.89E+04	-3.95E+04	-7.84E+04	1.57E+05	Vm	

单元2

	1 Ui	1 Vi	2 Uj	2 Vj	5 Um	5 Vm		
Ui	1.18E+05	0.00E+00	-1.18E+05	3.89E+04	0.00E+00	-3.89E+04	Ui	1
Vi	0.00E+00	3.95E+04	3.95E+04	-3.95E+04	-3.95E+04	0.00E+00	Vi	1
Uj	-1.18E+05	3.95E+04	1.57E+05	-7.84E+04	3.95E+04	-1.18E+05	Uj	2
Vj	3.89E+04	-3.95E+04	-7.84E+04	1.57E+05	3.95E+04	-1.18E+05	Vj	2
Um	0.00E+00	-3.95E+04	-3.95E+04	3.95E+04	3.95E+04	0.00E+00	Um	5
Vm	-3.89E+04	0.00E+00	3.89E+04	-1.18E+05	0.00E+00	1.18E+05	Vm	

单元3

	2 Ui	2 Vi	6 Uj	6 Vj	5 Um	5 Vm	
3.95E+04	0.00E+00	0.00E+00	-3.95E+04	-3.95E+04	3.95E+04	2
0.00E+00	1.18E+05	-3.89E+04	0.00E+00	3.89E+04	-1.18E+05	
0.00E+00	-3.89E+04	1.18E+05	0.00E+00	-1.18E+05	3.89E+04	6
-3.95E+04	0.00E+00	0.00E+00	3.95E+04	3.95E+04	-3.95E+04	
-3.95E+04	3.89E+04	-1.18E+05	3.95E+04	1.57E+05	-7.64E+04	5
3.95E+04	-1.18E+05	3.89E+04	-3.95E+04	-7.84E+04	1.57E+05	

单元4

	2 Ui	2 Vi	3 Uj	3 Vj	6 Um	6 Vm	
1.18E+05	0.00E+00	-1.18E+05	3.89E+04	0.00E+00	-3.89E+04	2
0.00E+00	3.95E+04	3.95E+04	-3.95E+04	-3.95E+04	0.00E+00	
-1.18E+05	3.95E+04	1.57E+05	-7.84E+04	3.95E+04	-1.18E+05	3
3.89E+04	-3.95E+04	-3.95E+04	3.95E+04	3.95E+04	0.00E+00	
0.00E+00	-3.95E+04	-3.95E+04	3.95E+04	3.95E+04	0.00E+00	6
-3.89E+04	0.00E+00	3.89E+04	-1.18E+05	0.00E+00	1.18E+05	

图 8-16　单元刚度矩阵的分块

若采用删行删列法进行位移约束，既可以在生成总体刚度矩阵后进行位移约束，也可以在生成总体刚度矩阵之前进行位移约束。根据图 8-11 可知，节点 1 和节点 4 的水平方向、垂直方向均被约束，也就是在这两个方向位移为 0。为了减小总体刚度矩阵的生成工作量，可以在生成总体刚度矩阵之前按删行删列法施加位移约束，删除单元刚度矩阵的相应行和列。施加约束条件之后，单元 1 的刚度矩阵只剩下节点 5 所对应的 1 个子块，单元 2 的刚度矩阵剩下节点 2 和节点 5 所对应的 4 个子块，如图 8-17 所示。

单元1

	Ui	Vi	Uj	Vj	Um	Vm		
							Ui	1
							Vi	
			1.18E+05	0.00E+00			Uj	5
			0.00E+00	3.95E+04			Vj	
							Um	
							Vm	

单元2

	Ui	Vi	Uj	Vj	Um	Vm		
							Ui	1
							Vi	
			1.57E+05	-7.84E+04	-3.95E+04	3.89E+04	Uj	5
			-7.84E+04	1.57E+05	3.95E+04	-1.18E+05	Vj	
			-3.95E+04	3.95E+04	3.95E+04	0.00E+00	Um	5
			3.89E+04	-1.18E+05	0.00E+00	1.18E+05	Vm	

单元3

	2		6		5			
3.95E+04	0.00E+00	0.00E+00	-3.95E+04	-3.95E+04	3.95E+04	2
0.00E+00	1.18E+05	-3.89E+04	0.00E+00	3.89E+04	-1.18E+05	
0.00E+00	-3.89E+04	1.18E+05	0.00E+00	-1.18E+05	3.89E+04	6
-3.95E+04	0.00E+00	0.00E+00	3.95E+04	3.95E+04	-3.95E+04	
-3.95E+04	3.89E+04	-1.18E+05	3.95E+04	1.57E+05	-7.84E+04	5
3.95E+04	-1.18E+05	3.89E+04	-3.95E+04	-7.84E+04	1.57E+05	

单元4

	2		3		6			
1.18E+05	0.00E+00	-1.18E+05	3.89E+04	0.00E+00	-3.89E+04	2
0.00E+00	3.95E+04	3.95E+04	-3.95E+04	-3.95E+04	0.00E+00	
-1.18E+05	3.95E+04	1.57E+05	-7.84E+04	-3.95E+04	3.89E+04	3
3.89E+04	-3.95E+04	-7.84E+04	1.57E+05	3.95E+04	-1.18E+05	
0.00E+00	-3.95E+04	-3.95E+04	3.95E+04	3.95E+04	0.00E+00	6
-3.89E+04	0.00E+00	3.89E+04	-1.18E+05	0.00E+00	1.18E+05	

图 8-17　施加约束后的单元刚度矩阵

在总体刚度矩阵生成过程中，需要将总体刚度按总体节点编号进行分块，将单元刚度矩阵中的每个子块作为一个整体放置于总体刚度矩阵相应位置。因此，总体刚度矩阵的生成过程，也就是把每个子块数据进行累加的过程。以单元 3 为例，其刚度矩阵加入总体刚度矩阵的示意图如图 8-18 所示。利用 Excel 软件进行总体刚度矩阵合成的示意图如图 8-19 所示。

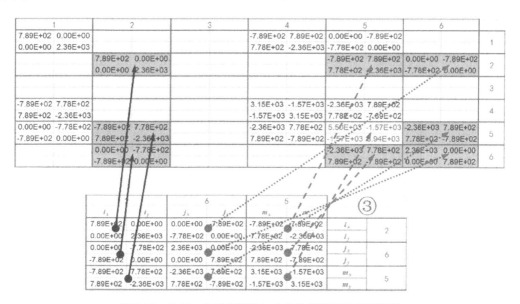

图 8-18　单元 3 的刚度矩阵加入总体刚度矩阵的示意图

（6）节点位移求解

由图 8-11 可知，节点 6 的垂直方向（y 方向）承受压力 1000N，方向为 y 轴负方向，将该条件施加至载荷矩阵的相应位置，删行删列后形成的总体刚度矩阵和载荷矩阵如

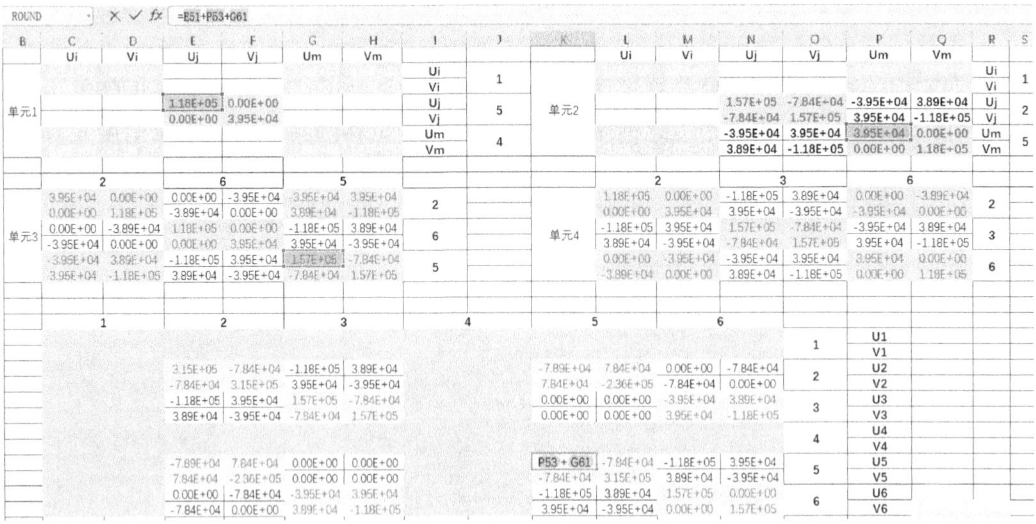

图 8-19　总体刚度矩阵的合成（利用 Excel 软件）

图 8-20 所示。通过 Excel 软件对总体刚度进行矩阵求逆（快捷键：Ctrl＋Shift＋回车），如图 8-21 所示。

										F
3.15E+05	-7.84E+04	-1.18E+05	3.89E+04	-7.89E+04	7.84E+04	0.00E+00	-7.84E+04	U2		0
-7.84E+04	3.15E+05	3.95E+04	-3.95E+04	7.84E+04	-2.36E+05	-7.84E+04	0.00E+00	V2		0
-1.18E+05	3.95E+04	1.57E+05	-7.84E+04	0.00E+00	0.00E+00	-3.95E+04	3.89E+04	U3		0
3.89E+04	-3.95E+04	-7.84E+04	1.57E+05	0.00E+00	0.00E+00	3.95E+04	-1.18E+05	V3		0
-7.89E+04	7.84E+04	0.00E+00	0.00E+00	3.15E+05	-7.84E+04	-1.18E+05	3.95E+04	U5		0
7.84E+04	-2.36E+05	0.00E+00	0.00E+00	-7.84E+04	3.15E+05	3.89E+04	-3.95E+04	V5		0
0.00E+00	-7.84E+04	-3.95E+04	3.95E+04	-1.18E+05	3.89E+04	1.57E+05	0.00E+00	U6		0
-7.84E+04	0.00E+00	3.89E+04	-1.18E+05	3.95E+04	-3.95E+04	0.00E+00	1.57E+05	V6		-1000

图 8-20　删行删列后形成的总体刚度矩阵和载荷矩阵

	D	E	F	G	H	I	J	K	L	M
78										
79										
80		3.15E+05	-7.84E+04	-1.18E+05	3.89E+04	-7.89E+04	7.84E+04	0.00E+00	-7.84E+04	U2
81		-7.84E+04	3.15E+05	3.95E+04	-3.95E+04	7.84E+04	-2.36E+05	-7.84E+04	0.00E+00	V2
82		-1.18E+05	3.95E+04	1.57E+05	-7.84E+04	0.00E+00	0.00E+00	-3.95E+04	3.89E+04	U3
83		3.89E+04	-3.95E+04	-7.84E+04	1.57E+05	0.00E+00	0.00E+00	3.95E+04	-1.18E+05	V3
84		-7.89E+04	7.84E+04	0.00E+00	0.00E+00	3.15E+05	-7.84E+04	-1.18E+05	3.95E+04	U5
85		7.84E+04	-2.36E+05	0.00E+00	0.00E+00	-7.84E+04	3.15E+05	3.89E+04	-3.95E+04	V5
86		0.00E+00	-7.84E+04	-3.95E+04	3.95E+04	-1.18E+05	3.89E+04	1.57E+05	0.00E+00	U6
87		-7.84E+04	0.00E+00	3.89E+04	-1.18E+05	3.95E+04	-3.95E+04	0.00E+00	1.57E+05	V6
88					逆矩阵					
89										
90		E(E80:L87)	4.57E-06	8.08E-06	1.05E-05	9.09E-07	2.71E-06	1.67E-06	1.04E-05	U2
91		4.57E-06	1.84E-05	4.37E-06	2.40E-06	-3.46E-06	1.50E-06	-2.09E-06	2.38E-05	V2
92		8.08E-06	4.37E-06	1.69E-05	1.64E-05	9.31E-07	2.78E-06	2.33E-06	1.26E-05	U3
93		1.05E-05	2.40E-06	1.64E-05	6.35E-06	-9.74E-06	2.16E-05	-1.25E-06	5.66E-05	V3
94		9.09E-07	-3.46E-06	9.31E-07	-9.74E-06	7.45E-06	-3.08E-06	7.30E-06	-9.72E-06	U5
95		2.71E-06	1.50E-06	2.78E-06	2.16E-05	-3.08E-06	1.61E-05	-3.54E-06	2.17E-06	V5
96		1.67E-06	-2.09E-06	2.33E-06	-1.25E-06	7.30E-06	-3.54E-06	1.54E-05	-1.18E-06	U6
97		1.04E-05	2.38E-05	1.26E-05	5.66E-05	-9.72E-06	2.17E-06	-1.18E-06	5.87E-05	V6

图 8-21　总体刚度矩阵求逆

　　利用逆矩阵跟载荷矩阵相乘，可得各节点的位移，如彩色插页图 8-22 所示。（可以通过矩阵相乘进行求解，也可以通过输入公式进行求解。提示：可在节点 2 水平方向位移所对应的单元格中输入公式＝＄E90＊N＄80＋＄F90＊N＄81＋＄G90＊N＄82＋＄H90＊N＄83＋＄I90＊N＄84＋＄J90＊N＄85＋＄K90＊N＄86＋＄L90＊N＄87，确认后选中该单元格然后向下拖动，利用公式自动填充功能来求解各个节点的位移量）。

（7）单元应变和应力求解

得到每个单元各个节点的位移之后，根据式（8-41）可以计算得到三角形单元的应变，如彩色插页图 8-23 所示。

得到每个单元应变之后，根据式（8-20）可以计算得到三角形单元的应力，如彩色插页图 8-24 所示。

8.4　热弹塑性本构关系

对于淬火过程，材料的全应变增量包括弹性应变增量、塑性应变增量、温度应变增量、相变引起的应变增量和相变塑性引起的应变增量，因而每一时间步长内的应变增量可以描述为几种应变增量的合成，如下式所示

$$d\varepsilon_{ij} = d\varepsilon_{ij}^{e} + d\varepsilon_{ij}^{p} + d\varepsilon_{ij}^{t} + d\varepsilon_{ij}^{tr} + d\varepsilon_{ij}^{tp} \tag{8-60}$$

式（8-60）中，上标 e、p、t、tr 和 tp 分别表示弹性、塑性、热、相变、相变塑性，温度变化、相变和相变塑性使淬火过程成为材料的一个高度非线性问题。

8.4.1　弹性区的应力应变关系

在弹性区，单元的全应变增量表示为

$$d\varepsilon = d\varepsilon^{e} + d\varepsilon^{t} + d\varepsilon^{tr} + d\varepsilon^{tp} \tag{8-61}$$

其中

$$d\varepsilon^{e} = d[\boldsymbol{D}_{e}^{-1}\boldsymbol{\sigma}] = \boldsymbol{D}_{e}^{-1}d\sigma + \frac{\partial \boldsymbol{D}_{e}^{-1}}{\partial T}\boldsymbol{\sigma}dT + \sum_{i=1}^{5}\frac{\partial \boldsymbol{D}_{e}^{-1}}{\partial \xi_{i}}\boldsymbol{\sigma}d\xi_{i}$$

$$= d\varepsilon^{e'} + d\varepsilon^{t'} + d\varepsilon^{tr'} \tag{8-62}$$

表示弹性应变为随温度、组织变化的函数。

$$d\varepsilon^{t} = \boldsymbol{\alpha}dT + \sum_{i=1}^{5}\left(\int_{T_{0}}^{T}\boldsymbol{\alpha}_{i}dT\right)d\xi_{i} \tag{8-63}$$

式（8-63）中，$\boldsymbol{\alpha}$ 为热膨胀列阵，可表示为

$$\boldsymbol{\alpha} = \sum_{i=1}^{5}\alpha_{i}\xi_{i} \tag{8-64}$$

$$d\varepsilon^{tr} = \left(\sum_{i=1}^{5}\boldsymbol{\beta}_{i}d\xi_{i}\right) \tag{8-65}$$

式（8-65）中，$\boldsymbol{\beta}_i$ 为相变膨胀系数列阵，是与组织成分有关的系数，对于轴对称问题其值为 $[\beta \ \ \beta \ \ \beta \ \ 0]^T$，对于平面应力问题其值为 $[\beta \ \ \beta \ \ 0]^T$；式（8-64）中，$\boldsymbol{\alpha}$ 对于轴对称问题和平面应力问题的取值形式与式（8-65）中的 $\boldsymbol{\beta}_i$ 相同；$d\xi_i$ 为相变程度。对于 $\boldsymbol{\beta}_i$ 的计算可采用下式

$$\beta_{i} = \frac{1}{3}\frac{\rho_{A} - \rho_{k}}{\rho_{A}} \tag{8-66}$$

式（8-66）中，ρ_A 是奥氏体的密度，ρ_k 是相变后的铁素体、珠光体、贝氏体和马氏体的密度。其中奥氏体和马氏体的密度可表示为与含碳量相关的函数，各相密度为

$$\rho_A = 8156 - 216 \times w_C \quad \mathrm{kg/m}^3 \tag{8-67a}$$

$$\rho_F = 7897 \quad \mathrm{kg/m}^3 \tag{8-67b}$$

$$\rho_W = 7576 \quad \mathrm{kg/m}^3 \tag{8-67c}$$

$$\rho_M = 7897 - 248 \times w_C \quad \mathrm{kg/m}^3 \tag{8-67d}$$

式（8-67）中，ρ_F、ρ_W、ρ_M 分别是铁素体、渗碳体、马氏体的密度，w_C 是碳的质量分数。珠光体的密度可通过组成珠光体的铁素体和渗碳体的成分比例以及铁素体和渗碳体的密度进行计算。珠光体中，铁素体与渗碳体的相对量可由杠杆定律通过铁碳相图求得，组成珠光体的铁素体和渗碳体的比例约为 88.7 : 11.3。

把式（8-63）～式（8-65）代入式（8-61），得到

$$d\boldsymbol{\varepsilon} = \boldsymbol{D}_e^{-1} d\boldsymbol{\sigma} + \frac{\partial \boldsymbol{D}_e^{-1}}{\partial T} \boldsymbol{\sigma} dT + \boldsymbol{\alpha} dT + \sum_{i=1}^{5} \left(\int_{T_0}^{T} \boldsymbol{\alpha}_i dT \right) d\xi_i + \left(\sum_{i-1}^{5} \boldsymbol{\beta}_i d\xi_i \right) \tag{8-68}$$

整理即得

$$d\boldsymbol{\sigma} = \boldsymbol{D}_e d\varepsilon - \boldsymbol{D}_e \left[\frac{\partial \boldsymbol{D}_e^{-1}}{\partial T} \boldsymbol{\sigma} dT + \boldsymbol{\alpha} dT + \sum_{i=1}^{5} \left(\int_{T_0}^{T} \boldsymbol{\alpha}_i dT \right) d\xi_i + \left(\sum_{i-1}^{5} \boldsymbol{\beta}_i d\xi_i \right) \right] \tag{8-69}$$

式（8-69）中，第二项为初应变引起的应力，设总初应变为 $\boldsymbol{\varepsilon}_0$，则

$$\boldsymbol{\varepsilon}_0 = \frac{\partial \boldsymbol{D}_e^{-1}}{\partial T} \boldsymbol{\sigma} dT + \boldsymbol{\alpha} dT + \sum_{i=1}^{5} \left(\int_{T_0}^{T} \boldsymbol{\alpha}_i dT \right) d\xi_i + \left(\sum_{i-1}^{5} \boldsymbol{\beta}_i d\xi_i \right) \tag{8-70}$$

把式（8-70），代入式（8-69）得

$$d\boldsymbol{\sigma} = \boldsymbol{D}_e d\boldsymbol{\varepsilon} - \boldsymbol{D}_e \boldsymbol{\varepsilon}_0 \tag{8-71}$$

式（8-71），就是在弹性区内，考虑材料性能依赖于温度、组织的应力/应变关系。

8.4.2　塑性区的应力/应变关系

对于淬火过程，设材料的屈服函数为

$$f = f(\sigma, \varepsilon^p, T, \xi_i) \tag{8-72}$$

如果使材料达到屈服，必须要满足 $f = f(\sigma, \varepsilon^p, T, \xi_i) = 0$。

根据流动法则，有

$$d(\varepsilon^p) = \lambda \left(\frac{\partial f}{d\sigma} \right) \tag{8-73}$$

在材料达到屈服状态后，要使材料继续发生塑性变形，必须要满足以下条件

$$0 = df = \left(\frac{\partial f}{\partial \sigma} \right)^T d\{\sigma\} + \left(\frac{\partial T}{\varepsilon^p} \right)^T d(\varepsilon^p) \frac{\partial f}{\partial T} + \frac{\partial f}{\partial \xi_i} d\xi_i \tag{8-74}$$

在塑性区域内，单元全应变增量可以分解为

$$d(\varepsilon) = d(\varepsilon^e) + d(\varepsilon^{t'}) + d(\varepsilon^{tr'}) + d(\varepsilon^p) + d(\varepsilon^t) + d(\varepsilon^{tr}) + d(\varepsilon^{tp}) \tag{8-75}$$

根据 Leblond 和 Desalos 对 Greenwood-Johnson 模型的修正，对于相变塑性用应力偏量张量的形式表示为

$$d(\varepsilon^{tp}) = \sum_{i=2}^{5} [3K(\sigma')(1 - \xi_i) d\xi_i] \tag{8-76}$$

式（8-76）中，K 为系数，取常数；σ' 为应力偏量张量；ξ_i 为新相组织的百分比；

$d\xi_i$ 为新相的增量。

根据式（8-73）～式（8-75）可得

$$\lambda = \frac{\left(\dfrac{\partial f}{\partial \sigma}\right)^T \boldsymbol{D}_e (d(\varepsilon) - d(\varepsilon^{t'}) - d(\varepsilon^{tr'}) - d(\varepsilon^{t}) - d(\varepsilon^{tr}) - d(\varepsilon^{tp})) + \dfrac{\partial f}{\partial T} dT + \displaystyle\sum_{i=1}^{5} \dfrac{\partial f}{\partial \xi_i} d(\varepsilon_i)}{\left(\dfrac{\partial f}{\partial \sigma}\right)^T \boldsymbol{D}_e \left(\dfrac{\partial f}{\partial \sigma}\right) + \left(\dfrac{\partial f_0}{\partial \varepsilon^p}\right)^T \left(\dfrac{\partial f}{\partial \sigma}\right)}$$

(8-77)

将式（8-77）用塑性状态应力/应变关系表示为

$$\begin{aligned}
d(\sigma) = {}& \boldsymbol{D}_{ep} d(\varepsilon) - \boldsymbol{D}_{ep}\left((\alpha)dT + \sum_{i=1}^{5}\left(\beta_i + \int_{T_0}^{T} \alpha_i dT\right)d\xi_i\right) \\
& - \boldsymbol{D}_{ep}\left[\frac{\partial \boldsymbol{D}_e^{-1}}{\partial T}(\sigma)dT + \sum_{i=1}^{5}\frac{\partial \boldsymbol{D}_e^{-1}}{\partial \varepsilon_i}(\sigma)d(\xi_i)\right] \\
& - \boldsymbol{D}_e\left(\frac{\partial f}{\partial T}\right)\left(\frac{\partial f}{\partial T}dT + \sum_{i=1}^{5}\frac{\partial f}{\partial \xi_i}d\xi_i\right)\Big/ S
\end{aligned}$$

(8-78)

这里

$$\boldsymbol{D}_{ep} = \boldsymbol{D}_e - \boldsymbol{D}_e\left(\frac{\partial f}{\partial \sigma}\right)\left(\frac{\partial f}{\partial \sigma}\right)^T \boldsymbol{D}_e \Big/ S$$

$$= \boldsymbol{D}_e - \boldsymbol{D}_p \tag{8-79}$$

$$S = \left\langle\frac{\partial f}{\partial \sigma}\right\rangle^T \boldsymbol{D}_e\left(\frac{\partial f}{\partial \sigma}\right) - \left(\frac{\partial f}{\partial \varepsilon^p}\right)^T\left(\frac{\partial f}{\partial \sigma}\right) \tag{8-80}$$

假若由温度变化、组织变化和相变塑性引起的初应变为 $\boldsymbol{\varepsilon}_0$，则有

$$\begin{aligned}
\boldsymbol{\varepsilon}_0 = {}& \left[(\alpha)dT + \sum_{i=1}^{5}\left(\beta_i + \int_{T_0}^{T}\alpha_i dT\right)d\xi_i\right] \\
& + \left[\frac{\partial \boldsymbol{D}_e^{-1}}{\partial T}(\sigma)dT + \sum_{i=1}^{5}\frac{\partial \boldsymbol{D}_e^{-1}}{\partial \varepsilon_i}(\sigma)d(\xi_i)\right] \\
& + \left(\frac{\partial f}{\partial T}\right)\left(\frac{\partial f}{\partial T}dT + \sum_{i=1}^{5}\frac{\partial f}{\partial \xi_i}d\xi_i\right)\Big/ S
\end{aligned}$$

(8-81)

则式（8-78）可改写为

$$d(\sigma) = \boldsymbol{D}_{ep}(d(\varepsilon) - (\varepsilon_0)) \tag{8-82}$$

对于平面和轴对称问题，$\boldsymbol{D}_e$，$\boldsymbol{D}_p$，$\boldsymbol{D}_{ep}$ 分别为

$$\boldsymbol{D}_e = \frac{E}{(1+\mu)(1-2\mu)}\begin{bmatrix} 1-\mu & \mu & \mu & \\ \mu & 1-\mu & \mu & \\ \mu & \mu & 1-\mu & \\ & & & \dfrac{1-2\mu}{2} \end{bmatrix} \tag{8-83}$$

$$\boldsymbol{D}_p = \frac{9G^2}{(H'+3G)\bar{\sigma}^2}\begin{bmatrix} S_1^2 & S_1 S_2 & S_1 S_3 & S_1 S_4 \\ S_2 S_1 & S_2^2 & S_2 S_3 & S_2 S_4 \\ S_3 S_1 & S_3 S_2 & S_3^2 & S_3 S_4 \\ S_4 S_1 & S_4 S_2 & S_4 S_3 & S_4^2 \end{bmatrix} \tag{8-84}$$

$$\boldsymbol{D}_{ep}=\frac{E}{(1+\mu)}\begin{bmatrix}\dfrac{1-\mu}{1-2\mu}-\omega S_1^2 & \dfrac{\mu}{1-2\mu}-\omega S_1 S_2 & \dfrac{\mu}{1-2\mu}-\omega S_1 S_3 & -\omega S_1 S_4\\[2mm] & \dfrac{1-\mu}{1-2\mu}-\omega S_2^2 & \dfrac{\mu}{1-2\mu}-\omega S_2 S_3 & -\omega S_2 S_4\\[2mm] & & \dfrac{1-\mu}{1-2\mu}-\omega S_3^2 & -\omega S_3 S_4\\[2mm] & & & \dfrac{1}{2}-\omega S_4^2\end{bmatrix} \tag{8-85}$$

式（8-83）～式（8-85）中，E 为材料弹性模量，G 为剪切模量，H 为塑性模量。其中

$$\omega=\frac{9G}{2\bar{\sigma}^2(H'+3G)} \tag{8-86a}$$

$$\left.\begin{aligned}\sigma_m&=\frac{1}{3}(\sigma_1+\sigma_2+\sigma_3)\\ S_1&=\sigma_1-\sigma_m\\ S_2&=\sigma_2-\sigma_m\\ S_3&=\sigma_3-\sigma_m\\ S_4&=\sqrt{2}\,\tau_{xy}\end{aligned}\right\} \tag{8-86b}$$

8.4.3　过渡区的弹塑性比例系数的计算

零件淬火过程是温度、组织和应力相互作用的复杂过程，在这个过程中，零件既要发生弹性变形又要发生塑性变形。对划分的每一个单元来说，在每次加载后，它可能处于三种状态：加载前后单元均是弹性状态，此单元是弹性单元；加载前后单元均处于塑性状态，此单元是塑性单元；加载前单元是弹性状态，加载后单元处于塑性状态，此单元为过渡单元。每一个单元在分析过程中只能是上述三种状态之一，而对整个零件来说，上述三种状态可能同时存在。

当单元在某一时刻从弹性阶段过渡到塑性阶段时，可把该阶段分为弹性阶段和塑性阶段，并引入弹塑性系数比以确定弹性部分和塑性部分在该阶段所占的比例，以提高计算结果的准确性，改善求解过程的迭代收敛性。在淬火过程中，材料的屈服应力、由温度变化及相变引起的等效应力均不断变化，根据弹塑性系数比的定义，结合淬火过程应力的特点，对其弹塑性系数 m 的计算方法是：假设在某一时刻单元从弹性过渡到塑性，其加载前后的屈服应力及等效应力变化情况如图 8-25 所示，设弹性部分的比例为 m，则塑性部分所占的比例为 $1-m$，根据图 8-25 中的关系，可求出用于淬火过程的弹性比例系数 m

$$\begin{aligned}m&=\frac{\displaystyle\int_{T_1}^{T_s}\{\sigma_s(T)-\sigma(T)\}\mathrm{d}T}{\displaystyle\int_{T_1}^{T_s}\{\sigma_s(T)-\sigma(T)\}\mathrm{d}T+\int_{T_s}^{T_2}\{\sigma(T)-\sigma_s(T)\}\mathrm{d}T}\\[2mm] &\approx\frac{(\sigma_{s1}-\sigma_1)(T_s-T_1)}{(\sigma_{s1}-\sigma_1)(T_s-T_1)+(\sigma_2-\sigma_{s2})(T_2-T_s)}\end{aligned} \tag{8-87}$$

式（8-87）中

$$T_s=T_2-\frac{(\sigma_2-\sigma_s)(T_2-T_1)}{\sigma_2-\sigma_1} \tag{8-88}$$

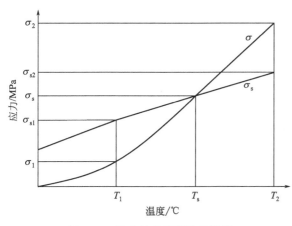

图 8-25　淬火过程弹塑性比计算

式（8-88）中，T_1、σ_1、σ_{s1} 为前一时刻单元的温度、等效应力和材料屈服应力；T_2、σ_2、σ_{s2} 为当前时刻单元的温度、等效应力和材料屈服应力，σ_2 是按弹性计算出的等效应力；σ_s 是单元屈服时刻 T_s 的屈服应力。图 8-25 中，$T_1 \sim T_s$ 单元处于弹性阶段，$T_s \sim T_2$ 单元处于塑性阶段。

对于由施加外力引起的弹塑性变形，在一个时间步中的每一次迭代，对单元所施加的载荷是常数，因此只通过式（8-87）计算弹塑性比例系数即可使迭代过程迅速收敛。淬火过程是一个热弹塑性过程，零件受力是由热应变、相变应变等初应变引起。在淬火零件温度变化过程中，材料的热物性参数也随着变化，导致有限元单元弹塑性刚阵的数值在每一次迭代中均不相同，从而使得施加在单元的等效载荷也是变化的；另外，对于淬火过程，σ、σ_s 均依赖于组织及温度的变化，导致计算所得的弹塑性比例系数与理想的弹塑比例系数相差较大。因而对于淬火过程，如果只采用式（8-87）计算及处理弹塑性比例系数，由于对单元所施加的载荷依赖于弹塑性单元刚阵，可导致迭代次数大大增加，或无法得到收敛的结果。针对淬火过程弹塑性变形的特点，为了加速弹塑性比例系数的收敛，可采用以下加速弹塑性比例系数收敛的处理方法

$$m_{i+1} = \tau^* m_i + (1-\tau)^* m \tag{8-89}$$

式（8-89）中，m、m_i、m_{i+1} 分别为根据公式（8-87）计算得到的弹塑性比例系数、上一迭代步的弹塑性比例系数、当前迭代步的弹塑性比例系数，τ 是根据 m 与 m_i 的差距所取的比例系数（$0 < \tau < 1$）。

8.5　热弹塑性问题有限元求解技术

8.5.1　平衡方程及刚度矩阵

由于在淬火中，最大变形量约在 $2\% \sim 3\%$ 左右，属于小变形范围，故在弹塑性问题中的几何方程仍可沿用弹性问题的几何方程，即 $\boldsymbol{B}$ 矩阵在两者中是相同的，不同的只是在弹塑性问题的刚度矩阵中，要以 $\boldsymbol{D}_{ep}$ 代替弹性问题中的 $\boldsymbol{D}_e$，其具体表达式为

平衡方程

$$\boldsymbol{K\delta} = \boldsymbol{F}_1 + \boldsymbol{F}_2 + \boldsymbol{F}_3 + \boldsymbol{F}_4 \tag{8-90}$$

刚度矩阵

$$\boldsymbol{K} = \sum_1^{NE} \iiint_e \boldsymbol{B}^T \boldsymbol{D}_{ep} \boldsymbol{B} \, \mathrm{d}x \, \mathrm{d}y \, \mathrm{d}z \tag{8-91}$$

右端载荷向量

$$\boldsymbol{F}_1 = \sum_1^{NE} \iiint_e \boldsymbol{B}^{\mathrm{T}} \boldsymbol{D}_{ep} \left[\frac{\partial \boldsymbol{D}_e^{-1}}{\partial T}(\sigma)\mathrm{d}T + \sum_{i=1}^5 \frac{\partial \boldsymbol{D}_e^{-1}}{\partial \boldsymbol{\xi}_i}(\sigma)\mathrm{d}\boldsymbol{\xi}_i \right] \mathrm{d}x\,\mathrm{d}y\,\mathrm{d}z \tag{8-92a}$$

$$\boldsymbol{F}_2 = \sum_1^{NE} \iiint_e \boldsymbol{B}^{\mathrm{T}} \boldsymbol{D}_{ep} \left[(\alpha)\mathrm{d}T + \sum_{i=1}^5 \left(\int_{T_0}^T \alpha_i \mathrm{d}T \right) \mathrm{d}\boldsymbol{\xi}_i \right] \mathrm{d}x\,\mathrm{d}y\,\mathrm{d}z \tag{8-92b}$$

$$\boldsymbol{F}_3 = \sum_1^{NE} \iiint_e \boldsymbol{B}^{\mathrm{T}} \boldsymbol{D}_{ep} \left\{ \sum_{i=2}^5 \left[3K(\sigma')(1-\boldsymbol{\xi}_i)\mathrm{d}\boldsymbol{\xi}_i \right] \right\} \mathrm{d}x\,\mathrm{d}y\,\mathrm{d}z \tag{8-92c}$$

$$\boldsymbol{F}_4 = \sum_1^{NE} \iiint_e \boldsymbol{B}^{\mathrm{T}} \frac{3}{2\sigma S} \boldsymbol{D}_e(\sigma) \left(\frac{\partial f}{\partial T}\mathrm{d}T + \sum_{i=1}^5 \frac{\partial f}{\partial \boldsymbol{\xi}_i}\mathrm{d}\boldsymbol{\xi}_i \right) \mathrm{d}x\,\mathrm{d}y\,\mathrm{d}z \tag{8-92d}$$

使用增量变刚阵方法通过式（8-90）可求解得到单元节点位移增量 $\boldsymbol{\delta}$，然后再利用单元节点位移增量求得各单元的应变增量及应力增量。

$$(\varepsilon)^e = \boldsymbol{B}\boldsymbol{\delta}^e \tag{8-93a}$$

$$\Delta(\sigma)^e = \boldsymbol{D}\Delta(\varepsilon)^e = \boldsymbol{D}\boldsymbol{B}\Delta\boldsymbol{\delta}^e = \boldsymbol{P}\Delta\boldsymbol{\delta}^e \tag{8-93b}$$

8.5.2　增量变刚阵方法

对于弹塑问题，在有限元求解过程中一般使用增量变刚阵法，反复迭代求解，直到达到要求的求解精度。其解过程是：

1）根据所给定的时间步长 Δt，计算在此时间步长内的各单元温度梯度 ΔT 和组织转变情况。

2）根据各单元的组织转变情况、单元性质、前一时刻的应力和温度梯度计算单元材料热物性参数、单元刚度矩阵 $\boldsymbol{K}^e = m\boldsymbol{D}_e + (1-m)\boldsymbol{D}_p$、单元载荷增量 $\sum_{j=1}^4 \Delta(f_j)^e$。

3）将单元刚度矩阵、单元载荷向量合成为总刚度矩阵、总的载荷向量

$$\boldsymbol{K} = \sum_{i=1}^n \boldsymbol{K}_i^e \tag{8-94a}$$

$$\Delta(f) = \sum_{i=1}^n \sum_{j=1}^4 \Delta(f_j)_i^e \tag{8-94b}$$

4）施加边界条件，求解方程组 $\boldsymbol{K}\Delta\boldsymbol{\delta} = \Delta(f)$，利用 $\Delta\boldsymbol{\delta}^e$ 计算单元应变增量 $\Delta(\varepsilon)^e = \boldsymbol{B}\Delta\boldsymbol{\delta}^e$ 和单元应力增量 $\Delta(\sigma)^e = \boldsymbol{D}_{ep}\boldsymbol{B}\Delta\boldsymbol{\delta}^e$；$m$ 的值要反复迭代，直到达到要求的精度。

5）重复 2）～4），直到迭代误差达到收敛准则所要求的规定值。对于常温弹塑性问题，一般迭代 3～4 次即可求得满足精度要求的 m 值，但对于热处理的淬火过程，由于材料热物性参数跟材料的温度、组织成分等有关，而且在淬火过程中，材料的温度及组织状态不断变化，为此，求解弹塑性系数所需要的迭代次数较多，具体次数由所取精度及当前相变情况决定。在一定的计算精度下，发生相变的单元越多，材料的热物性参数变化越大，对弹塑性矩阵的影响也就越大。由于式（8-90）中右端列向量值与弹塑性矩阵有关，所以右端列向量的值变化也越大，使得迭代次数增多。

6）将位移增量、应变增量、应力增量叠加

$$(\delta)_i^e = (\delta)_{i-1}^e + \Delta(\delta)^e \tag{8-95}$$

$$(\varepsilon)_i^e = (\varepsilon)_{i-1}^e + \Delta(\varepsilon)^e \tag{8-96}$$

$$(\sigma)_i^e = (\sigma)_{i-1}^e + \Delta(\sigma)^e \tag{8-97}$$

7）重复以上各步，直到达到要求的求解时间。

用增量变刚度法计算时，等效应力会偏离单向拉伸曲线，见图 8-26（a）。因此计算时要对各应力分量及等效应力进行修正，修正的办法就是每次增量加载后，等效应力要折回到单向拉伸的应力—应变曲线上来。计算的公式是将 B 点的等效应力折回到 C 点，其他应力分量都按同样比例折算，修正的计算式如下

$$\bar{\sigma}'_B = \bar{\sigma}_C \tag{8-98a}$$

$$(\sigma'_B) = \frac{\bar{\sigma}_C}{\bar{\sigma}_B} \times (\sigma_B) \tag{8-98b}$$

这样，等效应力应变关系及各应力应变分量关系的计算误差可以消除，计算精度可提高。虽稍微有些破坏平衡条件，但其能使应力点严格落在弹塑性曲线上，不致因每次偏离而造成过大误差，并能避免计算应力偏大的现象。

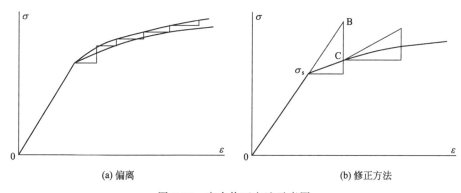

(a) 偏离　　　　　　　　　　　　(b) 修正方法

图 8-26　应力修正方法示意图

8.5.3 迭代收敛准则

对于任何迭代法求解方程组，都必须给出终止迭代的有效准则。因为在每次迭代结束后，都要检查所得解是否收敛于预定的限值或迭代结果是否发散。收敛准则应该合适，如果收敛准则值太小，则可能在并不需要的精度上浪费较多的计算时间。反之，如果收敛准则值太大，则解的精度可能会降低。

在对淬火过程进行非线性有限元分析中，采用收敛准则是当前时刻的增量位移范数与所到位移范数之比、当前步的弹塑性比例系数与前一步迭代所到弹塑性比例系数之差的范数。即

$$\frac{\|\Delta(\delta)\|}{\|(\delta)\|} = \frac{\sqrt{\sum\limits_{i=1}^{n} \Delta\delta_i^2}}{\sqrt{\sum\limits_{i=1}^{n} \delta_i^2}} \leqslant 常数 \tag{8-99a}$$

$$\|m_k - m_{k+1}\| = \sum\limits_{i=1}^{n} \sqrt{(m_k - m_{k+1})^2} \leqslant 常数 \tag{8-99b}$$

在计算过程中，所用的位移增量范数收敛容差限可取值为 10^{-5}，所用的弹塑性比例系数的范数收敛容差限取值为 10^{-3}。实际计算表明，在该容差下，有限元分析具有合理的精度和计算时间。

8.6 应力/应变计算流程框图

计算淬火过程应力/应变的程序流程框图如图 8-27 所示。

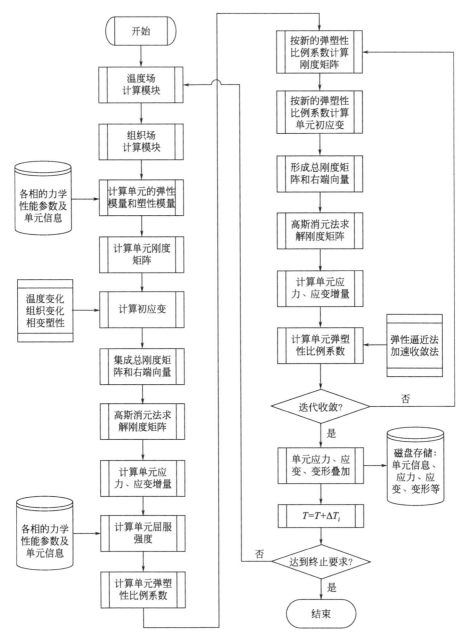

图 8-27　应力/应变计算流程框图

8.7 模拟实例及验证

为了检验程序的准确性，选择了两个算例进行验证。算例一的应力实验数值是用 X 射线衍射技术测量所得；算例二中的应力数值是用变分方法求得的变分解。

8.7.1 算例一：1080 钢水冷淬火

直径为 38.1mm 的 1080 钢棒（轴对称问题），加热到 850℃后保温至温度均匀，然后在 22.5℃水中淬火。模拟时采用的材料性能参数及有限元网格模型如图 8-28 所示，计算

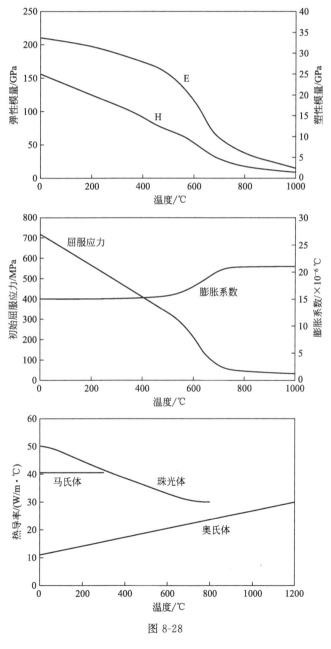

图 8-28

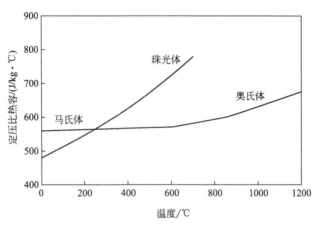

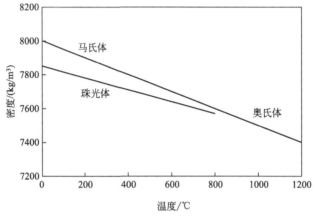

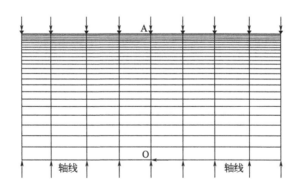

图 8-28　1080 钢的参数及有限元网格

时所采用的步长为 0.01s，总共计算时间为 90s，90s 后沿试样 OA 位置各方向的应力值及实验测量得到的应力值如图 8-29 所示。模拟淬火过程，最终在试样中各个方向的残余应力分布云图及应力等值线图如彩色插页图 8-30 所示。

　　从图 8-29 中可以看出，切向和轴向残余应力具有相同的趋势，都是在中心区域是拉应力，在表面区域是压应力，但是轴向残余应力比切向残余应力要大一些；对于径向残余应力，由中心区域向表面区域逐渐减小，而且在表面处减小至接近零。从图 8-29 的对比

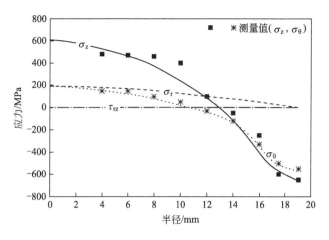

图 8-29　淬火后 1080 钢中残余应力的计算值与测量值的分布

结果可以看出，模拟结果与实验结果吻合得较好，用有限元模拟程序可以得到较准确的应力/应变值。

8.7.2　算例二：板的热应力问题

设有一无约束无限长矩形板（平面问题），截面尺寸为 $x=\pm a$，$y=\pm b$，板中线处（$y=0$）受热，平行边处（$y=\pm b$）冷却，板中温度分布为

$$T=T_0+T_1(1-y/b),\quad 0<y<b$$
$$T=T_0+T_1(1+y/b),\quad -b<y<0$$

(8-100)

设板的弹性模量为 $10^5\,\mathrm{MPa}$，泊松系数为 0.3，热膨胀系数为 $2.4\times10^{-5}/℃$，$T_1=50℃$，$a=80\mathrm{mm}$，$b=64\mathrm{mm}$，试求板中热应力分布。

变分解：根据变分解公式，可得无限长矩形板应力的变分解，其结果以应力等值线的形式显示在图 8-31 中。由于这个问题的对称性，可仅以第一象限作为研究对象。

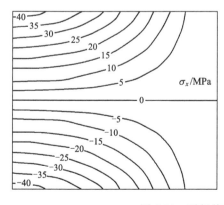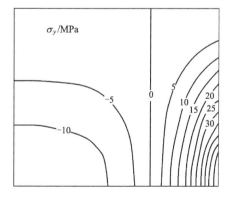

图 8-31　平板热应力问题的变分解

有限元解：考虑到对称性，只以第一象限作为分析的对象，有限元解如图 8-32 所示。由图 8-31 和 8-32 可以看出，有限元解的应力数值和应力等值线的形状基本上与变分解相

吻合（图 8-31 和图 8-32 中有部分曲线的趋势有差异，这主要是在有限元求解过程中，需要对有限元模型施加理想化的边界条件，而用变分法求解时不需要，从而造成部分等值线趋势不一致）。

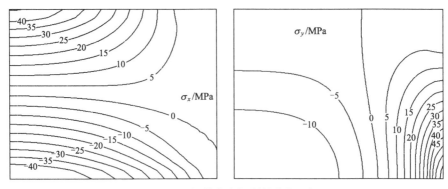

图 8-32 平板热应力问题的有限元解

第 9 章
基于有限元方法的渗碳工艺数值模拟

9.1 渗碳工艺的数学模型

渗碳工艺是一种十分古老的工艺，在中国出现可上溯到 2000 多年以前。最早是用固体渗碳介质渗碳，在 20 世纪出现了液体和气体渗碳并得到广泛应用，后来又出现了真空渗碳和离子渗碳。到现在，渗碳工艺仍然具有非常重要的实用价值，原因在于其合理的设计思想，即让金属零件接受各类负荷（磨损、疲劳、机械负载及化学腐蚀）最多的地方，通过渗入碳等元素达到高表面硬度、高耐磨性、高疲劳强度及耐蚀性，而不必通过昂贵的合金化或其他复杂工艺手段对整个零件进行处理。这不仅能用低廉的碳钢或低合金钢来代替某些较昂贵的高合金钢，而且能让零件芯部具有低碳钢淬火后的强韧性，使零件能承受冲击载荷，符合节能、降耗、环保的可持续发展方向。

气体渗碳工艺具有生产率高、易于实现自动化生产、渗碳层碳浓度可以控制、渗碳质量高、渗碳后可直接淬火等优点。20 世纪 70 年代末，我国学者开始研究气体渗碳的计算机模拟技术。气体渗碳数值模拟是将工艺参数（温度、气体成分、传递系数、扩散系数等）作为时间的函数，用有限差分法、有限元法等数值计算方法计算渗碳层瞬态碳浓度场，并根据碳浓度分布进一步计算零件的硬度分布。

9.1.1 碳浓度场的基本方程

渗碳层的碳浓度分布符合菲克第二定律，其表达式为

$$\frac{\partial C}{\partial t} = D\left(\frac{\partial^2 C}{\partial x^2} + \frac{\partial^2 C}{\partial y^2} + \frac{\partial^2 C}{\partial z^2}\right) \tag{9-1}$$

式（9-1）中，D 是扩散系数，t 是时间，C 是碳浓度，它是关于扩散方向的位移和时间的函数，可以描述为

$$C = C(x, y, z, t) \tag{9-2}$$

9.1.2 初始条件

初始条件是指初始的碳浓度场，是计算的出发点。初始浓度场可能是均匀的，也可能是不均匀的。如果初始浓度场均匀，它可以描述为

$$C\big|_{t=0} = C_0 \tag{9-3}$$

式 (9-3) 中，C_0 为已知浓度场，是常数。

如果初始浓度场不均匀，它可以描述为

$$C\big|_{t=0}=C_0(x,y,z) \tag{9-4}$$

式 (9-4) 中，$C_0(x, y, z)$ 为已知碳浓度场函数。

9.1.3 边界条件

在渗碳过程中，渗碳零件的边界条件符合菲克第一定律，可以描述为

$$-D\left(\frac{\partial C}{\partial x}n_x+\frac{\partial C}{\partial y}n_y+\frac{\partial C}{\partial z}n_z\right)=\beta(C-C_g) \tag{9-5}$$

式 (9-5) 中，β 为碳传递系数；C_g 为气相碳势；C 为工件表面的碳势；n_x、n_y 和 n_z 分别为曲面法向在直角坐标系中的余弦。

9.2　平面瞬态浓度场的有限元法

对于平面瞬态浓度场，应用加权余法中的 Galerkin 法可得

$$J\big[C(x,y,t)\big]=\iint_V W_l\left[D\left(\frac{\partial^2 C}{\partial x^2}+\frac{\partial^2 C}{\partial y^2}\right)-\frac{\partial C}{\partial t}\right]\mathrm{d}x\,\mathrm{d}y=0 \tag{9-6}$$

$$(l=1,2,3,\cdots,n)$$

式 (9-6) 中，V 为浓度场定义域，W_l 为加权函数。在 Galerkin 法中，将加权函数定义为

$$W_l=\frac{\partial C}{\partial C_l}\qquad(l=1,2,3,\cdots,n) \tag{9-7}$$

将式 (9-6) 改写为

$$\begin{aligned}
\frac{\partial J}{\partial C_l}=&\iint_V\left[\frac{\partial}{\partial x}\left(W_l D\,\frac{\partial C}{\partial x}\right)+\frac{\partial}{\partial y}\left(W_l D\,\frac{\partial C}{\partial y}\right)\right]\mathrm{d}x\,\mathrm{d}y\\
&-\iint_V\left[D\left(\frac{\partial W_l}{\partial x}\,\frac{\partial C}{\partial x}+\frac{\partial W_l}{\partial y}\,\frac{\partial C}{\partial y}\right)+W_l\,\frac{\partial C}{\partial t}\right]\mathrm{d}x\,\mathrm{d}y\\
=&0\qquad(l=1,2,3,\cdots,n)
\end{aligned} \tag{9-8}$$

式 (9-8) 中积分项的第一部分可以写成

$$\iint_V\left[\frac{\partial}{\partial x}\left(W_l D\,\frac{\partial C}{\partial x}\right)+\frac{\partial}{\partial y}\left(W_l D\,\frac{\partial C}{\partial y}\right)\right]\mathrm{d}x\,\mathrm{d}y=\oint_\Gamma D\left(-W_l\,\frac{\partial C}{\partial y}\mathrm{d}x+W_l\,\frac{\partial C}{\partial x}\mathrm{d}y\right) \tag{9-9}$$

在区域 D 的边界上具有如下关系

$$-\frac{\partial C}{\partial y}\mathrm{d}x+\frac{\partial C}{\partial x}\mathrm{d}y=\frac{\partial C}{\partial n}\mathrm{d}s \tag{9-10}$$

把式 (9-9) 和式 (9-10) 代入式 (9-8) 中可得

$$\frac{\partial J}{\partial C_l}=\iint_V\left[D\left(\frac{\partial W_l}{\partial x}\,\frac{\partial C}{\partial x}+\frac{\partial W_l}{\partial y}\,\frac{\partial C}{\partial y}\right)+W_l\,\frac{\partial C}{\partial t}\right]\mathrm{d}x\,\mathrm{d}y$$

$$-\oint_{\Gamma} DW_l \frac{\partial C}{\partial n} \mathrm{d}s = 0 \qquad (l=1,2,3,\cdots,n) \qquad (9\text{-}11)$$

式（9-11）就是平面瞬态浓度场有限元法计算的基本方程。

对于四边形等参单元（参看 4.5.2.3 平面等参数单元），式（9-11）改写为

$$\frac{\partial J^e}{\partial C_l} = \iint_e \left[D \left(\frac{\partial W_l}{\partial x} \frac{\partial C}{\partial x} + \frac{\partial W_l}{\partial y} \frac{\partial C}{\partial y} \right) + W_l \frac{\partial C}{\partial t} \right] \mathrm{d}x \, \mathrm{d}y$$

$$-\int_{\Gamma_e} DW_l \frac{\partial C}{\partial n} \mathrm{d}s = 0 \qquad (l=i,j,k,m) \qquad (9\text{-}12)$$

利用复合函数求导的方法，可以得到等参单元中碳深度 C 对（x，y）的关系

$$\begin{cases} \dfrac{\partial C}{\partial x} = \dfrac{\partial C}{\partial \xi} \dfrac{\partial \xi}{\partial x} + \dfrac{\partial C}{\partial \eta} \dfrac{\partial \eta}{\partial x} \\[3mm] \dfrac{\partial C}{\partial y} = \dfrac{\partial C}{\partial \xi} \dfrac{\partial \xi}{\partial y} + \dfrac{\partial C}{\partial \eta} \dfrac{\partial \eta}{\partial y} \end{cases} \qquad (9\text{-}13)$$

把式（9-13）改写为

$$\begin{cases} \dfrac{\partial C}{\partial \xi} = \dfrac{\partial C}{\partial x} \dfrac{\partial x}{\partial \xi} + \dfrac{\partial C}{\partial y} \dfrac{\partial y}{\partial \xi} \\[3mm] \dfrac{\partial C}{\partial \eta} = \dfrac{\partial C}{\partial x} \dfrac{\partial x}{\partial \mu} + \dfrac{\partial C}{\partial y} \dfrac{\partial y}{\partial \eta} \end{cases} \qquad (9\text{-}14)$$

记

$$\boldsymbol{J} = \begin{bmatrix} \partial x / \partial \xi & \partial y / \partial \xi \\ \partial x / \partial \eta & \partial y / \partial \eta \end{bmatrix} \qquad (9\text{-}15)$$

称为雅可比矩阵。

由式（9-14）可解得

$$\begin{bmatrix} \partial C / \partial x \\ \partial C / \partial y \end{bmatrix} = \boldsymbol{J}^{-1} \begin{bmatrix} \partial C / \partial \xi \\ \partial C / \partial \eta \end{bmatrix} \qquad (9\text{-}16)$$

$\boldsymbol{J}$ 中的四个偏导数为

$$\begin{cases} \partial x / \partial \xi = (a_1 + A\eta)/4 \\ \partial y / \partial \xi = (a_2 + B\eta)/4 \\ \partial x / \partial \eta = (a_3 + A\eta)/4 \\ \partial y / \partial \eta = (a_4 + B\eta)/4 \end{cases} \qquad (9\text{-}17)$$

式（9-17）中

$$\begin{cases} a_1 = -x_i + x_j + x_k - x_m \\ a_2 = -y_i + y_j + y_k - y_m \\ a_3 = -x_i - x_j + x_k + x_m \\ a_4 = -y_i - y_j + y_k + y_m \\ A = x_i - x_j + x_k - x_m \\ B = y_i - y_j + y_k - y_m \end{cases} \qquad (9\text{-}18)$$

由此，式（9-15）的雅可比矩阵可写为

$$\boldsymbol{J} = \frac{1}{4}\begin{bmatrix} a_1 + A\eta & a_2 + B\eta \\ a_3 + A\xi & a_4 + B\xi \end{bmatrix} \tag{9-19}$$

则雅可比行列式为

$$|\boldsymbol{J}| = \frac{1}{16}\left[(a_1 a_4 - a_2 a_3) + (Ba_1 - Aa_2)\xi + (Aa_4 - Ba_3)\eta\right] \tag{9-20}$$

根据伴随矩阵的关系，求得雅可比矩阵的逆阵为

$$\boldsymbol{J}^{-1} = \frac{1}{4|\boldsymbol{J}|}\begin{bmatrix} a_4 + B\xi & -(a_2 + B\eta) \\ -(a_3 + A\xi) & a_1 + A\eta \end{bmatrix} \tag{9-21}$$

将式 (9-21) 代入式 (9-16) 求得偏导数 $\partial C / \partial x$ 和 $\partial C / \partial y$ 为

$$\begin{cases} \dfrac{\partial C}{\partial x} = \dfrac{1}{4|\boldsymbol{J}|}\left[(a_4 + B\xi)(b_2 + b_4\eta) - (a_2 + B\eta)(b_3 + b_4\xi)\right] \\ \dfrac{\partial C}{\partial y} = \dfrac{1}{4|\boldsymbol{J}|}\left[-(a_3 + A\xi)(b_2 + b_4\eta) + (a_1 + A\eta)(b_3 + b_4\xi)\right] \end{cases} \tag{9-22}$$

式 (9-22) 中

$$\begin{cases} b_1 = (C_i + C_j + C_k + C_m)/4 \\ b_2 = (-C_i + C_j + C_k - C_m)/4 \\ b_3 = (-C_i - C_j + C_k + C_m)/4 \\ b_4 = (C_i - C_j + C_k - C_m)/4 \end{cases} \tag{9-23}$$

根据式 (9-16) 的关系，可以得到

$$\begin{bmatrix} \partial H_l / \partial x \\ \partial H_l / \partial y \end{bmatrix} = \boldsymbol{J}^{-1}\begin{bmatrix} \partial H_l / \partial \xi \\ \partial H_l / \partial \eta \end{bmatrix} \qquad (l = i, j, k, m) \tag{9-24}$$

式 (9-24) 中

$$\begin{cases} H_i = (1-\xi)(1-\eta)/4 \\ H_j = (1+\xi)(1-\eta)/4 \\ H_k = (1+\xi)(1+\eta)/4 \\ H_m = (1-\xi)(1+\eta)/4 \end{cases} \tag{9-25}$$

由式 (9-24) 可得

$$\begin{cases} \dfrac{\partial H_l}{\partial x} = \dfrac{1}{4|\boldsymbol{J}|}\left[(a_4 + B\xi)\dfrac{\partial H_l}{\partial \xi} - (a_2 + B\eta)\dfrac{\partial H_l}{\partial \eta}\right] \\ \dfrac{\partial H_l}{\partial y} = \dfrac{1}{4|\boldsymbol{J}|}\left[-(a_3 + A\xi)\dfrac{\partial H_l}{\partial \xi} + (a_1 + A\eta)\dfrac{\partial H_l}{\partial \eta}\right] \end{cases} \tag{9-26}$$

记

$$\begin{cases} L_1 = a_1 + A\eta \\ L_2 = a_2 + B\eta \\ L_3 = a_3 + A\xi \\ L_4 = a_4 + B\xi \end{cases} \tag{9-27}$$

$$
\begin{cases}
M_1 = -L_3 \dfrac{\partial H_l}{\partial \xi} + L_1 \dfrac{\partial H_l}{\partial \eta} \\[3mm]
M_2 = L_4 \dfrac{\partial H_l}{\partial \xi} - L_2 \dfrac{\partial H_l}{\partial \eta}
\end{cases}
\tag{9-28}
$$

则式 (9-12) 中的稳态扩散项可以改写为

$$
\begin{aligned}
\frac{\partial J_1^e}{\partial C_l} &= \iint\limits_e \left[D \left(\frac{\partial W_l}{\partial x} \frac{\partial C}{\partial x} + \frac{\partial W_l}{\partial y} \frac{\partial C}{\partial y} \right) \right] \mathrm{d}x\,\mathrm{d}y \\
&= \int_{-1}^{1} \int_{-1}^{1} \mid \boldsymbol{J} \mid D \left(\frac{\partial H_l}{\partial x} \frac{\partial C}{\partial x} + \frac{\partial H_l}{\partial y} \frac{\partial C}{\partial y} \right) \mathrm{d}\xi\,\mathrm{d}\eta \\
&= \int_{-1}^{1} \int_{-1}^{1} \frac{D}{16 \mid \boldsymbol{J} \mid} \{ M_2 [L_4 (b_2 + b_4 \eta) - L_2 (b_3 + b_4 \xi)] \\
&\quad + M_1 [-L_3 (b_2 + b_4 \eta) + L_1 (b_3 + b_4 \xi)]\} \mathrm{d}\xi\,\mathrm{d}\eta \\
&= \int_{-1}^{1} \int_{-1}^{1} \frac{D}{16 \mid \boldsymbol{J} \mid} [(M_2 L_4 - M_1 L_3)(b_2 + b_4 \eta) \\
&\quad + (M_1 L_1 - M_2 L_2)(b_3 + b_4 \xi)] \mathrm{d}\xi\,\mathrm{d}\eta
\end{aligned}
\tag{9-29}
$$

设

$$
\begin{cases}
D_1 = M_1 L_1 - M_2 L_2 \\
D_2 = M_2 L_4 - M_1 L_3
\end{cases}
\tag{9-30}
$$

并把式 (9-23) 中的 b_i 值代入式 (9-29)，然后用式 (9-30) 化简可得

$$
\begin{aligned}
\frac{\partial J_1^e}{\partial C_l} &= \int_{-1}^{1} \int_{-1}^{1} \frac{D}{64 \mid \boldsymbol{J} \mid} \{ [D_2 (\eta - 1) + D_1 (\xi - 1)] C_i + [D_2 (1 - \eta) - D_1 (1 + \xi)] C_j \\
&\quad + [D_2 (\eta + 1) + D_1 (\xi + 1)] C_k + [-D_2 (1 + \eta) + D_1 (1 - \xi)] C_m \} \mathrm{d}\xi\,\mathrm{d}\eta \\
&= \int_{-1}^{1} \int_{-1}^{1} \frac{D}{16 \mid \boldsymbol{J} \mid} \left[\left(D_2 \frac{\partial H_i}{\partial \xi} + D_1 \frac{\partial H_i}{\partial \eta} \right) C_i + \left(D_2 \frac{\partial H_j}{\partial \xi} + D_1 \frac{\partial H_j}{\partial \eta} \right) C_j \right. \\
&\quad \left. + \left(D_2 \frac{\partial H_k}{\partial \xi} + D_1 \frac{\partial H_k}{\partial \eta} \right) C_k + \left(D_2 \frac{\partial H_m}{\partial \xi} + D_1 \frac{\partial H_m}{\partial \eta} \right) C_m \right] \mathrm{d}\xi\,\mathrm{d}\eta \\
&\quad (l = i, j, k, m)
\end{aligned}
\tag{9-31}
$$

把式 (9-31) 写成矩阵形式，可得

$$
\begin{bmatrix}
\partial J_1^e / \partial C_i \\
\partial J_1^e / \partial C_j \\
\partial J_1^e / \partial C_k \\
\partial J_1^e / \partial C_m
\end{bmatrix}
=
\begin{bmatrix}
k_{ii} & k_{ij} & k_{ik} & k_{im} \\
k_{ji} & k_{jj} & k_{jk} & k_{jm} \\
k_{ki} & k_{kj} & k_{kk} & k_{km} \\
k_{mi} & k_{mj} & k_{mi} & k_{mm}
\end{bmatrix}
\begin{bmatrix}
C_i \\
C_j \\
C_k \\
C_m
\end{bmatrix}
\tag{9-32}
$$

式 (9-32) 中，矩阵元素 $k_{l,n}$ 根据式 (9-31) 的计算结果可以写成

$$
k_{l,n} = \int_{-1}^{1} \int_{-1}^{1} \frac{D}{16 \mid \boldsymbol{J} \mid} \left(D_2 \frac{\partial H_n}{\partial \xi} + D_1 \frac{\partial H_n}{\partial \eta} \right) \mathrm{d}\xi\,\mathrm{d}\eta \qquad (l, n = i, j, k, m)
\tag{9-33}
$$

将式 (9-28) 和式 (9-30) 中的 D_i 和 M_i 等简写符代入式 (9-33)，得

$$
\begin{aligned}
k_{l,n} &= \int_{-1}^{1} \int_{-1}^{1} \frac{D}{16 \mid \boldsymbol{J} \mid} \left[(M_2 L_4 - M_1 L_3) \frac{\partial H_n}{\partial \xi} + (M_1 L_1 - M_2 L_2) \frac{\partial H_n}{\partial \eta} \right] \mathrm{d}\xi\,\mathrm{d}\eta \\
&= \int_{-1}^{1} \int_{-1}^{1} \frac{D}{16 \mid \boldsymbol{J} \mid} \left\{ \left[L_4 \left(L_4 \frac{\partial H_l}{\partial \xi} - L_2 \frac{\partial H_l}{\partial \eta} \right) - L_3 \left(-L_3 \frac{\partial H_l}{\partial \xi} + L_1 \frac{\partial H_l}{\partial \eta} \right) \right] \frac{\partial H_n}{\partial \xi} \right.
\end{aligned}
$$

$$+ \left[L_1 \left(-L_3 \frac{\partial H_l}{\partial \xi} + L_1 \frac{\partial H_l}{\partial \eta} \right) - L_2 \left(L_4 \frac{\partial H_l}{\partial \xi} + L_2 \frac{\partial H_l}{\partial \eta} \right) \right] \frac{\partial H_n}{\partial \eta} \right\} \mathrm{d}\xi \mathrm{d}\eta$$

$$= \int_{-1}^{1} \int_{-1}^{1} \frac{D}{16 \mid \boldsymbol{J} \mid} \left[\left(L_1 \frac{\partial H_l}{\partial \eta} - L_3 \frac{\partial H_l}{\partial \xi} \right) \left(L_1 \frac{\partial H_n}{\partial \eta} - L_3 \frac{\partial H_n}{\partial \xi} \right) \right.$$

$$\left. + \left(L_2 \frac{\partial H_l}{\partial \eta} - L_4 \frac{\partial H_l}{\partial \xi} \right) \left(L_2 \frac{\partial H_n}{\partial \eta} - L_4 \frac{\partial H_n}{\partial \xi} \right) \right] \mathrm{d}\xi \mathrm{d}\eta \tag{9-34}$$

设

$$\begin{cases} E_l = L_1 \partial H_l / \partial \eta - L_3 \partial H_l / \partial \xi \\ E_n = L_1 \partial H_n / \partial \eta - L_3 \partial H_n / \partial \xi \\ F_l = L_2 \partial H_l / \partial \eta - L_4 \partial H_l / \partial \xi \\ F_n = L_2 \partial H_n / \partial \eta - L_4 \partial H_n / \partial \xi \end{cases} \tag{9-35}$$

则式（9-34）可写成

$$k_{l,n} = \int_{-1}^{1} \int_{-1}^{1} \frac{D}{16 \mid \boldsymbol{J} \mid} (E_l E_n + F_l F_n) \mathrm{d}\xi \mathrm{d}\eta \qquad (l,n=i,j,k,m) \tag{9-36}$$

式（9-36）中，E_l，E_n，F_l，F_n，$\mid \boldsymbol{J} \mid$ 均为（ξ，η）的函数，并与节点的坐标有关。

对于式（9-12）中的非稳态扩散项，可以表示为

$$\frac{\partial J_2^e}{\partial C_l} = \iint_e H_l \frac{\partial C}{\partial t} \mathrm{d}x \mathrm{d}y = \int_{-1}^{1} \int_{-1}^{1} H_l \mid \boldsymbol{J} \mid \frac{\partial C}{\partial t} \mathrm{d}\xi \mathrm{d}\eta$$

$$= \int_{-1}^{1} \int_{-1}^{1} \mid \boldsymbol{J} \mid H_l \left(H_i \frac{\partial C_i}{\partial t} + H_j \frac{\partial C_j}{\partial t} + H_k \frac{\partial C_k}{\partial t} + H_m \frac{\partial C_m}{\partial t} \right) \mathrm{d}\xi \mathrm{d}\eta$$

$$(l=i,j,k,m) \tag{9-37}$$

把式（9-37）写成矩阵形式，可得

$$\begin{bmatrix} \partial J_2^e / \partial C_i \\ \partial J_2^e / \partial C_j \\ \partial J_2^e / \partial C_k \\ \partial J_2^e / \partial C_m \end{bmatrix} = \begin{bmatrix} n_{ii} & n_{ij} & n_{ik} & n_{im} \\ n_{ji} & n_{jj} & n_{jk} & n_{jm} \\ n_{ki} & n_{kj} & n_{kk} & n_{km} \\ n_{mi} & n_{mj} & n_{mk} & n_{mm} \end{bmatrix} \begin{bmatrix} \partial C_i / \partial t \\ \partial C_j / \partial t \\ \partial C_k / \partial t \\ \partial C_m / \partial t \end{bmatrix} \tag{9-38}$$

式（9-38）中，矩阵元素 $n_{l,n}$ 根据式（9-37）的计算结果可以写成

$$n_{l,n} = \int_{-1}^{1} \int_{-1}^{1} \mid \boldsymbol{J} \mid H_l H_n \mathrm{d}\xi \mathrm{d}\eta \qquad (l,n=i,j,k,m) \tag{9-39}$$

对于渗碳边界条件，假若四边形单元的 km 边处于区域边界上，则边界条件对单元节点 i 和 j 无贡献。边界条件对右端向量 $\mathbf{P}^e$ 中 $\boldsymbol{p}_k$ 和 p_m 的贡献均为

$$\beta C_g \sqrt{(x_k - x_m)^2 + (y_k - y_m)^2} / 2 \tag{9-40}$$

对于 k_{kk} 和 k_{mm} 的贡献均为

$$\beta \sqrt{(x_k - x_m)^2 + (y_k - y_m)^2} / 3 \tag{9-41}$$

对于 k_{km} 和 k_{mk} 的贡献均为

$$\beta \sqrt{(x_k - x_m)^2 + (y_k - y_m)^2} / 6 \tag{9-42}$$

把式（9-32）、式（9-38）、式（9-40）、式（9-41）和式（9-42）结合在一起，式（9-12）

可用矩阵形式表示为

$$
\begin{bmatrix}
\partial J^e / \partial C_i \\
\partial J^e / \partial C_j \\
\partial J^e / \partial C_k \\
\partial J^e / \partial C_m
\end{bmatrix}
=
\begin{bmatrix}
k_{ii} & k_{ij} & k_{ik} & k_{im} \\
k_{ji} & k_{jj} & k_{jk} & k_{jm} \\
k_{ki} & k_{kj} & k_{kk} & k_{km} \\
k_{mi} & k_{mj} & k_{mk} & k_{mm}
\end{bmatrix}
\begin{bmatrix}
C_i \\
C_j \\
C_k \\
C_m
\end{bmatrix}
+
\begin{bmatrix}
n_{ii} & n_{ij} & n_{ik} & n_{im} \\
n_{ji} & n_{jj} & n_{jk} & n_{jm} \\
n_{ki} & n_{kj} & n_{kk} & n_{km} \\
n_{mi} & n_{mj} & n_{mk} & n_{mm}
\end{bmatrix}
\begin{bmatrix}
\partial C_i / \partial t \\
\partial C_j / \partial t \\
\partial C_k / \partial t \\
\partial C_m / \partial t
\end{bmatrix}
- \boldsymbol{P}^e
\tag{9-43}
$$

或

$$
\left(\frac{\partial J}{\partial C} \right)^e = \boldsymbol{K}^e \boldsymbol{C} + \boldsymbol{N}^e \, \frac{\partial \boldsymbol{C}^e}{\partial t} - \boldsymbol{P}^e
\tag{9-44}
$$

式（9-43）和式（9-44）是对某个单元的代数方程，把所有节点的代数方程按照规则集成在一起，得到所有节点的总体方程，用矩阵表示为

$$
\begin{bmatrix}
k_{11} & k_{12} & \cdots & k_{1n} \\
k_{21} & k_{22} & \cdots & k_{2n} \\
\cdots & \cdots & \cdots & \cdots \\
k_{n1} & k_{n2} & \cdots & k_{nn}
\end{bmatrix}
\begin{bmatrix}
C_1 \\
C_2 \\
\cdots \\
C_n
\end{bmatrix}
+
\begin{bmatrix}
n_{11} & n_{12} & \cdots & n_{1n} \\
n_{21} & n_{22} & \cdots & n_{2n} \\
\cdots & \cdots & \cdots & \cdots \\
n_{n1} & n_{n2} & \cdots & n_{nn}
\end{bmatrix}
\begin{bmatrix}
\partial C_1 / \partial t \\
\partial C_2 / \partial t \\
\cdots \\
\partial C_n / \partial t
\end{bmatrix}
=
\begin{bmatrix}
P_1 \\
P_2 \\
\cdots \\
P_n
\end{bmatrix}
\tag{9-45}
$$

或简写为

$$
\boldsymbol{K}\boldsymbol{C} + \boldsymbol{N} \, \frac{\partial \boldsymbol{C}}{\partial t} = \boldsymbol{P}
\tag{9-46}
$$

式（9-46）中，系数矩阵 $\boldsymbol{K}$ 称为浓度场刚度矩阵，系数矩阵 $\boldsymbol{N}$ 称为瞬态扩散矩阵，$\boldsymbol{C}$ 是未知浓度的列向量，$\boldsymbol{P}$ 为等式右端项组成的列向量，t 为时间。

9.3　轴对称瞬态浓度场的有限元法

对于轴对称瞬态浓度场，应用加权余法中的 Galerkin 法可得

$$
J[C(r,z,t)] = \iint_V W_l \left[Dr \left(\frac{\partial^2 C}{\partial r^2} + \frac{\partial^2 C}{\partial z^2} \right) - r \, \frac{\partial C}{\partial t} \right] \mathrm{d}r\,\mathrm{d}z = 0
$$
$$
(l = 1,2,3,\cdots,n)
\tag{9-47}
$$

式（9-47）中，V 为浓度场的定义域，W_l 为加权函数。运用跟平面问题浓度场同样的变分过程可得到

$$
\frac{\partial J}{\partial C_l} = \iint_V \left[Dr \left(\frac{\partial W_l}{\partial r} \, \frac{\partial C}{\partial r} + \frac{\partial W_l}{\partial z} \, \frac{\partial C}{\partial z} \right) + W_l \, \frac{\partial C}{\partial t} \right] \mathrm{d}r\,\mathrm{d}z
$$
$$
- \oint_\Gamma Dr W_l \, \frac{\partial C}{\partial n} \mathrm{d}s = 0 \qquad (l = 1,2,3,\cdots,n)
\tag{9-48}
$$

式（9-48）就是轴对称问题浓度场有限元法计算的基本方程。

对于四边形等参单元，式（9-48）可改写为

$$
\frac{\partial J^e}{\partial C_l} = \iint_e \left[Dr \left(\frac{\partial W_l}{\partial z} \, \frac{\partial C}{\partial z} + \frac{\partial W_l}{\partial r} \, \frac{\partial C}{\partial r} + \frac{\partial C}{\partial r} \right) + W_l r \, \frac{\partial C}{\partial t} \right] \mathrm{d}r\,\mathrm{d}z
$$

$$-\int_{\Gamma_e} DW_l r \frac{\partial C}{\partial n} ds \qquad (l=i,j,k,m) \tag{9-49}$$

与式（9-12）相比，各积分项均多了一个乘子 r。

$$r = H_i r_i + H_j r_j + H_k r_k + H_m r_m \tag{9-50}$$

相应于式（9-33）、式（9-36），可得以下等式

$$k_{l,n} = \int_{-1}^{1}\int_{-1}^{1} \frac{D}{16|\boldsymbol{J}|}(H_i r_i + H_j r_j + H_k r_k + H_m r_m)(E_l E_n + F_l F_n)\mathrm{d}\xi\mathrm{d}\eta$$

$$(l,n=i,j,k,m) \tag{9-51}$$

$$n_{l,n} = \int_{-1}^{1}\int_{-1}^{1} |\boldsymbol{J}| H_l H_n(H_i r_i + H_j r_j + H_k r_k + H_m r_m)\mathrm{d}\xi\mathrm{d}\eta$$

$$(l,n=i,j,k,m) \tag{9-52}$$

对于边界条件，假若四边形单元的 km 边处于区域边界上，则边界条件对单元节点 i 和 j 无贡献。边界条件对 p_k 的贡献为

$$\frac{\beta C_g}{3}\sqrt{(r_k-r_m)^2 + (z_k-z_m)^2}\left(r_k + \frac{r_m}{2}\right) \tag{9-53}$$

对 p_m 的贡献为

$$\frac{\beta C_g}{3}\sqrt{(r_k-r_m)^2 + (z_k-z_m)^2}\left(r_m + \frac{r_k}{2}\right) \tag{9-54}$$

对于 k_{kk} 的贡献为

$$\frac{\beta}{4}\sqrt{(r_k-r_m)^2 + (z_k-z_m)^2}\left(r_k + \frac{r_m}{3}\right) \tag{9-55}$$

对于 k_{mm} 的贡献为

$$\frac{\beta}{4}\sqrt{(r_k-r_m)^2 + (z_k-z_m)^2}\left(r_m + \frac{r_k}{3}\right) \tag{9-56}$$

对于 k_{km} 和 k_{mk} 的贡献均为

$$\frac{\beta}{12}\sqrt{(r_k-r_m)^2 + (z_k-z_m)^2}(r_k + r_m) \tag{9-57}$$

对于轴对称瞬态浓度场，把所有节点的代数方程按照规则集成在一起，得到所有节点的总体方程，其形式与平面瞬态浓度场的形式相同，也可用矩阵表示为式（9-45）或式（9-46）的形式。因而在用有限元方法编写浓度场求解程序时，可以通过相同的程序求解，但二者的浓度场刚度矩阵、瞬态扩散矩阵及右端列向量不同。

9.4　有限差分法

式（9-46）中含有浓度场对时间的偏微分项（瞬态项），可用有限差分法将对时间的偏微分替换为差分格式。根据有限差分法的定义，二点差分格式可以写成如下的形式

$$\alpha\left(\frac{\partial \boldsymbol{C}}{\partial t}\right)_t + (1-\alpha)\left(\frac{\partial \boldsymbol{C}}{\partial t}\right)_{t-\Delta t} = \frac{1}{\Delta t}(\boldsymbol{C}_t - \boldsymbol{C}_{t-\Delta t}) \tag{9-58}$$

式（9-58）中，当 $\alpha=1$ 时是向后差分，当 $\alpha=0$ 时是向前差分，当 $\alpha=1/2$ 时是

Crank-Nicolson 格式，当 $\alpha=2/3$ 时是 Galerkin 格式，其中 C-N 格式和 G 格式都有较高的计算精度，而且无条件稳定。

根据式（9-46），写出 t 时刻和 $t-\Delta t$ 时刻的关系式为

$$\begin{cases} KC_t + N\left(\dfrac{\partial C}{\partial t}\right)_t = P_t \\ KC_{t-\Delta t} + N\left(\dfrac{\partial C}{\partial t}\right)_{t-\Delta t} = P_{t-\Delta t} \end{cases} \tag{9-59}$$

把式（9-59）代入式（9-58），对于向前差分，整理后得

$$\left(K + \frac{N}{\Delta t}\right)C_t = P_t + \frac{N}{\Delta t}C_{t-\Delta t} \tag{9-60}$$

对于 Crank-Nicolson 格式，整理后得

$$\left(K + \frac{2N}{\Delta t}\right)C_t = (P_t + P_{t-\Delta t}) + \left(\frac{2N}{\Delta t} - K\right)C_{t-\Delta t} \tag{9-61}$$

对于 Galerkin 格式，整理后得

$$\left(2K + \frac{3N}{\Delta t}\right)C_t = (2P_t + P_{t-\Delta t}) + \left(\frac{3N}{\Delta t} - K\right)C_{t-\Delta t} \tag{9-62}$$

对于渗碳的零件，虽然初始碳浓度均匀，但渗碳开始后，零件各部分碳浓度分布差异极大。另外，在渗碳过程中，碳传递系数和碳扩散系数等热物性参数随渗碳温度和碳含量的变化而改变，因而在模拟过程中易造成数据振荡现象。为了解决碳浓度求解时的数值振荡问题，可使用局部网格细化法和集中参数法。其中，集中参数法是将单元瞬态扩散矩阵的同行或同列元素相加，代替对角线元素，新的瞬态扩散矩阵只有对角线元素有值，其余元素均为零。对于四边形等参单元，可以描述为以下形式

$$\begin{bmatrix} c_{ii} & c_{ij} & c_{ik} & c_{im} \\ c_{ji} & c_{jj} & c_{jk} & c_{jm} \\ c_{ki} & c_{kj} & c_{kk} & c_{km} \\ c_{mi} & c_{mj} & c_{mk} & c_{mm} \end{bmatrix}$$

$$= \begin{bmatrix} c_{ii}+c_{ij}+c_{ik}+c_{im} & 0 & 0 & 0 \\ 0 & c_{ji}+c_{jj}+c_{jk}+c_{jm} & 0 & 0 \\ 0 & 0 & c_{ki}+c_{kj}+c_{kk}+c_{km} & 0 \\ 0 & 0 & 0 & c_{mi}+c_{mj}+c_{mk}+c_{mm} \end{bmatrix}$$

$$\tag{9-63}$$

渗碳过程只发生在零件表面数毫米之内，渗碳零件各部分的碳浓度差异较大。为了保证计算结果的正确性及避免产生数值振荡，对于表层区域进行局部网格细化；为了节约计算时间，对于碳浓度没有变化的内部区域，有限元网格划分得稍微大些。

9.5 有限元模拟程序的实验验证

为了检验有限元模拟程序的准确性，通过直齿圆柱齿轮渗碳和圆柱体渗碳实验与有限元模拟结果展开对比。

9.5.1 圆柱体的实验与模拟

如图 9-1（a）所示，直径为 38.1mm，长度为 80mm 的钢棒，钢棒的初始碳含量为 0.20％，置于碳含量为 0.75％的气氛中渗碳，渗碳温度为 1173K。分别在渗碳 4h、8h、16h 后测量相应试样中间截面沿径向 OA 的碳含量，实验测量结果如图 9-2 中的数据点所示。由于该钢棒具有轴对称的性质，在用有限元法模拟渗碳过程时将其简化为轴对称问题，简化后的有限元模型如图 9-1（b）所示。有限元模型中包括 192 个单元和 225 个节点，箭头表示零件与气氛的碳交换边界。

模拟过程中，碳扩散系数

$$D=(0.07+0.06C)\exp(-Q/RT) \qquad (9\text{-}64)$$

碳传递系数

$$\beta=0.0437\exp(-E/RT) \qquad (9\text{-}65)$$

其中扩散能 $Q=137800\text{J/mol}$，理想气体常数 $R=8.314\text{J/(mol·K)}$，激活能 $E=7995\text{J/mol}$，T 为渗碳温度。模拟得到的相应位置碳含量如图 9-2 中的实线所示。对比图 9-2 中的实验测量值与模拟值可以看出，有限元方法的模拟结果与实验测量结果吻合得较好。

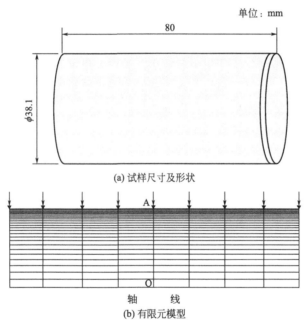

(a) 试样尺寸及形状

(b) 有限元模型

图 9-1　试样的尺寸及有限元模型

9.5.2 齿轮的实验与模拟

齿轮的主要参数为：模数 2.25，齿数 24，压力角 27°，中间孔径 35.4mm，齿根圆角 0.5mm，材料成分如表 9-1 所示。在渗碳和淬火过程中，碳势及渗碳温度随时间的变化曲线如图 9-3 所示。齿轮放置在 RX 气氛中，渗碳总时间为 360min，渗碳后的零件在 60℃油中淬火。该渗碳工艺由排气、强烈渗碳、扩散等几个阶段组成，其中 0～120min 属于排气阶段，120～180min 属于强烈渗碳阶段，180～360min 属于扩散及降温阶段。

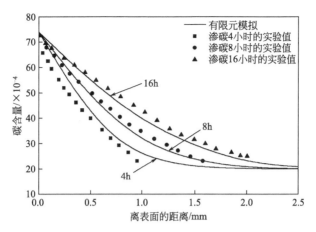

图 9-2　碳含量的测量与模拟结果

表 9-1　齿轮的化学成分

成分	C	Si	Mn	Cu	Ni	Cr	Mo
质量分数/%	0.18	0.20	0.79	0.13	0.07	0.93	0.15

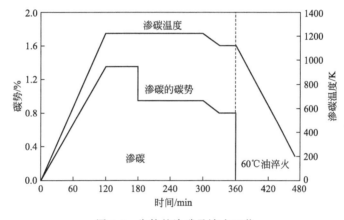

图 9-3　齿轮的渗碳及淬火工艺

按照图 9-3 中所示的渗碳工艺对齿轮进行渗碳后，用电子探针 X 射线微区分析仪（EPMA）沿齿顶与齿轮中心方向和沿齿根与齿轮中心方向测量相应位置的碳含量，实验测量结果如图 9-4 中的数据点所示。

在有限元建模过程中，考虑到齿轮的对称性，只取齿形的一半作为有限元模拟的对象，划分的有限元网格如图 9-5（a）所示。有限元网格中包括 618 个四节点等参单元，681 个节点，按图 9-3 所示的渗碳工艺进行模拟。

碳扩散系数

$$D = (0.07 + 0.06C)\exp(-Q/RT) \tag{9-66}$$

碳传递系数

$$\beta = 0.0437\exp(-E/RT) \tag{9-67}$$

其中扩散能 $Q = 137800\text{J/mol}$，理想气体常数 $R = 8.314\text{J/(mol·K)}$，激活能 $E = 7995\text{J/mol}$，T 为渗碳温度。沿齿顶与齿轮中心方向和沿齿根与齿轮中心方向，模拟得到的相应位置碳含量如图 9-4 中的实线所示。对比图 9-4 中的测量值与模拟值可以看出，有限元方法的模拟结果与实验测量结果吻合得较好。排气、强烈渗碳后的碳含量分布如图 9-5 （b）所示，渗碳层扩散后的碳含量分布如图 9-5 （c）和图 9-5 （d）所示。从图 9-5 中可以看出，强烈渗碳后齿轮表层（0.1mm）的碳含量超过了 1.157％，含碳量超过 0.193％渗碳层的厚度在 0.86～1.39mm 之间，而且不同渗碳层的碳含量差别较大；经 3h 的扩散渗碳后，渗碳层的厚度加大，各层之间的碳含量的差别变小，表层的碳含量降低，表层（0.15～0.4mm）的碳含量超过 0.74％，碳含量超过 0.191％渗碳层的厚度在 2.2～2.5mm 之间。

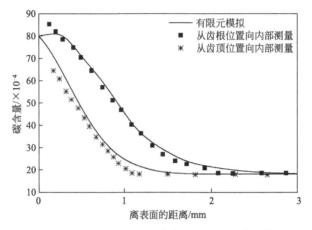

图 9-4　沿齿根和齿顶方向碳含量的测量与模拟结果

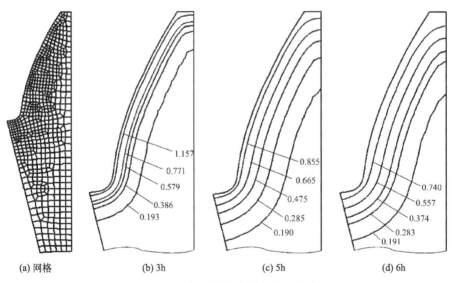

图 9-5　有限元网格及碳含量等值线

　　渗碳层深度（碳含量为 0.3％的位置）是确定渗碳工艺的一个重要参数。为了分析渗碳层深度在渗碳过程中的变化，分别模拟渗碳层深度在强渗期和扩散期内的变化。在如图 9-6 所示的齿顶和齿面位置，渗碳层深度随渗碳时间的变化曲线如图 9-6 所示。

　　为分析渗碳工件几何形状对碳浓度分布影响及工件表面碳浓度变化，取图齿顶圆角、啮合点、齿根圆角三点进行分析，三点的碳含量在渗碳过程中随渗碳时间的变化曲线如图 9-7 （距离齿表面 0.12mm 处碳含量的变化曲线）所示。由图 9-7 可以看出，在排气阶

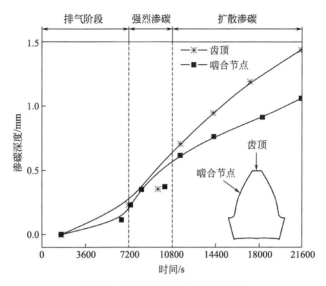

图 9-6　渗碳层深度随时间的变化

段，零件几何形状对碳含量的分布基本上没有影响；在强烈渗碳和扩散渗碳阶段，几何形状对碳浓度分布变化有影响，即齿顶拐点的碳浓度升高最快、碳浓度值最高，齿根点的碳浓度升高最慢，碳浓度值最低。在强烈渗碳阶段，工件表面的碳浓度值不断增大，这是因为 RX 气氛炉中的碳原子传递至工件表面并向工件内部扩散；在扩散渗碳阶段，RX 气氛炉中的碳势降低，齿轮表面处的碳原子向 RX 气氛炉及零件内部区域扩散，表面碳浓度值则不断降低。由图 9-7 结果可知，工件表层附近的碳浓度值，在强渗期内不断增大；而在扩散期内，由于炉中碳势的降低及碳原子向工件内部扩散，浓度值则不断降低。对于渗碳层内部，由于在渗碳期内，不断有表层部位的碳原子向其扩散，所以碳浓度值一直升高。

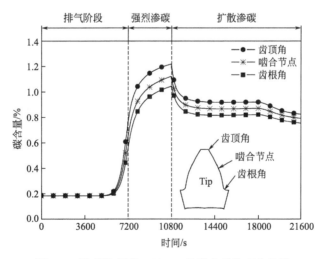

图 9-7　距离齿表面 0.12mm 处碳含量的变化曲线

在强烈渗碳和扩散渗碳后，沿零件 AO 方向（如图 9-8 中所示的径向）的碳含量分布如图 9-8 所示。在强烈渗碳结束后，零件表层的碳含量较高，碳含量分布曲线的斜率较大；在扩散渗碳结束后，零件表层的碳含量降低，碳含量分布曲线的斜率变缓。为了解释这种现象，分别在沿 AO 方向距离齿顶表面 0.12mm、0.23mm、0.95mm 处取三点，并记录这三点的碳含量随渗碳时间的变化曲线如图 9-9 所示。在强烈渗碳阶段,靠近零件表面区域的碳含量持续上升,直到表层处的碳含量接近 RX 气氛炉的碳势,但是在距离齿顶表面较远的内部区域,由于碳原子扩散速度较慢,此处的碳含量较低。在扩散渗碳阶段,由于 RX 气氛炉的碳势降低,齿轮表层的碳势高于 RX 气氛炉的碳势和零件内部区域的碳势,表层的碳原子向 RX 气氛炉和零件内部区域扩散,齿轮表层区域的碳含量降低,零件内部区域的碳含量持续上升,直到表层区域的碳势与 RX 气氛炉的碳势相近。

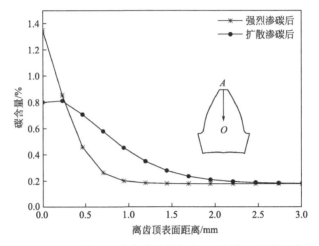

图 9-8 强烈渗碳和扩散渗碳后距离表面不同位置处的碳含量

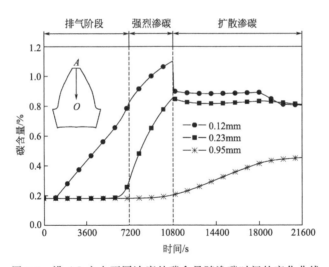

图 9-9 沿 AO 方向不同浓度处碳含量随渗碳时间的变化曲线

附录
工程数据的计算机处理

Excel 软件的常用函数	1.条件判断：＝IF(判断语句,判断成立时的输出,判断不成立时的输出)
	2.矩阵求逆函数：Minverse()
	3.矩阵相乘函数：Mmult()
	4.综合回归分析函数：LINEST()
	5.线性回归参数函数：SLOPE()和INTERCEPT()
	6.线性回归检验类函数：RSQ()和STEYX()
Origin 软件的常用功能	1.二维图形的操作
	2.三维图形的操作
	3.图形的输出和利用
	4.数据回归分析
	5.数学运算
扫描二维码学习工程数据的计算机处理方法	

参 考 文 献

[1] 许并社.材料科学概论 [M].北京：北京工业大学出版社，2002.

[2] 杜彦良，张光磊.现代材料概论 [M].重庆：重庆大学出版社，2009.

[3] 康涵俊.超级计算机在人类生活中的应用 [J].科学与信息化，2017（36）：30-31.

[4] 许鑫华，叶卫平.计算机在材料科学中的应用 [M].北京：机械工业出版社，2015.

[5] 李辉平，贺连芳.热处理工艺数值模拟技术 [M].北京：化学工业出版社，2017.

[6] 赵振业，潘健生.中国热处理与表层改性技术路线图 [M].北京：中国工程院《中国热处理与表层改性技术路线图》项目组，2013.

[7] Inoue T，Wang Z. Coupling between stress，temperature，and metallic structures during processes including creep and phase changes [J]. Computers & Structures，1981，13：771-779.

[8] Denis S，Simon A，Beck G. 钢马氏体淬火过程中的热力学行为分析及内应力计算 [C].第三届国际材料热处理大会论文选集.北京：机械工业出版社，1985.

[9] Kranjc M，Zupanic A，Miklavcic D，et al. Numerical analysis and thermographic investigation of induction heating [J]. International Journal of Heat and Mass Transfer，2010，53（17-18）：3585-3591.

[10] Inoue T，Funatani K，Totten GE. Process modeling for heat treatment：current status and future developments [J]. Journal of Shanghai Jiaotong University，2000，5（1）：14-25.

[11] Li Y，Pan J，Zhang W. Numerical simulation on thermal stress of large-scale bearing roller during heating process of final heat treatment [J]. Journal of Shanghai Jiaotong University，2000，5（1）：347-350.

[12] Pan J，Li Y，Li D. Application of computer simulation on heat treatment process of a large-scale bearing roller [C]. Proceedings of the 12th International Federation of Heat Treatment and Surface Engineering Congress，Australia，2000.

[13] 李勇军，潘健生，顾剑锋.70Cr3Mo 钢大型支承辊淬火加热计算机模拟 [J].金属热处理，2000（9）：34-35.

[14] 杨世铭，陶文铨.传热学 [M].北京：高等教育出版社，1998.

[15] 杨世铭.传热学基础 [M].北京：高等教育出版社，2003.

[16] 许建强，李俊玲.数学建模及其应用 [M].上海：上海交通大学出版社，2018.

[17] 王海.数学建模典型应用案例及理论分析 [M].上海：上海科学技术出版社，2020.

[18] 赵静，但琦.数学建模与数学实验 [M].4 版.北京：高等教育出版社，2014.

[19] 孙庆新.数值分析 [M].沈阳：东北大学出版社，1990.

[20] 同济大学计算数学教研室.数值分析基础 [M].上海：同济大学出版社，1998.

[21] 俞昌铭.热传导及其数值分析 [M].北京：清华大学出版社，1981.

[22] 张文生.科学计算中的偏微分方程有限差分方法 [M].北京：高等教育出版社，2006.

[23] 陶文铨.数值传热学 [M].西安：西安交通大学出版社，2006.

[24] 纪克宁，杜伟伟，杜苹苹.Excel 表格的基本操作 [M].成都：电子科技大学出版社，2014.

[25] 杨雷，李贵鹏.Excel 入门与实践 [M].北京：北京邮电大学出版社，2014.

[26] 陆文瑞.微分方程中的变分方法（修订版）[M].北京：科学出版社，2021.

[27] 徐建平，桂子鹏.变分方法 [M].上海：同济大学出版社，1999.

[28] 甘舜仙.有限元技术与程序 [M].北京：北京理工大学出版社，1988.

[29] 薛守义.有限单元法 [M].北京：中国建筑工业出版社，2005.

[30] 孔祥谦.有限单元法在传热学中的应用 [M].3 版.北京：科学出版社，1998.

[31] 翁荣周.传热学的有限元方法 [M].广州：暨南大学出版社，2000.

[32] 刘庄，吴肇基，吴景之，等.热处理过程的数值模拟 [M].北京：科学出版社，1996.

[33] 林慧国，傅代直.钢的奥氏体转变曲线原理、测试与应用 [M].北京：机械工业出版社，1988.

[34] 闫野.精密滚珠丝杠表面感应加热淬火工艺研究 [D].济南：山东大学，2015.

［35］李辉平.淬火过程有限元模拟关键技术及工艺参数优化的研究［D］.济南：山东大学，2005.

［36］徐祖耀.马氏体相变与马氏体［M］.2 版.北京：科学出版社，1999.

［37］方鸿生，王家军，杨志刚，等.贝氏体相变［M］.北京：科学出版社，1999.

［38］Greenwood G W，Johnson R H. The deformation of metals under small stresses during phase transformation［C］. Proceedings of the Royal Society of London，Series A，Mathematical and Physical Sciences，1965.

［39］Fletcher A J. Themal stress and strain generation in heat treatment［M］. New York：Elsevier Science Publishes LTD，1989.

［40］张锐.淬火过程数值模拟中应力和相变相互作用的研究［D］.北京：清华大学，1994.

［41］Leblond J B，Devaux J，Devaux JC. Mathematical modelling of transformation plasticity in steels -Ⅱ. coupling with strain hardening phenomena［J］. International Journal of Plasticity，1989，5（6）：573-591.

［42］许学军，刘庄，吴肇基，等.应力与相变相互作用对马氏体淬火残余应力的影响［J］.塑性工程学报，1996，3（2）：59-65.

［43］Tsuchida N，Tomota Y. A micromechanic modeling for transformation induced plasticity in steels［J］. Materials science and Engineering，2000，A285：345-352.

［44］Maynier P，Dollet J，Bastien P. Hardenability concepts with applications to steels［M］. New York：AIME，1978.

［45］胡汉起.金属凝固原理［M］.北京：机械工业出版社，2010.

［46］葛列里克 SS.金属和合金的再结晶［M］.北京：机械工业出版社，1985.

［47］张继祥.基于 Monte Carlo 方法的材料退火过程模拟模型及计算机仿真关键技术研究［D］.济南：山东大学，2006.

［48］毛卫民，赵新兵.金属的再结晶与晶粒长大［M］.北京：冶金工业出版社，1994.

［49］陈文雄.单相和双相合金热变形及再结晶行为的微观机理研究［D］.合肥：中国科学技术大学，2020.

［50］Humphreys J，Rohrer G S，Rollett A. Recrystallization and related annealing phenomena（3rd edition）［M］. Elsevier，2017.

［51］Wang X，Brünger E，Gottstein G. Microstructure characterization and dynamic recrystallization in an Alloy 800H［J］. Materials Science & Engineering A，2000，290（1-2）：180-185.

［52］金妙，杨丽，苏航，等.数值模拟钢中奥氏体晶粒尺寸的方法及其进展和应用［J］.热处理，2021，36（1）：27-33.

［53］杨慧.基于 Monte Carlo 法的 B1500HS 钢奥氏体晶粒数值模拟及实验研究［D］.青岛：山东科技大学，2017.

［54］Du S，Li Y，Zheng Y. Kinetics of austenite grain growth during heating and its influence on hot deformation of LZ50 steel［J］. Material Engineering and Performance，2016，25（7）：2661-2669.

［55］Maalekian M，Radis R，Militzer M，et al. In situ measurement and modelling of austenite grain growth in a Ti-Nb micro alloyed steel［J］. Acta Material，2012，60（3）：1015-1026.

［56］胡赓祥，蔡珣，戎咏华.材料科学基础（第三版）［M］.上海：上海交通大学出版社，2010.

［57］Humphreys F J. Nucleation in recrystallization［J］. Materials Science Forum，2004（467-470）：107-116.

［58］张继祥，杨钢，钟厉.金属再结晶 Monte Carlo Potts 模拟新模型［J］.重庆：重庆交通大学学报，2009，28（4）：789-793.

［59］Babu A，Prithiv T S，Gupta A，et al. Modeling and simulation of dynamic recrystallization in super austenitic stainless steel employing combined cellular automaton，artificial neural network and finite element method［J］. Computational Materials Science，2021，195：110482.

［60］宋韶杰.扩散型固态相变动力学与热力学研究［D］.西安：西北工业大学，2014.

［61］姜伊辉.基于解析模型的形核-长大型固态相变动力学研究［D］.西安：西北工业大学，2014.

［62］Mittemeijer E J. Review analysis of the kinetics of phase transformations［J］. Journal of Materials Science，1992（27）：3977-3987.

［63］Mittemeijer E J. Analysis of the kinetics of phase transformations［J］. Journal of Materials Science，1992，27（15）：3977-3987.

［64］贺连芳，李辉平，盖康，等.55CrMo 钢的奥氏体化相变动力学［J］.材料热处理学报，2015，36（10）：255-260.

［65］Li H，Gai K，He L，et al. Non-isothermal phase-transformation kinetics model for evaluating the austenization of

55CrMo steel based on Johnson-Mehl-Avrami equation [J]. Materials & Design, 2016, 92: 731-741.

[66] 陈睿恺, 顾剑锋, 韩利战, 等. 30Cr2Ni4MoV 钢的奥氏体化动力学 [J]. 材料热处理学报, 2013, 34 (1): 170-174.

[67] Baram J, Erukhimovitch V. Application of thermal analysis methods to nucleation and growth transformation kinetics, Part II [J]. Thermochimica Acta., 1998, 323 (1-2): 43-51.

[68] Li H, He L, Gai K, et al. Numerical simulation and experimental investigation on the induction hardening of a ball screw [J]. Materials & Design, 2015, 87: 863-876.

[69] 孟凡中. 弹塑性有限变形理论和有限元法 [M]. 北京: 清华大学出版社, 1985.

[70] 王仲仁, 苑世剑, 胡连喜. 弹性与塑性力学基础 [M]. 哈尔滨: 哈尔滨工业大学出版社, 1997.

[71] 吴树森, 柳玉起. 材料成形原理 [M]. 北京: 机械工业出版社, 2017.

[72] 刘毅. 金属学与热处理 [M]. 北京: 冶金工业出版社, 1996: 76.

[73] Wang K F, Chandrasekar S, Yang H T Y. Experimental and computational study of the quenching of carbon steel [J]. Journal of Manufacturing Science and Engineering, 1997, 119 (8): 257-265.

[74] 严宗达, 王洪礼. 热应力 [M]. 北京: 高等教育出版社, 1993.

[75] 李勇军, 张伟民, 李宇, 等. 常见形状零件气体渗碳过程计算机模拟软件的开发 [J]. 金属热处理, 2000, 25 (3): 36-38.

[76] 罗冰洋, 程晓敏, 虞莉娟, 等. 常用渗碳材料渗层碳浓度分布数值模拟系统 [J]. 金属热处理, 2005, 30 (8): 81-84.

[77] 王顺兴, 刘勇, 魏世忠. 气体渗碳数学模型及物理参数的计算 [J]. 材料热处理学报, 2002, 23 (1): 36-39.

[78] 李辉平, 赵国群, 贺连芳, 等. 基于有限元方法的渗碳浓度场数值模拟 [J]. 金属热处理, 2008 (10): 79-83.

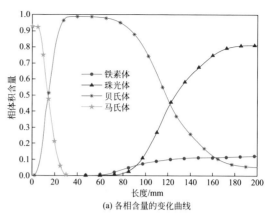

(a) 各相含量的变化曲线

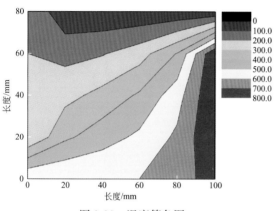

图 3-20　温度等色图

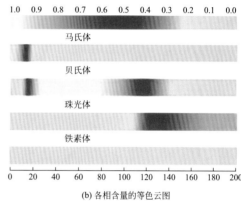

(b) 各相含量的等色云图

图 5-11　6000s 后试样内的马氏体、贝氏体、珠光体和铁素体的等色云图

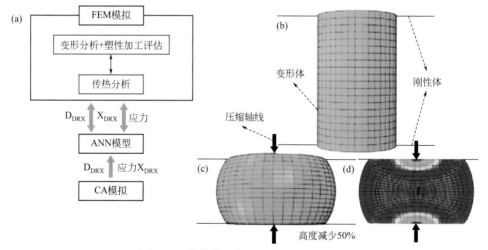

图 6-12　数值模拟流程及变形前后的试样

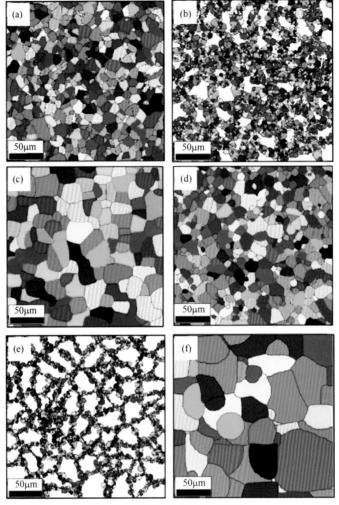

图 6-13　模拟得到的微观组织

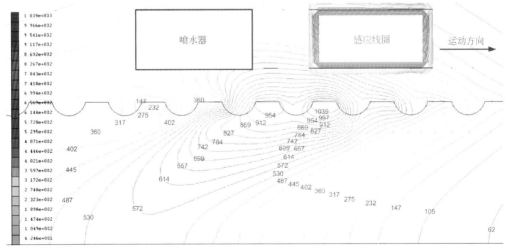

图 7-22　感应淬火过程中丝杠的温度场

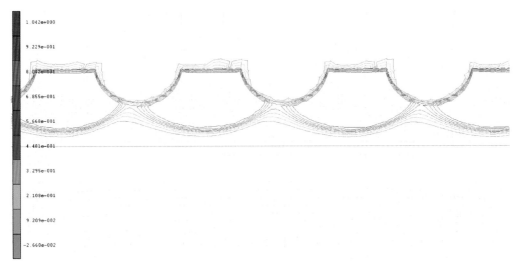

<table>
<tr><td>1.042e+000</td></tr>
<tr><td>9.229e-001</td></tr>
<tr><td>8.042e-001</td></tr>
<tr><td>6.855e-001</td></tr>
<tr><td>5.668e-001</td></tr>
<tr><td>4.481e-001</td></tr>
<tr><td>3.295e-001</td></tr>
<tr><td>2.108e-001</td></tr>
<tr><td>9.209e-002</td></tr>
<tr><td>-2.660e-002</td></tr>
</table>

图 7-23　感应加热过程中丝杠表层的奥氏体分布情况

D | × √ fx =$E90*N$80+$F90*N$81+$G90*N$82+$H90*N$83+$I90*N$84+$J90*N$85+$K90*N$86+$L90*N$87

E	F	G	H	I	J	K	L	M	N
									F
3.15E+05	-7.84E+04	-1.18E+05	3.89E+04	-7.89E+04	7.84E+04	0.00E+00	-7.84E+04	U2	0
-7.84E+04	3.15E+05	7.84E+04	-3.95E+04	0.00E+00	-2.36E+05	-7.84E+04	0.00E+00	V2	0
-1.18E+05	3.95E+04	1.57E+05	-7.84E+04	0.00E+00	0.00E+00	-3.95E+04	3.89E+04	U3	0
3.89E+04	-3.95E+04	-7.84E+04	1.57E+05	0.00E+00	0.00E+00	3.95E+04	-1.18E+05	V3	0
-7.89E+04	7.84E+04	0.00E+00	0.00E+00	3.15E+05	-7.84E+04	-1.18E+05	3.95E+04	U5	0
7.84E+04	-2.36E+05	0.00E+00	0.00E+00	-7.84E+04	3.15E+05	3.89E+04	-3.95E+04	V5	0
0.00E+00	-7.84E+04	-3.95E+04	3.95E+04	-1.18E+05	3.89E+04	1.57E+05	0.00E+00	U6	0
-7.84E+04	0.00E+00	3.89E+04	-1.18E+05	3.95E+04	-3.95E+04	0.00E+00	1.57E+05	V6	-1000

				逆矩阵					
8.19E-06	4.57E-06	8.08E-06	1.05E-05	9.09E-07	2.71E-06	1.67E-06	1.04E-05	U2	N$87
4.57E-06	1.84E-05	4.37E-06	2.40E-05	-3.46E-06	1.50E-05	-2.09E-06	2.38E-05	V2	-2.38E-02
8.08E-06	4.37E-06	1.69E-05	1.64E-05	9.31E-07	2.78E-06	2.33E-06	1.26E-05	U3	-1.26E-02
1.05E-05	2.40E-05	1.64E-05	6.35E-05	-9.74E-06	2.16E-05	-1.25E-05	5.66E-05	V3	-5.66E-02
9.09E-07	-3.46E-06	9.31E-07	-9.74E-06	7.45E-06	-3.08E-06	7.30E-06	-9.72E-06	U5	9.72E-03
2.71E-06	1.50E-05	2.78E-06	2.16E-05	-3.08E-06	1.61E-05	-3.54E-06	2.17E-05	V5	-2.17E-02
1.67E-06	-2.09E-06	2.33E-06	-1.25E-05	7.30E-06	-3.54E-06	1.54E-05	-1.18E-05	U6	1.18E-02
1.04E-05	2.38E-05	1.26E-05	5.66E-05	-9.72E-06	2.17E-05	-1.18E-05	5.87E-05	V6	-5.87E-02

图 8-22　节点位移的求解

ROUND | × √ fx =D116*E$100+E116*E$101+F116*E$102+G116*E$103+H116*E$104+I116*E$105

B	C	D	E	F	G	H	I	J	K
	单元1		单元2		单元3		单元4		
Ui	0.00E+00		0.00E+00		-1.04E-02		-1.04E-02		
Vi	0.00E+00		0.00E+00		-2.38E-02		-2.38E-02		
Uj	9.72E-03		-1.04E-02		1.18E-02		-1.26E-02		
Vj	-2.17E-02		-2.38E-02		-5.87E-02		-5.66E-02		
Um	0.00E+00		9.72E-03		9.72E-03		1.18E-02		
Vm	0.00E+00		-2.17E-02		-2.17E-02		-5.87E-02		

			B矩阵						
单元1、3	0.00E+00	0.00E+00	1.00E-01	0.00E+00	0.00E+00	-1.00E-01	0.00E+00		
	0.00E+00	-1.00E-01	0.00E+00	0.00E+00	0.00E+00	0.00E+00	1.00E-01		
	-1.00E-01	0.00E+00	0.00E+00	1.00E-01	1.00E-01	-1.00E-01			

			B矩阵						
单元2、4	-1.00E-01	0.00E+00	1.00E-01	0.00E+00	0.00E+00	0.00E+00			
	0.00E+00	0.00E+00	0.00E+00	-1.00E-01	0.00E+00	1.00E-01			
	0.00E+00	-1.00E-01	-1.00E-01	1.00E-01	1.00E-01	0.00E+00			

x方向应变	9.72E-04		-1.04E-03		2.10E-04		-2.12E-04		
y方向应变	0.00E+00		2.17E-04		-2.12E-04		-2.12E-04		
切应变	-2.17E-03		E$105		-1.69E-03		-8.41E-04		

图 8-23　三角形单元应变的计算

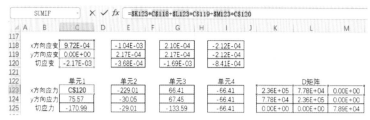

图 8-24　三角形单元应力的计算

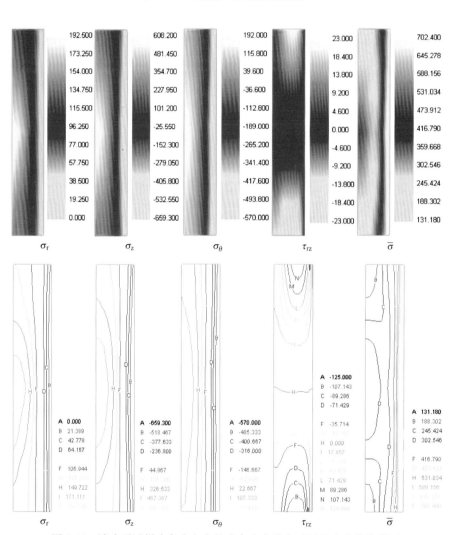

图 8-30　淬火后试样中各个方向的残余应力分布云图及应力等值线图